平均場近似による核物質

手塚 洋一 *TEZUKA Hirokazu*

東洋大学出版会

まえがき

私が中間子物理に興味を持ち勉強を始めた大学院生の頃，盛んに議論されていたテーマの一つに π 中間子凝縮の問題がありました．これは通常の原子核より核子密度の大きな領域では π 中間子の古典場が 0 ではない存在確率を持つのではないかという問題でした．π 中間子は擬スカラー粒子でパリティが負であるため，π 中間子の古典場が存在すると正のパリティを持つ原子核の基底状態とはなりません．そのためいろいろな異方性を持つ原子核の状態が考えられました．核子密度の大きな状態である中性子星の内部もこのような異方性のある状態が実現されているのではないかとも議論されていました．等方的な核物質からどのように大きな異方性を持つ状態に変化するのだろうか．その異方性の方向はどのように決まるのだろうかなどと頭を悩ませた思いがあります．

同じ頃，Walecka をはじめとする核物質の σ-ω モデルが核物質の基本的な性質を説明するのに成功しました．これは核子と相互作用するスカラー中間子とベクトル中間子を考慮し，それらの中間子の古典場を使って核物質の飽和性，のちにはその非圧縮率の再現を議論したものです．原子核の教科書を開くと一番初めに核力の説明があり，そこには π 中間子の重要性が強調されています．なぜ核物質の性質を議論するのに π 中間子が考慮されないのだろうか．π 中間子の古典場を考慮すると π 中間子凝縮での議論と同様，一様等方的な核物質の基底状態と両立しないからであろうか．

最近はパスタ原子核など異方性の大きな構造も議論されていますが，ある程度重い核の安定な状態は球形に近い形をしていると思われます．核物質の議論に異方性を持ちこまず，等方な状態で π 中間子の寄与を考慮できないかと考えました．Walecka が核物質の議論をした当時はまだ σ 中間子に相当する質量の小さなスカラー粒子の存在は認知されていませんでした．そこですぐ思いつくのは σ 中間子とは π 中間子がスカラーの状態に組み合わさった状態ではないかということです．このようにして考えたのが π 中間子対がスカラー状態に組み，古典場を持つというアイデアです．このアイデアを使うと通常の核子密度領域でも π 中間子対の古典場が存在する可能性があることが示せます．最近では σ 中間子もスカラー粒子 $f_0(500)$ として認知されましたので，σ 中間子と π 中間子対がそれぞれ古典場として存在する状態を考えるべきなのでしょう．

このテキストではこのアイデアに従い，核物質に対する π 中間子の寄与をカイラル対称性などを考慮しつつ議論します．

2019 年 7 月

手塚 洋一

目　次

序　章

原子核は正の電荷を持つ陽子と電気的には中性ではあるがほとんど陽子と同じ質量を持つ中性子から構成されていると考えられ，陽子と中性子はまとめて核子と呼ばれる．陽子と陽子の間には電気的な反発力であるクーロン力が働くが，それより大きな力が核子同士を結合させ原子核を作っている．その強い力は核力と呼ばれ，中間子を媒介とした力であると考えられている（このテキストではクォーク，グルーオンのレベルには言及しない）．中間子としては湯川秀樹が予言した π 中間子などの存在が知られているが，これらの中間子の効果は多くの場合核子間に働くポテンシャルとして取り込まれる[1]．

原子核の細かな構造を無視し，全体としての基本的な性質を持つ理想的なモデルとして核物質という概念がある．核力を議論する場合にも，その核力を核物質に対して適用した場合に，核物質の基本的な性質を再現するように設定されることが要求される．核物質とは等しい数の陽子と中性子からなる無限に大きな原子核を想定するもので，原子核の表面の効果は無視できるものと考える．また陽子間に働くクーロン力の効果も無視する．なぜなら，一つの陽子の受けるクーロンエネルギーは陽子間距離 r の関数として

$$V_{\rm Coulomb} = \sum \frac{e^2}{r} \tag{0.1}$$

となるが，この和をすべての陽子対について実行しようとすると，距離 r に関し $0 \sim \infty$ の積分をすることに相当し，対数発散する．核力の議論をするためにはこの発散はじゃまになるので，核物質の議論では一般にクーロン力の影響は無視され，中間子による核力だけを問題にする．

実験によれば，原子核の中心部の密度はその質量数によらずほぼ一定で $\rho_0 = 0.19\,{\rm fm}^{-3}$ 程度である（原子核の飽和性）．この核子密度は正規核子密度と呼ばれる．また，原子核をその構成粒子である陽子と中性子にバラバラにするために必要なエネルギーとして定義される原子核の結合エネルギー $B(N,Z)$ は細かな構造による微視的な効果を無視すれば，平均的に次の経験公式[2]

$$B(N,Z) = aA - bA^{2/3} - \frac{c}{2}\frac{(N-Z)^2}{A} - \frac{3}{5}\frac{(Ze)^2}{R_c} \tag{0.2}$$

で近似できることがわかっている．N，Z，A はそれぞれ原子核の中性子数，陽子数（原子番号），質量数（核子数）であり，R_c は原子核の荷電半径である．係数 a，b，c は実験によって決められるべき定数である．

第 1 項は体積項と呼ばれ，飽和性を反映して核子数 A に比例し，結合エネルギーの主要項である．第 2 項は原子核の表面張力に相当するもので，表面積に比例し，表面エネルギー項と呼ばれる．核物質の議論では無限大の大きさの核が仮定され，表面効果は無視される．第 3 項は対称エネルギー項と呼ばれるが，陽子数 Z と中性子数 N の等しい核物質では 0 となる．最後の項はクーロンエネルギーであるが，この項も核物質では無視される．すなわち核物質で考慮される結合エネルギーは第 1 項の体積項だけで，実験結果によれば，核物質の核子あたりの結合エネルギーは

$$\frac{B(\infty,\infty)}{A} = a \simeq 16\,\mathrm{MeV} \tag{0.3}$$

と想定される．核物質は正規核子密度で核子あたりの束縛エネルギー（結合エネルギーの符号を逆にしたもの）を極小とする．

さらに核物質の性質を規定する実験量として，非圧縮率 K が考えられる．非圧縮率は微小な密度変化に対する安定核の反応の強さ，すなわち曲率を表す量で，核子あたりの束縛エネルギーを E_B，核子密度を ρ_B，束縛エネルギーを極小にする正規核子密度を ρ_0 とおくと

$$K = 9\rho_0^2 \left(\frac{\partial^2 E_B}{\partial \rho_B^2}\right)\bigg|_{\rho_B=\rho_0} \tag{0.4}$$

で定義される．付録の式 (C.5) などで示されるような核子密度と核物質の Fermi 運動量 p_F との関係

$$\rho_B = \gamma \frac{p_F^3}{6\pi^2} \tag{0.5}$$

を使って，p_F の微分に書き換えると（γ は核子のスピン，アイソスピンの自由度で，核物質では $\gamma = 4$ と取る）

$$K = 9\rho_0^2 \frac{\partial}{\partial \rho_{\mathrm{B}}} \left(\frac{\partial E_{\mathrm{B}}}{\partial \rho_{\mathrm{B}}} \right) \Bigg|_{\rho_{\mathrm{B}}=\rho_0}$$

$$= -2p_{\mathrm{F}} \frac{\partial E_{\mathrm{B}}}{\partial p_{\mathrm{F}}} \bigg|_{p_{\mathrm{F}}=p_0} + p_{\mathrm{F}}^2 \frac{\partial^2 E_{\mathrm{B}}}{\partial p_{\mathrm{F}}^2} \bigg|_{p_{\mathrm{F}}=p_0} \tag{0.6}$$

となる．ただし，p_0 は正規核子密度 ρ_0 に対応する Fermi 運動量である．エネルギーが極小値となる p_0 では右辺の第 1 項は $\left.\dfrac{\partial E_{\mathrm{B}}}{\partial p_{\mathrm{F}}}\right|_{p_{\mathrm{F}}=p_0} = 0$ となり消えるので

$$K = p_{\mathrm{F}}^2 \frac{\partial^2 E_{\mathrm{B}}}{\partial p_{\mathrm{F}}^2} \bigg|_{p_{\mathrm{F}}=p_0} \tag{0.7}$$

となる．

原子核の振動モードの解析などから，核物質では通常 $K = 200\,\mathrm{MeV}$ 程度であると考えられていた（最近では $K \sim 300\,\mathrm{MeV}$ と考えられている）．

核子間の強い力として中間子との相互作用をあからさまな形で導入し，相対論的な核物質の性質を説明するのに成功したのは Walecka[3] である．核子は中性スカラー中間子と中性ベクトル中間子を媒介として相互作用しているものと考えて，核子の結合エネルギー 16 MeV/A とその時の核物質の密度を $\rho_0 = 0.19\,\mathrm{fm}^{-3}$ と決めるのに成功した．

この計算に平均場近似が使われた．平均場近似とは強磁性の場や強相関電子系などを扱う近似法として発達した方法論で，多粒子間の複雑な相互作用を平均化した古典場に置き換え，一体問題として自己無撞着な解を求める近似である．Walecka によって核物質の議論に適用されたが，中性子星や超新星の内部構造の議論などにも適用されている．さらに重い核の集団運動の記述などにも使われ，成功を収めている．

核子間の相互作用を記述する中間子場に平均場近似を適用し核物質を議論するこの Walecka のモデルは σ-ω モデルと呼ばれ，相対論的に核物質の性質を議論する基礎となった．核物質の束縛エネルギーの値などをうまく再現したこのモデルでは，残念ながら非圧縮率が非常に大きくなってしまうことがわかった．

非圧縮率の値を改善するために核子と中間子の間だけではなく，スカラー中間子間に相互作用を導入した Boguta & Bodmer のモデル[4] と，スカラー中間子と核子の間に微分結合を仮定する Zimanyi & Moszkowski のモデル[5] などが Walecka

のモデルの拡張として提案された．それらのモデルの計算については第 I 部で議論する．

さらに核力では重要な働きをする π 中間子の自由度を考慮し，カイラル対称性に注目したモデルとして，Gell-Mann & Lévy の線形 σ モデル[6]を核物質に適用しようとする計算が存在する．線形 σ モデルに斥力として ω 中間子の自由度を導入するだけでは非圧縮率をも含めた核物質の性質を再現することができないので，このモデルにはいろいろな拡張が提案されている．その中でもカイラル対称性を破らずにカイラルループ項と呼ばれる項の高次の寄与を取り入れたり，カイラルループ項とベクトル中間子の相互作用を考慮したモデルを第 II 部で紹介する．

相対論的な核物質の議論で非常に大事な働きをしているのが Walecka によって導入されたスカラー中間子である σ 粒子である．質量 500 MeV 程度と見積もられているこの粒子の存在は，現在では実験の解析から確かなものと考えられている[7]．ただし，質量は $m_\sigma = 400 \sim 550\,\mathrm{MeV}$ で，幅は $\Gamma = 400 \sim 700\,\mathrm{MeV}$ と広く，まだ性質なども確定したとは言えない[8]．確実に存在のわかっている π 中間子の寄与で σ 中間子の寄与を書き換えようとするモデルも存在する．線形 σ モデルの σ 中間子をカイラルループの条件を使って π 中間子で書き換えようとする非線形 σ モデル[9]である．このモデルに斥力としてのベクトル中間子の寄与を導入して核物質の飽和性を満たそうとする試みがなされた[10],[11]．残念ながらこれらの自由度だけでは飽和性と非圧縮率の両方を合わせることはできなかった．そこでさらにベクトル中間子と σ 中間子の相互作用項，ベクトル中間子の高次の項を導入することによって飽和性と非圧縮率の両方を合わせようとするモデルが提案された[12]．これらのモデルについては第 III 部で議論する．

核物質の研究は，核子密度の変化に対する安定性だけではなく，高温状態での核物質の安定性の議論をする方向，中性子だけからなる核物質（中性子星物質と呼ばれる）に成果を適用し，中性子星の性質を議論しようとする方向，また無限系から有限系への適用を議論する方向など多岐に及ぶが，このテキストでは絶対温度 0 における陽子数と中性子数が等しい無限系の核物質の基底状態に焦点を当て，いろいろなモデルの適用性について議論する．

σ-ω モデルやその拡張，線形 σ モデルでの初期の計算などでは，核物質の性質として，正規核子密度 $\rho_0 = 0.19\,\mathrm{fm}^{-3}$ に対応する Fermi 運動量 $p_0 = 1.42/\mathrm{fm}$

($p_0 = 278.5\,\mathrm{MeV/c}$) で最も安定になり (最低のエネルギーを持ち), そこで束縛エネルギーが $E_\mathrm{B} = -15.75\,\mathrm{MeV}$, 非圧縮率 $K \sim 200\,\mathrm{MeV}$ 位[13]となるように求められた. その後, 核物質のデータが更新され[14], 正規核子密度 $\rho_0 = 0.153\,\mathrm{fm}^{-3}$ ($p_0 = 259.15\,\mathrm{MeV/c}$) で最小のエネルギー $E_\mathrm{B} = -16.3\,\mathrm{MeV}$ となり, 非圧縮率も $K \sim 300\,\mathrm{MeV}$ (250~350 MeV) であると考えられるようになった[15]. 新しいデータでは非圧縮率が多少大きめになった. 第 II 部以降の数値計算ではこの値に合わせるように再計算がなされ, パラメータセットが求められた.

核内での核子の有効質量の値も, 核構造の計算などから自由な核子に比べて 0.7 ~0.8 倍程度の値を持つと予想されているが, この値もパラメータの決定にしばしば考慮される.

相対論的な核物質の総合的な文献としては B.J. Serot & J.D. Walecka[16]や J.D. Walecka[17]の教科書, 比較的最近のものでは土岐&保坂[18]の教科書などがある.

相対論的な記述ではメトリックは Bjorken & Drell の教科書[19]に従う. また単位としては $\hbar = 1$, $c = 1$ と取る自然単位系を使う. 4 次元時空間のベクトルとなるディラックの γ 行列 γ^μ, 微分演算子 $\partial^\mu = \dfrac{\partial}{\partial x_\mu}$ などでは $\mu = 0, 1, 2, 3$ を取り, $\mu = 0$ は第 0 成分または時間成分と呼ばれ, $\mu = 1, 2, 3$ は空間成分と呼ばれる. このテキストで使われる記号は付録 A にまとめられている. エネルギー, 運動量, 質量などの単位と SI 単位との換算も付録 A に与えられている.

以下, 扱われる核物質は同数の陽子と中性子からなり, それらの核物質は絶対温度 0 の基底状態にあり, 無限に大きく, その中でスカラー系中間子とベクトル中間子は一様に分布しているものと仮定される.

第Ⅰ部
σ-ωモデルとその拡張

1 σ-ω モデル

核子間の相互作用に中間子の自由度をあからさまに導入して成功した最初の相対論的モデルとして J.D.Walecka の σ-ω モデルを取り上げる[3]．このモデルは同数の陽子と中性子からなる核物質での核子間の相互作用として，電荷を持たない中性でスカラーの中間子として σ 中間子と電荷を持たない中性ベクトル中間子である ω 中間子を導入し，核物質の性質を満たすように中間子の質量と核子と中間子の相互作用の強さの比を決めたモデルである．

Walecka のオリジナルの論文[3]ではスカラー中間子には ϕ，ベクトル中間子には V^μ という記号が使われているが，このテキストではスカラー中間子は σ，ベクトル中間子は ω^μ と記述し，それぞれを σ 中間子，ω 中間子とも呼ぶ．

核物質は無限に大きく，その中でスカラー中間子とベクトル中間子は一様に分布しているものと仮定され，平均場近似が適用される．

1.1 運動方程式

相互作用のない質量 M の核子の従うラグランジアン密度は

$$\mathcal{L}_{\mathrm{Free}} = \overline{\psi}(\gamma_\mu p^\mu - M)\psi \tag{1.1}$$

で与えられる．ψ は核子の場を表し，γ_μ は Dirac の γ 行列で，p^μ は核子の 4 元運動量である．右辺の括弧内の第 1 項は核子の運動エネルギーに相当し，第 2 項は質量である．

この系に引力として働く中性スカラー中間子 σ と斥力として働く中性ベクトル中間子 ω^μ の自由度を加え，核子とこれらの中間子との相互作用を最も簡単な形で導入すると（図 1.1），ラグランジアン密度は

$$\begin{aligned}\mathcal{L}_{\mathrm{W}} = &\overline{\psi}(i\gamma_\mu\partial^\mu - g_\omega\gamma_\mu\omega^\mu - M + g_\sigma\sigma)\psi \\ &+ \frac{1}{2}(\partial_\mu\sigma\partial^\mu\sigma - m_\sigma^2\sigma^2) - \frac{1}{4}F_{\mu\nu}F^{\mu\nu} + \frac{1}{2}m_\omega^2\omega_\mu\omega^\mu\end{aligned} \tag{1.2}$$

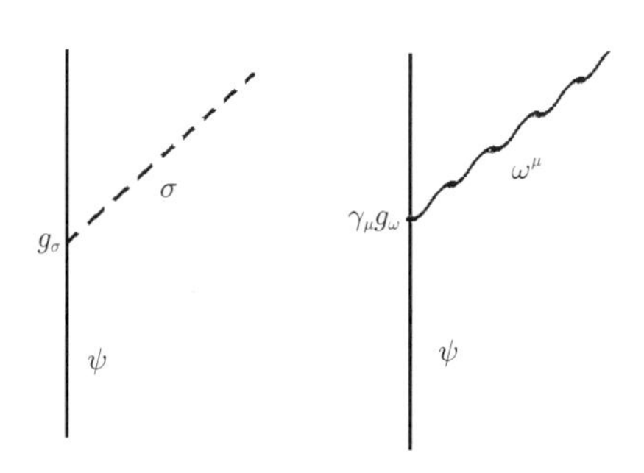

図 1.1 核子-中間子相互作用

となる．第 1 項の運動量演算子 p^μ は $i\partial^\mu$ と書き直してある．1 行目の式の第 2 項が核子とベクトル中間子との相互作用を表し，その結合定数は g_ω で，第 4 項が核子とスカラー中間子との相互作用を表す項で，結合定数は g_σ である．2 行目の式はスカラー中間子の運動エネルギーの項と質量 m_σ，およびベクトル中間子の運動エネルギーと質量 m_ω を表す項である．ベクトル場のテンソルは

$$F_{\mu\nu} = \partial_\mu \omega_\nu - \partial_\nu \omega_\mu \tag{1.3}$$

である．

このラグランジアン密度は自由核子のラグランジアン密度 (1.1) がローカルゲージ変換に対して不変となることを要請することによっても同じように導入できる．ローカルゲージ変換に対して不変となるように微分演算子 ∂^μ の代わりに拡張された共変微分[20], [21]

$$D^\mu = \partial^\mu + ig_\omega \omega^\mu(x) - i\frac{g_\sigma}{4}\gamma^\mu \sigma(x) \tag{1.4}$$

を導入し，中性スカラー中間子 σ および中性ベクトル中間子 ω^μ と核子の相互作用を導入する．これにスカラー中間子の運動エネルギー項と質量項，ベクトル中間子の運動エネルギー項と質量項を加えると J.D.Walecka の相対論的ラグランジアン密度となる．相互作用の導入に関する詳しい議論は付録 B に与えられている．

$$\begin{aligned}\mathcal{L}_{\mathrm{W}} &= \overline{\psi}(i\gamma_\mu D^\mu - M)\psi + \frac{1}{2}(\partial_\mu \sigma \partial^\mu \sigma - m_\sigma^2 \sigma^2) \\ &\quad - \frac{1}{4}F_{\mu\nu}F^{\mu\nu} + \frac{1}{2}m_\omega^2 \omega_\mu \omega^\mu \end{aligned} \tag{1.5}$$

ベクトル中間子の質量項はローカルゲージ変換に対して不変とはならないが，現実に核子と相互作用するベクトル中間子は ω 中間子と想定され，質量を持っているのでローカルゲージ変換の破れの項として質量項を加える（Walecka の論文[3]ではベクトル中間子を ω 中間子であるとは想定されていない）.

核子の場に対する Lagrange の運動方程式

$$\frac{\delta \mathcal{L}_{\mathrm{W}}}{\delta \overline{\psi}} = \partial_\mu \frac{\delta \mathcal{L}_{\mathrm{W}}}{\delta(\partial_\mu \overline{\psi})} \tag{1.6}$$

を使って核子の運動方程式（Dirac 方程式）を式 (1.2) から求めると

$$(i\gamma_\mu \partial^\mu - M + g_\sigma \sigma - g_\omega \gamma_\mu \omega^\mu)\psi(r) = 0 \tag{1.7}$$

となる．同様にスカラー場に対する Lagrange の運動方程式

$$\frac{\delta \mathcal{L}_{\mathrm{W}}}{\delta \sigma} = \partial_\mu \frac{\delta \mathcal{L}_{\mathrm{W}}}{\delta(\partial_\mu \sigma)} \tag{1.8}$$

から中性スカラー中間子に関する運動方程式（Klein-Gordon 方程式）

$$(\partial_\mu \partial^\mu + m_\sigma^2)\sigma = g_\sigma \overline{\psi}(r)\psi(r) \tag{1.9}$$

ベクトル場に対する Lagrange の運動方程式

$$\frac{\delta \mathcal{L}_{\mathrm{W}}}{\delta \omega_\nu} = \partial_\mu \frac{\delta \mathcal{L}_{\mathrm{W}}}{\delta(\partial_\mu \omega_\nu)} \tag{1.10}$$

から，中性ベクトル中間子に関する運動方程式（Proca 方程式）

$$\partial_\mu F^{\mu\nu} + m_\omega^2 \omega^\nu = g_\omega \overline{\psi}(r)\gamma^\nu \psi(r) \tag{1.11}$$

が求まる．この 3 つの方程式 (1.7)，(1.9)，(1.11) を核物質中で連立方程式として解くことによって，核物質の飽和性などの性質を議論する．

ここで中間子場に対して時間・空間的に一様な古典場が分布するという平均場近似を適用する．この近似は核物質のように一様に分布した源があるような場合に有用な近似で，中間子がバックグラウンド的に古典場として一様に分布するとした仮定である．すなわち，中間子が雲のように一様に分布し，その雲の濃度は核子の分布状態によって決まり，核子の運動はその雲の影響を受けて決まる．一様分布からのずれは，古典場からのゆらぎとして考慮されることになる．

まずスカラー中間子（σ 中間子）に対し

$$\sigma \to \langle\sigma\rangle \tag{1.12}$$

とし，古典場 $\langle\sigma\rangle$ には時間・空間的な変動はないとすれば，式 (1.9) から微分項はなくなり

$$\langle\sigma\rangle = \frac{g_\sigma}{m_\sigma^2}\langle\overline{\psi}(r)\psi(r)\rangle \tag{1.13}$$

となる．ただし，$\langle\overline{\psi}(r)\psi(r)\rangle$ は核子分布に関しても平均場に対応した核物質中での期待値を取ったことを意味し

$$\rho_{_S} = \langle\overline{\psi}(r)\psi(r)\rangle \tag{1.14}$$

はスカラー密度と呼ばれる．σ 中間子の古典場としての雲の濃度は核子のスカラー密度に比例する．

ベクトル中間子（ω 中間子）に関しては時間成分に対応する第 0 成分のみを考え

$$\omega^\nu \to \langle\omega^\nu\rangle = \delta_{\nu 0}\,\langle\omega\rangle \tag{1.15}$$

と古典場 $\langle\omega\rangle$ に置き換えると式 (1.11) は

$$\langle\omega\rangle = \frac{g_\omega}{m_\omega^2}\langle\overline{\psi}(r)\gamma^0\psi(r)\rangle = \frac{g_\omega}{m_\omega^2}\langle\psi^\dagger(r)\psi(r)\rangle \tag{1.16}$$

となる．

$$\rho_{_B} = \langle\psi^\dagger(r)\psi(r)\rangle \tag{1.17}$$

は核子の密度分布を表し，核子密度またはバリオン密度と呼ばれる．

ベクトル中間子の空間成分を考慮すると，それは核子のカレント $\langle\overline{\psi}(r)\gamma^i\psi(r)\rangle$ に比例することとなり，空間に一様に分布するという仮定とは合わなくなってしまう．それ故，空間成分は古典場からのゆらぎとして考慮される．

中間子を古典場に置き換えると，核子の運動方程式は

$$\{i\gamma_\mu\partial^\mu - (M - g_\sigma\langle\sigma\rangle) - g_\omega\gamma_0\,\langle\omega\rangle\}\psi(r) = 0 \tag{1.18}$$

となり，核子の質量は有効質量

$$M^* = M - g_\sigma \langle \sigma \rangle \tag{1.19}$$

に置き換わる．さらに

$$\gamma_0 = \beta \qquad \vec{\gamma} = \beta \vec{\alpha} \qquad \beta^2 = 1 \tag{1.20}$$

を使って書き直すと

$$(i\partial_t - \vec{\alpha} \cdot i\vec{\nabla} - \beta M^* - g_\omega \langle \omega \rangle)\psi(r) = 0 \tag{1.21}$$

となる．

相互作用は時間に依存しないと仮定すると，核子状態に対して定常状態

$$\psi(r) = e^{-iEt}\varphi(\vec{r}) \tag{1.22}$$

の解が得られる．この解を使って，運動方程式はさらに

$$(\vec{\alpha} \cdot \vec{p} + \beta M^* + g_\omega \langle \omega \rangle)\varphi(\vec{r}) = E\varphi(\vec{r}) \tag{1.23}$$

となる．ここでまた $i\vec{\nabla} = \vec{p}$ と 3 次元の運動量の表記を戻してある．この式は

$$(\vec{\alpha} \cdot \vec{p} + \beta M^*)\varphi(\vec{r}) = (E - g_\omega \langle \omega \rangle)\varphi(\vec{r}) \tag{1.24}$$

と書き直せるが，$g_\omega \langle \omega \rangle$ は定数であるから，これは質量 M^*，エネルギー $E - g_\omega \langle \omega \rangle$ の自由粒子の運動方程式とみなせる．故に，核子は運動量の固有状態となり，核子の分布は Fermi ガス分布となる．さきほどの $\langle \overline{\psi}(r)\psi(r) \rangle$，$\langle \psi^\dagger(r)\psi(r) \rangle$ などは Fermi ガス分布をした核子状態での密度を表す．このように核子と相互作用するスカラー中間子とベクトル中間子のみを考え，その中間子場を古典場 $\langle \sigma \rangle$，$\langle \omega \rangle$ に置き換えるモデルは σ - ω モデルと呼ばれる．

1.2　核子密度と核子の有効質量

核子が自由運動しており，Fermi ガス分布の場合の核子密度，スカラー密度については付録 C に計算が示されている．反粒子状態の影響を無視すると，核子密度（バリオン密度）は

$$\rho_{\mathrm{B}} = \langle F|\varphi^\dagger(\vec{r})\varphi(\vec{r})|F\rangle = \sum_{s,I}\int_0^{\vec{p}_{\mathrm{F}}} \frac{\mathrm{d}^3p}{(2\pi)^3} = \sum_{s,I}\frac{p_{\mathrm{F}}^3}{6\pi^2} = \frac{\gamma p_{\mathrm{F}}^3}{6\pi^2} \tag{1.25}$$

となる．s，I はそれぞれ核子のスピン，アイソスピンの自由度で，その和 γ はスピン 1/2 の陽子と中性子が同数存在する核物質では $\gamma = 4$ となる．$\vec{p}$ は核子の持つ 3 次元の運動量であり，p_{F} はその上限の Fermi 運動量を表す．

同様に Fermi ガス状態でのスカラー密度は

$$\begin{aligned}
\rho_{\mathrm{S}} &= \langle F|\overline{\varphi}(\vec{r})\varphi(\vec{r})|F\rangle = \sum_{s,I}\int_0^{\vec{p}_{\mathrm{F}}} \frac{M^*}{E^*(\vec{p})}\frac{\mathrm{d}^3p}{(2\pi)^3} \\
&= \sum_{s,I}\frac{M^*}{4\pi^2}\left\{p_{\mathrm{F}}\sqrt{p_{\mathrm{F}}^2 + M^{*2}} - M^{*2}\log\frac{p_{\mathrm{F}}\sqrt{p_{\mathrm{F}}^2 + M^{*2}}}{M^*}\right\} \\
&= \frac{\gamma M^{*3}}{4\pi^2}\left[\frac{p_{\mathrm{F}}}{M^*}\sqrt{1+\left(\frac{p_{\mathrm{F}}}{M^*}\right)^2}\right. \\
&\qquad \left. - \log\left\{\frac{p_{\mathrm{F}}}{M^*} + \sqrt{1+\left(\frac{p_{\mathrm{F}}}{M^*}\right)^2}\right\}\right] \qquad (1.26) \\
&= \frac{3}{2}\rho_{\mathrm{B}}\left(\frac{M^*}{p_{\mathrm{F}}}\right)^3\left[\frac{p_{\mathrm{F}}}{M^*}\sqrt{1+\left(\frac{p_{\mathrm{F}}}{M^*}\right)^2}\right. \\
&\qquad \left. - \log\left\{\frac{p_{\mathrm{F}}}{M^*} + \sqrt{1+\left(\frac{p_{\mathrm{F}}}{M^*}\right)^2}\right\}\right] \qquad (1.27)
\end{aligned}$$

と書ける．

これらのスカラー密度 ρ_{S}，核子密度 ρ_{B} によって中間子の古典場

$$\langle\sigma\rangle = \frac{g_\sigma}{m_\sigma^2}\rho_{\mathrm{S}} \tag{1.28}$$

$$\langle\omega\rangle = \frac{g_\omega}{m_\omega^2}\rho_{\mathrm{B}} \tag{1.29}$$

が求まる．

スカラー中間子の古典場 $\langle\sigma\rangle$ はスカラー密度 ρ_{S} に比例し，ベクトル中間子の古典場 $\langle\omega\rangle$ は核子密度 ρ_{B} に比例する．ただし，スカラー密度は核子の有効質量 M^* に依存し，核子の有効質量はスカラー中間子の古典場 $\langle\sigma\rangle$ によって決まる．核子密度 0 の真空状態では，スカラー密度も 0 となる．それ故，核子密度 0 では σ 中間子の古典場も ω 中間子の古典場も 0 となる．

核子の有効質量は式 (1.19) にスカラー中間子の古典場の式 (1.28) を代入して

$$M^* = M - \frac{g_\sigma^2}{m_\sigma^2}\rho_{\mathrm{S}} \tag{1.30}$$

で定義される．核子密度 0 ではスカラー密度 ρ_{S} も 0 となるから

$$M^* = M = M_{\mathrm{N}} \tag{1.31}$$

となる．ただし，M_{N} は相互作用をしていない単体の核子の平均質量である．

式 (1.30) に (1.26) を代入すると

$$\begin{aligned} M^* = M_{\mathrm{N}} - \frac{g_\sigma^2}{m_\sigma^2}\frac{\gamma M^*}{4\pi^2}\Big(p_{\mathrm{F}}\sqrt{p_{\mathrm{F}}^2 + M^{*2}} \\ - M^{*2}\log\frac{p_{\mathrm{F}} + \sqrt{p_{\mathrm{F}}^2 + M^{*2}}}{M^*}\Big) \end{aligned} \tag{1.32}$$

となる．この式を解いて有効質量 M^* を p_{F} の関数として決めることができる．

1.3　束縛エネルギー

中間子に対して平均場近似を適用した有効ラグランジアン密度は

$$\begin{aligned} \mathcal{L}_{\mathrm{W}}^* = \overline{\psi}\{\gamma_\mu i\partial^\mu - \gamma_0 g_\omega\langle\omega\rangle - (M_{\mathrm{N}} - g_\sigma\langle\sigma\rangle)\}\psi \\ - \frac{1}{2}m_\sigma^2\langle\sigma\rangle^2 + \frac{1}{2}m_\omega^2\langle\omega\rangle^2 \end{aligned} \tag{1.33}$$

となる．$\langle\sigma\rangle$, $\langle\omega\rangle$ は古典場で，時間・空間依存性を持たない．これからエネルギー・運動量テンソルを計算すると

$$\begin{aligned} T_{\mu\nu} &= - g_{\mu\nu}\mathcal{L}_{\mathrm{W}}^* + \partial_\nu\psi\frac{\delta\mathcal{L}_{\mathrm{W}}^*}{\delta\partial^\mu\psi} \\ &= - \Big[\overline{\psi}\{\gamma_\mu i\partial^\mu - \gamma_0 g_\omega\langle\omega\rangle - (M_{\mathrm{N}} - g_\sigma\langle\sigma\rangle)\}\psi \\ &\quad - \frac{1}{2}m_\sigma^2\langle\sigma\rangle^2 + \frac{1}{2}m_\omega^2\langle\omega\rangle^2\Big]g_{\mu\nu} + i\overline{\psi}\gamma_\mu\partial_\nu\psi \end{aligned} \tag{1.34}$$

となる．故に，$\mathcal{H} = T_{00}$ で定義されるハミルトニアン密度は

$$\mathcal{H}_{\mathrm{W}}^* = \psi^\dagger(-i\vec{\alpha}\cdot\vec{\nabla} + \beta M^* + g_\omega\langle\omega\rangle)\psi + \frac{1}{2}m_\sigma^2\langle\sigma\rangle^2 - \frac{1}{2}m_\omega^2\langle\omega\rangle^2 \tag{1.35}$$

である．このハミルトニアン密度の期待値を計算することによって全系のエネルギーを求めることができる．

Fermi ガス状態での全系のエネルギー E は

$$
\begin{aligned}
E &= \langle F|\mathcal{H}_{\mathrm{W}}^{*}|F\rangle \\
&= V\Big\{\sum_{s,I}\int_0^{\vec{p}_{\mathrm{F}}}\frac{\mathrm{d}^3p}{(2\pi)^3}\big(\sqrt{p^2+M^{*2}}+g_\omega\langle\omega\rangle\big) \\
&\quad +\frac{1}{2}m_\sigma^2\langle\sigma\rangle^2-\frac{1}{2}m_\omega^2\langle\omega\rangle^2\Big\} \\
&= V\Big\{\gamma\frac{4\pi}{(2\pi)^3}\int_0^{p_{\mathrm{F}}}p^2\sqrt{p^2+M^{*2}}\mathrm{d}p \\
&\quad +\rho_{\mathrm{B}}g_\omega\frac{g_\omega}{m_\omega^2}\rho_{\mathrm{B}}+\frac{1}{2}m_\sigma^2\Big(\frac{g_\sigma}{m_\sigma^2}\rho_{\mathrm{S}}\Big)^2-\frac{1}{2}m_\omega^2\Big(\frac{g_\omega}{m_\omega^2}\rho_{\mathrm{B}}\Big)^2\Big\} \\
&= V\Big[\frac{\gamma}{16\pi^2}\Big\{p_{\mathrm{F}}(2p_{\mathrm{F}}^2+M^{*2})E_{\mathrm{F}}^*-M^{*4}\log\Big(\frac{p_{\mathrm{F}}+E_{\mathrm{F}}^*}{M^*}\Big)\Big\} \\
&\quad +\frac{1}{2}\frac{g_\omega^2}{m_\omega^2}\rho_{\mathrm{B}}^2+\frac{1}{2}\frac{g_\sigma^2}{m_\sigma^2}\rho_{\mathrm{S}}^2\Big]
\end{aligned}
\tag{1.36}
$$

となる．ただし $E_{\mathrm{F}}^*=\sqrt{p_{\mathrm{F}}^2+M^{*2}}$ である．

核子あたりの束縛エネルギーは，全系のエネルギーを核子数 A で割り，核子の静止質量 M_{N} を引くことによって求められる．$A/V=\rho_{\mathrm{B}}$ を考慮して核子あたりのエネルギー E_{B}（この符号を変えたものが結合エネルギー B である）を求めると

$$
\begin{aligned}
E_{\mathrm{B}} &= E/A-M_{\mathrm{N}} \\
&= \frac{\gamma}{16\pi^2\rho_{\mathrm{B}}}\Big\{p_{\mathrm{F}}(2p_{\mathrm{F}}^2+M^{*2})E_{\mathrm{F}}^*-M^{*4}\log\Big(\frac{p_{\mathrm{F}}+E_{\mathrm{F}}^*}{M^*}\Big)\Big\} \\
&\quad +\frac{1}{2}\frac{g_\omega^2}{m_\omega^2}\rho_{\mathrm{B}}+\frac{1}{2}\frac{g_\sigma^2}{m_\sigma^2}\frac{\rho_{\mathrm{S}}^2}{\rho_{\mathrm{B}}}-M_{\mathrm{N}}
\end{aligned}
\tag{1.37}
$$

となる．

Walecka は核物質に対しては $\gamma=4$ と取り，正規核子密度に対応する Fermi 運動量 $p_0=280.2\,\mathrm{MeV/c}$ で束縛エネルギーが最小の値を取り，$E_{\mathrm{B}}=-15.75\,\mathrm{MeV}$ となるように結合係数を決めた．その結果は

$$
C_\sigma^2=\Big(\frac{g_\sigma M_{\mathrm{N}}}{m_\sigma}\Big)^2=266.9 \tag{1.38}
$$

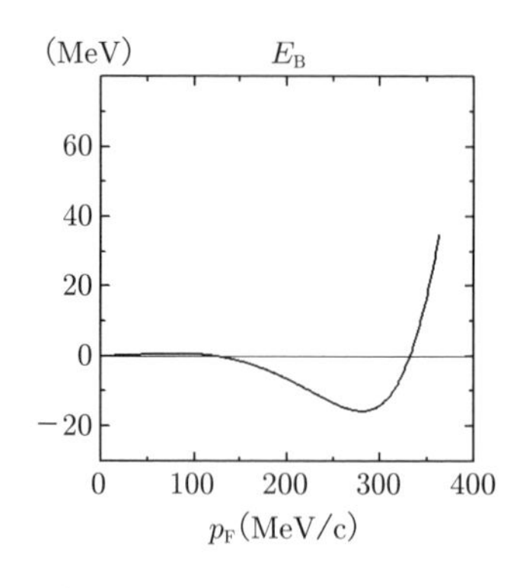

図 1.2　核子あたりのエネルギー

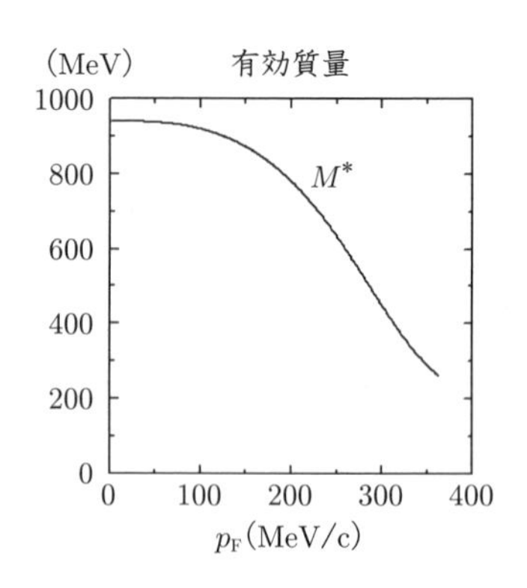

図 1.3　核子の有効質量

$$C_\omega^2 = \left(\frac{g_\omega M_\mathrm{N}}{m_\omega}\right)^2 = 195.7 \tag{1.39}$$

となる.

このパラメータを使って計算した核子あたりの束縛エネルギーが図 1.2 に，核子の有効質量が図 1.3 にそれぞれ示されている．横軸はともに核子の Fermi 運動量である．パラメータはそれぞれの中間子に対して，その結合定数と質量の比の形でしか決めることができず，結合定数と質量を独立に決定することはできない.

核物質では通常 $K = 200 \sim 300\,\mathrm{MeV}$ 位であると考えられている非圧縮率

$$K = p_\mathrm{F}^2 \frac{\partial^2 E_\mathrm{B}}{\partial p_\mathrm{F}^2} \tag{1.40}$$

をこれらの結合定数を使って計算すると $K = 541.96\,\mathrm{MeV}$ となり，大きすぎる値が求まる．また核子有効質量も $p_0 = 208.2\,\mathrm{MeV/c}$ で $M^* = 0.56 M_\mathrm{N}$ となり，殻模型などの計算によって予想されている $M^* \sim 0.7 M_\mathrm{N}$ 値に比べ，小さくなりすぎていると考えられている．また，このパラメータでは核子密度 $p_\mathrm{F} \geq 364\,\mathrm{MeV/c}$ では解が求まらなくなる.

1.4　まとめ

Walecka のモデルは核子とスカラー中間子，ベクトル中間子のみの自由度を考慮して，核物質の束縛エネルギーの値を相対論的に再現するのに成功した．相対

論的な議論の特徴とも言えるスカラー中間子，ベクトル中間子の寄与について言及しておこう．

σ 中間子および ω 中間子と核子の相互作用の結合定数 g_σ，g_ω は式 (1.38)，(1.39) に示されるように 2 乗で決まる．すなわち，g_σ，g_ω の符号にかかわらず，ω 中間子の寄与は斥力的に，σ 中間子の寄与は引力的に働く．エネルギーの表式 (1.37) に示されているように ω 中間子の寄与は

$$\frac{1}{2}\frac{g_\omega^2}{m_\omega^2}\rho_{\mathrm{B}}$$

と，明らかに g_ω の符号によらずエネルギーを大きくする方向（斥力的）に働く．σ 中間子の寄与は M^* に含まれるので少しわかりにくいが，ρ_{S} に式 (1.26)，M_{N} に式 (1.32) を使えば式 (1.37) の残りの項は

$$\begin{aligned}
E_{\mathrm{B}} - \frac{1}{2}\frac{g_\omega^2}{m_\omega^2}\rho_{\mathrm{B}} &= \frac{\gamma}{16\pi^2\rho_{\mathrm{B}}}\Big\{p_{\mathrm{F}}(2p_{\mathrm{F}}^2 + M^{*2})E_{\mathrm{F}}^* \\
&\quad - M^{*4}\log\left(\frac{p_{\mathrm{F}} + E_{\mathrm{F}}^*}{M^*}\right)\Big\} + \frac{1}{2}\frac{g_\sigma^2}{m_\sigma^2}\frac{\rho_{\mathrm{S}}^2}{\rho_{\mathrm{B}}} - M_{\mathrm{N}} \\
&= \frac{M^{*4}}{8p_{\mathrm{F}}^3}\left\{\frac{p_{\mathrm{F}}}{M^*}\left(2\frac{p_{\mathrm{F}}^2}{M^{*2}} + 1\right)\sqrt{\frac{p_{\mathrm{F}}^2}{M^{*2}} + 1}\right. \\
&\quad \left. - \log\left(\frac{p_{\mathrm{F}}}{M^*} + \sqrt{\frac{p_{\mathrm{F}}^2}{M^{*2}} + 1}\,\right)\right\} \\
&\quad + \frac{3g_\sigma^2\pi^2}{4m_\sigma^2 p_{\mathrm{F}}^3}\left(\frac{M^{*3}}{\pi^2}\right)^2\left\{\frac{p_{\mathrm{F}}}{M^*}\sqrt{\frac{p_{\mathrm{F}}^2}{M^{*2}} + 1}\right. \\
&\quad \left. - \log\left(\frac{p_{\mathrm{F}}}{M^*} + \sqrt{\frac{p_{\mathrm{F}}^2}{M^{*2}} + 1}\,\right)\right\}^2 \\
&\quad - M^* - \frac{g_\sigma^2 M^{*3}}{m_\sigma^2\pi^2}\left\{\frac{p_{\mathrm{F}}}{M^*}\sqrt{\frac{p_{\mathrm{F}}^2}{M^{*2}} + 1}\right. \\
&\quad \left. - \log\left(\frac{p_{\mathrm{F}}}{M^*} + \sqrt{\frac{p_{\mathrm{F}}^2}{M^{*2}} + 1}\,\right)\right\}
\end{aligned}$$

となるので，$\dfrac{p_{\mathrm{F}}}{M^*}$ で展開すると

$$E_{\mathrm{B}} - \frac{1}{2}\frac{g_\omega^2}{m_\omega^2}\rho_{\mathrm{B}} = \frac{M^{*4}}{8p_{\mathrm{F}}^3}\left(\frac{8}{3}\frac{p_{\mathrm{F}}^3}{M^{*3}} + \frac{4}{5}\frac{p_{\mathrm{F}}^5}{M^{*5}} - \frac{1}{7}\frac{p_{\mathrm{F}}^7}{M^{*7}} + \cdots\cdots\right)$$

$$
\begin{aligned}
&+ \frac{3g_\sigma^2 M^{*6}}{4m_\sigma^2 \pi^2 p_{\mathrm{F}}^3}\Big(\frac{4}{9}\frac{p_{\mathrm{F}}^6}{M^{*6}} - \frac{4}{15}\frac{p_{\mathrm{F}}^8}{M^{*8}} + \frac{32}{175}\frac{p_{\mathrm{F}}^{10}}{M^{*10}} \\
&+ \cdots\cdots\Big) \\
&- M^* - \frac{g_\sigma^2 M^{*3}}{m_\sigma^2 \pi^2}\Big(\frac{2}{3}\frac{p_{\mathrm{F}}^3}{M^{*3}} - \frac{1}{5}\frac{p_{\mathrm{F}}^2}{M^{*2}} + \frac{3}{28}\frac{p_{\mathrm{F}}^7}{M^{*7}} \\
&+ \cdots\cdots\Big) \\
= {} & \frac{3}{10}\frac{p_{\mathrm{F}}^2}{M^*} - \frac{3}{56}\frac{p_{\mathrm{F}}^4}{M^{*3}} + \cdots\cdots \\
&- \frac{1}{3}\frac{g_\sigma^2}{m_\sigma^2 \pi^2} p_{\mathrm{F}}^3 + \frac{71}{700}\frac{g_\sigma^2}{m_\sigma^2 \pi^2}\frac{p_{\mathrm{F}}^7}{M^{*4}} + \cdots\cdots
\end{aligned}
$$

となる．最後の行の式が σ 中間子の寄与と考えられるが，$\dfrac{p_{\mathrm{F}}}{M^*} < 1$ となる領域では，主たるその第 1 項は g_σ の符号にかかわりなくエネルギーを小さくする方向（引力的）に働いていることがわかる．これはポテンシャル問題でも議論したが[21]，エネルギーの 2 乗の式

$$E^2 = \vec{p}^{\,2} + m^2$$

を 1 次の微分方程式に直した Dirac 方程式の特徴とも言える効果で，相対論的な中間子との相互作用は 2 乗で寄与する．

同じモデルを完全に相対論的に扱ったのが S.A.Chin の仕事である[22]．スカラー中間子およびベクトル中間子と相互作用する核子からなる核物質に対し，それぞれの伝播関数を相対論的に計算し，それを使ってエネルギー・運動量テンソルを計算した．相対論的な交換エネルギーの寄与を無視した Hartree 近似の範囲の計算と，交換エネルギーを取り込んだ Hartree-Fock 計算を実行し，Walecka の平均場近似が Hartree 近似の計算に対応していることを示した．

2 非線形 σ-ω モデル

Walecka の単純な相対論的 σ-ω モデルは正規核子密度で束縛エネルギーを最小にし，望ましい値にすることに成功した．しかし，非圧縮率に関しては大きすぎる値となり，これを望ましい値にすることができなかった．Walecka のモデルではデータに合わせるべきパラメータが C_σ と C_ω の 2 つしかないため，結合エネルギーの値とそれが極小となる核子密度（Fermi 運動量）の 2 つのデータしか合わせることができないためである．これを改善するためパラメータの数を増やす補正として考えられたのが J.Boguta と A.R.Bodmer による σ の自己相互作用を含める非線形 σ-ω モデルである[4]．

2.1 運動方程式

Boguta & Bodmer は Walecka の使ったラグランジアン密度 $\mathcal{L}_{\mathrm{W}}$ にスカラー中間子同士の相互作用項を加えた．全系のラグランジアン密度は

$$\begin{aligned}\mathcal{L}_{\mathrm{BB}} = \overline{\psi}\{\gamma_\mu(i\partial^\mu - g_\omega\omega^\mu) - (M + g_\sigma\sigma)\}\psi \\ + \frac{1}{2}\partial_\mu\sigma\partial^\mu\sigma - U(\sigma) - \frac{1}{4}F_{\mu\nu}F^{\mu\nu} + \frac{1}{2}m_\omega^2\omega_\mu\omega^\mu \end{aligned} \tag{2.1}$$

となる．ただし

$$U(\sigma) = \frac{1}{2}m_\sigma^2\sigma^2 + \frac{1}{3}b\sigma^3 + \frac{1}{4}c\sigma^4 \tag{2.2}$$

$$F_{\mu\nu} = \partial_\mu\omega_\nu - \partial_\nu\omega_\mu \tag{2.3}$$

である．ψ は質量 M の核子の場，σ，ω^μ はそれぞれ質量が m_σ の中性スカラー中間子，m_ω の中性ベクトル中間子の場である．Walecka のモデルとは核子とスカラー中間子の結合定数 g_σ の符号が異なる．

Walecka のモデルでは核子とスカラー中間子およびベクトル中間子との単純な相互作用（図 2.1）のみが考えられていたが，これに $U(\sigma)$ の第 2，第 3 項で表さ

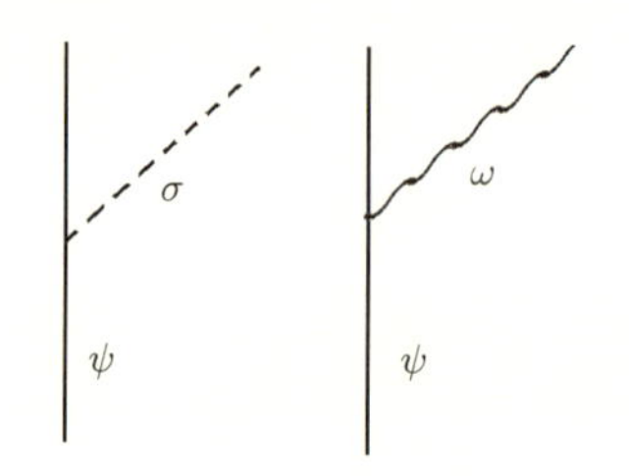

図 2.1　核子-中間子相互作用

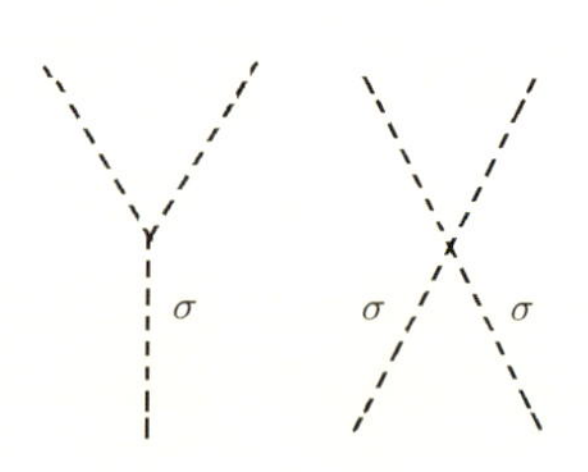

図 2.2　σ-σ 相互作用

れるスカラー中間子同士の相互作用（図 2.2）が加えられた．

運動方程式はそれぞれ Dirac 方程式が

$$(i\gamma_\mu\partial^\mu - M - g_\sigma\sigma - g_\omega\gamma_\mu\omega^\mu)\psi(r) = 0 \tag{2.4}$$

Klein-Gordon 方程式が

$$\partial_\mu\partial^\mu\sigma + m_\sigma^2\sigma + b\sigma^2 + c\sigma^3 = -g_\sigma\overline{\psi}(r)\psi(r) \tag{2.5}$$

Proca 方程式が

$$\partial_\mu F^{\mu\nu} + m_\omega^2\omega^\nu = g_\omega\overline{\psi}(r)\gamma^\nu\psi(r) \tag{2.6}$$

となる．スカラー中間子の運動方程式 (2.5) の左辺に σ の線形の質量項のみではなく，2 乗，3 乗の項が付け加わった．

2.2　平均場近似

中性スカラー中間子に対して時間・空間一様な古典場とみなす平均場近似

$$\sigma \to \langle\sigma\rangle \tag{2.7}$$

を適用する．スカラー中間子の運動方程式 (2.5) は

$$m_\sigma^2\langle\sigma\rangle + b\langle\sigma\rangle^2 + c\langle\sigma\rangle^3 = -g_\sigma\langle\overline{\psi}(r)\psi(r)\rangle = -g_\sigma\rho_{\mathrm{S}} \tag{2.8}$$

となる．$\rho_{\mathrm{S}} = \langle\overline{\psi}(r)\psi(r)\rangle$ はスカラー密度である．

ベクトル中間子に関しては第 0 成分のみを考え

$$\omega^{\nu} \to \langle \omega^{\nu} \rangle = \delta_{\nu 0} \langle \omega \rangle \tag{2.9}$$

と古典場に置き換えると，式 (2.6) の微分項はなくなり

$$\langle \omega \rangle = \frac{g_{\omega}}{m_{\omega}^2} \langle \overline{\psi}(r) \gamma^0 \psi(r) \rangle = \frac{g_{\omega}}{m_{\omega}^2} \langle \psi^{\dagger}(r) \psi(r) \rangle = \frac{g_{\omega}}{m_{\omega}^2} \rho_{\mathrm{B}} \tag{2.10}$$

となる．$\rho_{\mathrm{B}} = \langle \psi^{\dagger}(r)\psi(r) \rangle$ は核子密度である．

核子の運動方程式は

$$\{ i\gamma_{\mu}\partial^{\mu} - (M + g_{\sigma}\langle \sigma \rangle) - g_{\omega}\gamma_0 \langle \omega \rangle \} \psi(r) = 0 \tag{2.11}$$

となり，$\langle \sigma \rangle$ の運動方程式 (2.8) 以外は Walecka のモデルと同じになる．

核子の運動方程式 (2.11) は Walecka のモデルと同じく，有効質量 $M^* = M + g_{\sigma}\langle \sigma \rangle$ でエネルギーが $g_{\omega}\gamma_0 \langle \omega \rangle$ だけずれた自由粒子の運動方程式となるから，核子分布は Fermi ガス状態になる．

2.3　核子の有効質量と平均場 $\langle \sigma \rangle$

Fermi ガス状態の核子分布 $|F\rangle$ に対しては，スカラー密度 ρ_{S} は Walecka のモデルと同様の計算ができる（付録 C 参照）．

$$\begin{aligned} \rho_{\mathrm{S}} &= \langle F | \langle \overline{\varphi}(\vec{r}) \varphi(\vec{r}) \rangle | F \rangle = \sum_{s,I} \int_0^{\vec{p}_{\mathrm{F}}} \frac{M^*}{E^*(\vec{p})} \frac{\mathrm{d}^3 p}{(2\pi)^3} \\ &= \frac{\gamma M^*}{4\pi^2} \Big\{ p_{\mathrm{F}} \sqrt{p_{\mathrm{F}}^2 + M^{*2}} \\ &\qquad - M^{*2} \log \frac{p_{\mathrm{F}} + \sqrt{p_{\mathrm{F}}^2 + M^{*2}}}{M^*} \Big\} \end{aligned} \tag{2.12}$$

同数の陽子，中性子からなる核物質では $\gamma = 4$ と取られる．$\vec{p}$ は核子の持つ 3 次元の運動量であり，p_{F} はその上限（Fermi 運動量）を表す．

この式と核子の有効質量

$$M^* = M + g_{\sigma}\langle \sigma \rangle \tag{2.13}$$

および σ 中間子の古典場の運動方程式 (2.8)

$$m_\sigma^2\langle\sigma\rangle + b\langle\sigma\rangle^2 + c\langle\sigma\rangle^3 = -g_\sigma\rho_{\mathrm{S}} \tag{2.14}$$

を連立して解き，$\langle\sigma\rangle$，M^* を決める．

核子密度も Walecka の計算と同じく

$$\rho_{\mathrm{B}} = \langle F|\varphi^\dagger(\vec{r})\varphi(\vec{r})|F\rangle = \frac{\gamma p_{\mathrm{F}}^3}{6\pi^2} \tag{2.15}$$

である．

2.4 束縛エネルギー

Boguta & Bodmer のラグランジアン密度 (2.1) の中間子に対して平均場近似を適用した有効ラグランジアン密度は

$$\mathcal{L}_{\mathrm{BB}}^* = \overline{\psi}\{\gamma_\mu i\partial^\mu - \gamma_0 g_\omega\langle\omega\rangle - M^*\}\psi - U(\langle\sigma\rangle) + \frac{1}{2}m_\omega^2\langle\omega\rangle^2 \tag{2.16}$$

となる．ただし

$$U(\langle\sigma\rangle) = \frac{1}{2}m_\sigma^2\langle\sigma\rangle^2 + \frac{1}{3}b\langle\sigma\rangle^3 + \frac{1}{4}c\langle\sigma\rangle^4 \tag{2.17}$$

である．これからハミルトニアン密度を求めると

$$\mathcal{H}_{\mathrm{BB}}^* = \psi^\dagger(-i\vec{\alpha}\cdot\vec{\nabla} + \beta M^* + g_\omega\langle\omega\rangle)\psi + U(\langle\sigma\rangle) - \frac{1}{2}m_\omega^2\langle\omega\rangle^2 \tag{2.18}$$

となり，Fermi ガス状態の核子分布での全エネルギー E は

$$\begin{aligned} E &= \langle F|\mathcal{H}_{\mathrm{BB}}^*|F\rangle \\ &= V\Big\{\sum_s \int_0^{\vec{p}_{\mathrm{F}}} \frac{\mathrm{d}^3 p}{(2\pi)^3}\big(\sqrt{\vec{p}^2 + M^{*2}} + g_\omega\langle\omega\rangle\big) + U(\langle\sigma\rangle) \\ &\qquad - \frac{1}{2}m_\omega^2\langle\omega\rangle^2\Big\} \\ &= V\Big[\frac{\gamma}{16\pi^2}\Big\{p_{\mathrm{F}}(2p_{\mathrm{F}}^2 + M^{*2})E_{\mathrm{F}}^* - M^{*4}\log\Big(\frac{p_{\mathrm{F}} + E_{\mathrm{F}}^*}{M^*}\Big)\Big\} \\ &\qquad + \frac{1}{2}\frac{g_\omega^2}{m_\omega^2}\rho_{\mathrm{B}}^2 + U(\langle\sigma\rangle)\Big] \end{aligned} \tag{2.19}$$

となる．ただし $E_{\mathrm{F}}^* = \sqrt{p_{\mathrm{F}}^2 + M^{*2}}$ である．

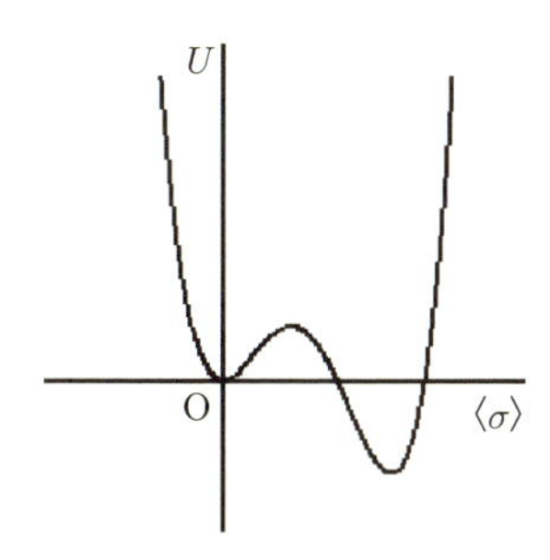

図 2.3　$U(\langle\sigma\rangle)$：$b<0$

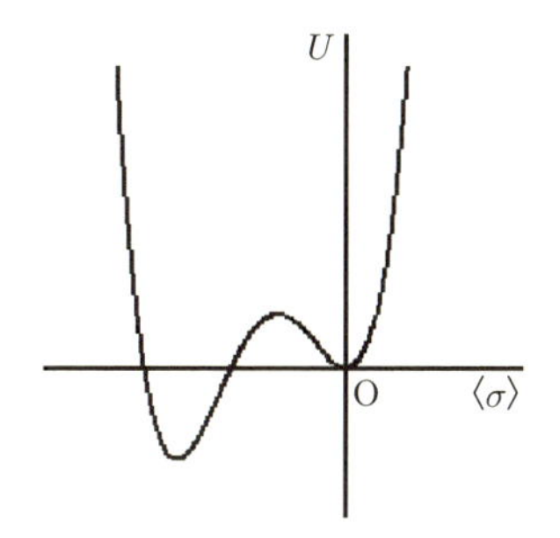

図 2.4　$U(\langle\sigma\rangle)$：$b>0$

核子あたりの束縛エネルギーは，$A/V=\rho_{\mathrm{B}}$ を使って

$$
\begin{aligned}
E_{\mathrm{B}} &= E/A - M \\
&= \frac{\gamma}{16\pi^2\rho_{\mathrm{B}}}\left\{p_{\mathrm{F}}(2p_{\mathrm{F}}^2+M^{*2})E_{\mathrm{F}}^* - M^{*4}\log\left(\frac{p_{\mathrm{F}}+E_{\mathrm{F}}^*}{M^*}\right)\right\} \\
&\quad + \frac{1}{2}\frac{g_\omega^2}{m_\omega^2}\rho_{\mathrm{B}} + U(\langle\sigma\rangle)/\rho_{\mathrm{B}} - M
\end{aligned}
\tag{2.20}
$$

となる．核物質に対しては $\gamma=4$ と取り，正規核子密度 $(\rho_0=0.19\,\mathrm{fm}^{-3})$ に対応する Fermi 運動量 $p_0=280.2\,\mathrm{MeV/c}$ で束縛エネルギーが最小値 $E_{\mathrm{B}}=-15.75\,\mathrm{MeV}$ を取るように結合係数を決める．

σ 粒子間相互作用の項はエネルギー E_{B} に対して

$$
U(\langle\sigma\rangle)=\frac{1}{2}m_\sigma^2\langle\sigma\rangle^2+\frac{1}{3}b\langle\sigma\rangle^3+\frac{1}{4}c\langle\sigma\rangle^4 \tag{2.21}
$$

の形で入る．$c<0$ となると σ 中間子の平均場 $\langle\sigma\rangle$ が大きな値を持つほどエネルギー E_{B} は小さくなり，$\langle\sigma\rangle\to\infty$ となってしまう．また $c=0$ であれば $\frac{1}{3}b\langle\sigma\rangle^3$ の項が $b>0$ の場合には $\langle\sigma\rangle\to-\infty$ で，$b<0$ の場合には $\langle\sigma\rangle\to\infty$ で E_{B} が無限に小さくなり，解が求まらなくなる．$c>0$ であれば図 2.3，2.4 に示したように有限な $\langle\sigma\rangle$ で $U(\langle\sigma\rangle)$ が極小となる解が存在するので，$c>0$ とならなければならない．

2.5　結合定数

核物質では通常 $K=200\,\mathrm{MeV}$ 位であると考えられていた非圧縮率を Boguta

& Bodmer の論文では

$$K = 150 \pm 50\,\mathrm{MeV} \tag{2.22}$$

となるように，各種の結合係数を決めた．

$$C_\sigma = \frac{g_\sigma M}{m_\sigma} = 8 \pm 1 \tag{2.23}$$

$$C_\omega = \frac{g_\omega M}{m_\omega} = 1 \pm 1 \tag{2.24}$$

$$\frac{b}{g_\sigma^3 M} = 0.445 \tag{2.25}$$

$$\frac{c}{g_\sigma^4} = 9.465 \tag{2.26}$$

$$m_\sigma = 250\,\mathrm{MeV} \tag{2.27}$$

ρ_{S} は正であるから，$\langle\sigma\rangle$ を決めるべき式

$$f(\langle\sigma\rangle) = m_\sigma^2\langle\sigma\rangle + b\langle\sigma\rangle^2 + c\langle\sigma\rangle^3 + g_\sigma\rho_{\mathrm{S}} = 0 \tag{2.28}$$

は g_σ，g_ω，b，c が正ならば負の解のみ存在する．数値計算すると上のパラメータでは $\langle\sigma\rangle$ としては解が 1 つだけ存在する．また計算結果は m_σ に依存しない．すなわち，スカラー中間子，ベクトル中間子の質量は Walecka の計算と同様に決めることができない．

上に与えられた，Boguta & Bodmer の論文[4]のパラメータを使うと，実際には非圧縮率は 95.0 MeV となり，小さすぎる．

決めるべき物理量は，エネルギー最低状態の Fermi 運動量 $p_0 = 280.2\,\mathrm{MeV/c}$，そこでの束縛エネルギー $E_{\mathrm{B}} = -15.75\,\mathrm{MeV}$，非圧縮率 $K = 150 \pm 50\,\mathrm{MeV}$ の 3 つであるのに対し，パラメータは $C_\sigma = \dfrac{g_\sigma M}{m_\sigma}$，$C_\omega = \dfrac{g_\omega M}{m_\omega}$，$\dfrac{b}{g_\sigma^3 M}$，$\dfrac{c}{g_\sigma^4}$ の 4 つがあり，唯一に決めることはできない．

このテキストでは $p_0 = 280.2\,\mathrm{MeV/c}$ で極小の束縛エネルギー $B = -15.75\,\mathrm{MeV}$ を持ち，非圧縮率 $K = 177.9\,\mathrm{MeV}$ となるようにパラメータを

$$C_\sigma = \frac{g_\sigma M}{m_\sigma} = 8.0 \tag{2.29}$$

$$C_\omega = \frac{g_\omega M}{m_\omega} = 3.542 \tag{2.30}$$

$$\frac{b}{g_\sigma^3 M} = 0.247 \tag{2.31}$$

$$\frac{c}{g_\sigma^4} = 3.449 \tag{2.32}$$

と決めた．核子の有効質量は $p_0 = 280.2\,\mathrm{MeV/c}$ で $M^*/M = 0.914$ となる．後に示されるように核子の質量項に導入された係数 M は

$$M = M_{\mathrm{N}} \tag{2.33}$$

となる．このパラメータでは核子有効質量が大きく求まる．このパラメータを使って計算された核子あたりの束縛エネルギーと核子有効質量が図 2.5，図 2.6 に示されている．

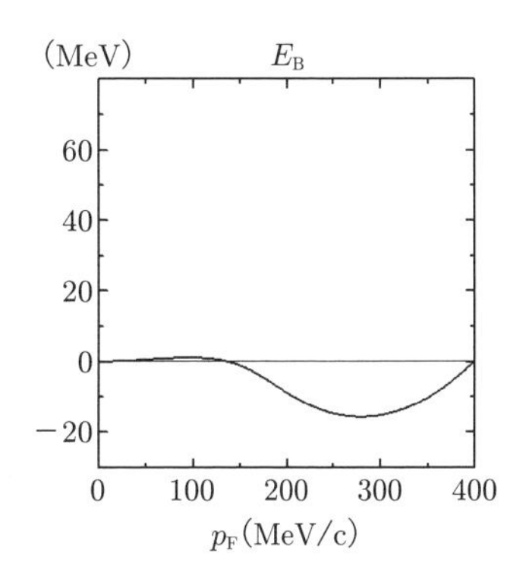

図 2.5　核子あたりのエネルギー

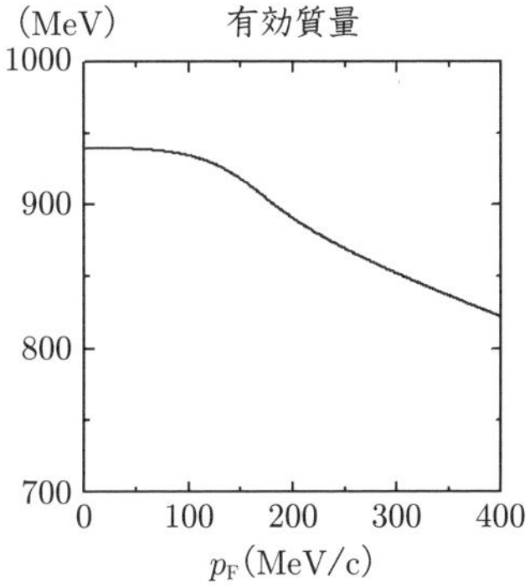

図 2.6　核子の有効質量

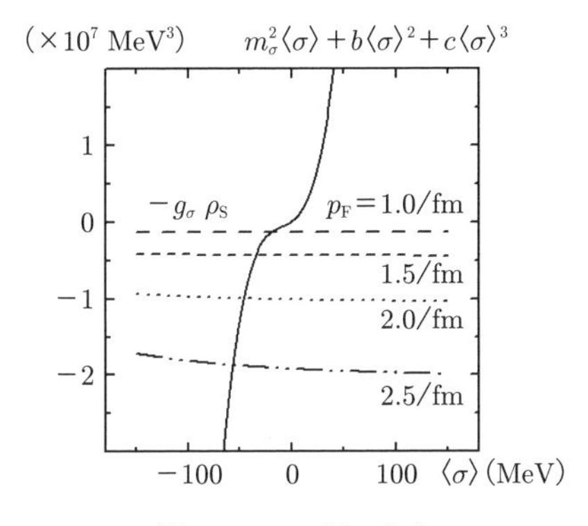

図 2.7　σ の解の存在

このパラメータセットでは，$\langle\sigma\rangle$ は 1 つだけに決まる．図 2.7 に式 (2.14) の解を表すグラフを表示した．このグラフの交点が $\langle\sigma\rangle$ の解を表す．

2.6　まとめ

Boguta & Bodmer のモデルは Walecka の単純な σ-ω モデルに σ 中間子同士の相互作用を導入して非圧縮率を望ましい値にすることができた．

この章での議論の注意点をいくつか述べておこう．

このモデルは Walecka のモデルとラグランジアン密度における g_σ の符号が異なっている．この符号を Walecka のモデルと一致させると，ラグランジアン密度は

$$\begin{aligned}\mathcal{L} = &\overline{\psi}\{\gamma_\mu(i\partial^\mu - g_\omega\omega^\mu) - (M - g_\sigma\sigma)\}\psi \\ &+ \frac{1}{2}\partial_\mu\sigma\partial^\mu\sigma - U(\sigma) - \frac{1}{4}F_{\mu\nu}F^{\mu\nu} + \frac{1}{2}m_\omega^2\omega_\mu\omega^\mu\end{aligned} \tag{2.34}$$

となり

$$U(\sigma) = \frac{1}{2}m_\sigma^2\sigma^2 + \frac{1}{3}b\sigma^3 + \frac{1}{4}c\sigma^4 \tag{2.35}$$

は同じである．

運動方程式は

$$(i\gamma_\mu\partial^\mu - M + g_\sigma\sigma - g_\omega\gamma_\mu\omega^\mu)\psi(r) = 0 \tag{2.36}$$

$$\partial_\mu\partial^\mu\sigma + m_\sigma^2\sigma + b\sigma^2 + c\sigma^3 = g_\sigma\overline{\psi}(r)\psi(r) \tag{2.37}$$

となり，ベクトル中間子に関しては変化はない．

中性スカラー中間子に対して平均場近似

$$\sigma \to \langle\sigma\rangle \tag{2.38}$$

を適用すると，式 (2.37) から

$$m_\sigma^2\langle\sigma\rangle + b\langle\sigma\rangle^2 + c\langle\sigma\rangle^3 = g_\sigma\rho_{\mathrm{S}} \tag{2.39}$$

となり，核子の運動方程式は

$$\{i\gamma_\mu\partial^\mu - (M - g_\sigma\langle\sigma\rangle) - g_\omega\gamma_0\langle\omega\rangle\}\psi(r) = 0 \tag{2.40}$$

となる．

スカラー密度

$$\begin{aligned}\rho_{\mathrm{S}} = \frac{\gamma M^*}{4\pi^2}\Big\{&p_{\mathrm{F}}\sqrt{p_{\mathrm{F}}^2 + M^{*2}} \\ &- M^{*2}\log\left(\frac{p_{\mathrm{F}} + \sqrt{p_{\mathrm{F}}^2 + M^{*2}}}{M^*}\right)\Big\}\end{aligned} \tag{2.41}$$

は式 (2.12) と同じであるが，この式と核子の有効質量

$$M^* = M - g_\sigma\langle\sigma\rangle \tag{2.42}$$

および式 (2.39) を変形した

$$f(\langle\sigma\rangle) = m_\sigma^2\langle\sigma\rangle + b\langle\sigma\rangle^2 + c\langle\sigma\rangle^3 - g_\sigma\rho_{\mathrm{S}} = 0 \tag{2.43}$$

を連立して解くことになる．前章までの計算と異なるのは，有効質量と式 (2.43) における g_σ の前の符号だけである．

核子あたりの束縛エネルギーは式 (2.20) と変化なく

$$\begin{aligned}E_{\mathrm{B}} &= E/N - M \\ &= \frac{\gamma}{16\pi^2\rho_{\mathrm{B}}}\Big\{p_{\mathrm{F}}(2p_{\mathrm{F}}^2 + M^{*2})E_{\mathrm{F}}^* - M^{*4}\log\left(\frac{p_{\mathrm{F}} + E_{\mathrm{F}}^*}{M^*}\right)\Big\} \\ &\quad + \frac{1}{2}\frac{g_\omega^2}{m_\omega^2}\rho_{\mathrm{B}} + U(\langle\sigma\rangle)/\rho_{\mathrm{B}} - M\end{aligned} \tag{2.44}$$

であり，係数を同じく

$$C_\sigma = \frac{g_\sigma M}{m_\sigma} = 8.0 \tag{2.45}$$

$$C_\omega = \frac{g_\omega M}{m_\omega} = 3.542 \tag{2.46}$$

$$\frac{b}{g_\sigma^3 M} = -0.247 \tag{2.47}$$

$$\frac{c}{g_\sigma^4} = 3.449 \tag{2.48}$$

と b の符号だけを変えると，$\langle\sigma\rangle$ の符号が正となって同じ束縛エネルギー，非圧縮率，核子有効質量が求まる．

核子密度 0（真空状態）では $\rho_{\rm S}=0$ となるから，式 (2.14) は

$$\langle\sigma\rangle(m_\sigma^2+b\langle\sigma\rangle+c\langle\sigma\rangle^2)=0 \tag{2.49}$$

となり

$$\langle\sigma\rangle=0 \tag{2.50}$$

または

$$m_\sigma^2+b\langle\sigma\rangle+c\langle\sigma\rangle^2=0 \tag{2.51}$$

が成り立つ．この章で決めたパラメータ

$$b=0.247\,g_\sigma^3 M$$
$$c=3.449\,g_\sigma^4$$
$$g_\sigma M=8.0\,m_\sigma$$

を使うと 2 次式 (2.51) の判別式は

$$b^2-4cm_\sigma^2=-13.335g_\sigma^4 m_\sigma^2<0$$

となり実数解を持たないことがわかる．故に，真空状態では $\langle\sigma\rangle=0$ と考えられる．これを使うと式 (2.13) は核子密度 0 で

$$M^*=M=M_{\rm N} \tag{2.52}$$

となる．核子に質量項として導入された M はこの場合には核子の平均質量 $M_{\rm N}$ である．

次に非圧縮率の再現についてであるが，Boguta & Bodmer はパラメータを増やして，核物質の飽和性と非圧縮率の値を再現できたのであるが，具体的には次のような効果があったと考えられる．

核子あたりの束縛エネルギー $E_{\rm B}$ のうち，核子の寄与のみを取り出すと

$$
E_{\mathrm{N}} = \frac{\gamma}{16\pi^2 \rho_{\mathrm{B}}} \left\{ p_{\mathrm{F}} (2p_{\mathrm{F}}^2 + M^{*2}) E_{\mathrm{F}}^* - M^{*4} \log\left(\frac{p_{\mathrm{F}} + E_{\mathrm{F}}^*}{M^*} \right) \right\} - M_{\mathrm{N}} \tag{2.53}
$$

となる．これを $\dfrac{p_{\mathrm{F}}}{M^*}$ で展開すると（正規核子密度で $p_{\mathrm{F}} = 280.2\,\mathrm{MeV/c}$，$M^* = 860\,\mathrm{MeV}$ である）

$$
\begin{aligned}
E_{\mathrm{N}} &= \frac{3}{8}\frac{M^{*4}}{p_{\mathrm{F}}^3} \left\{ \frac{p_{\mathrm{F}}}{M^*}\left(1 + 2\frac{p_{\mathrm{F}}^2}{M^{*2}}\right)\sqrt{1 + \frac{p_{\mathrm{F}}^2}{M^{*2}}} \right. \\
&\qquad \left. - \log\left(1 + \sqrt{1 + \frac{p_{\mathrm{F}}^2}{M^{*2}}}\right) \right\} - M \\
&= \frac{3}{8}\frac{M^{*4}}{p_{\mathrm{F}}^3} \left\{ \frac{p_{\mathrm{F}}}{M^*} + \frac{5}{2}\frac{p_{\mathrm{F}}^3}{M^{*3}} + \frac{7}{8}\frac{p_{\mathrm{F}}^5}{M^{*5}} \right. \\
&\qquad \left. - \left(\frac{p_{\mathrm{F}}}{M^*} - \frac{1}{6}\frac{p_{\mathrm{F}}^3}{M^{*3}} + \frac{3}{40}\frac{p_{\mathrm{F}}^5}{M^{*5}} \right) \right\} - M_{\mathrm{N}} \\
&= \frac{3}{8}\frac{M^{*4}}{p_{\mathrm{F}}^3} \left(\frac{8}{3}\frac{p_{\mathrm{F}}^3}{M^{*3}} + \frac{4}{5}\frac{p_{\mathrm{F}}^5}{M^{*5}} \right) - M_{\mathrm{N}}
\end{aligned} \tag{2.54}
$$

となり，この第 1 項だけ取り出すと

$$
E_{\mathrm{N}} = M^* - M_{\mathrm{N}} = g_\sigma \langle \sigma \rangle \tag{2.55}
$$

となる．同様に ρ_{S} を展開すると

$$
\begin{aligned}
\rho_{\mathrm{S}} &= \frac{M^*}{\pi^2} \left\{ p_{\mathrm{F}} \sqrt{p_{\mathrm{F}}^2 + M^{*2}} - M^{*2} \log\left(\frac{p_{\mathrm{F}} + \sqrt{p_{\mathrm{F}}^2 + M^{*2}}}{M^*} \right) \right\} \\
&= \frac{M^{*3}}{\pi^2} \left\{ \frac{p_{\mathrm{F}}}{M^*}\sqrt{1 + \frac{p_{\mathrm{F}}^2}{M^{*2}}} - \log\left(1 + \sqrt{1 + \frac{p_{\mathrm{F}}^2}{M^{*2}}}\right) \right\} \\
&= \frac{M^{*3}}{\pi^2} \left(\frac{2}{3}\frac{p_{\mathrm{F}}^3}{M^{*3}} - \frac{1}{5}\frac{p_{\mathrm{F}}^5}{M^{*5}} \right)
\end{aligned} \tag{2.56}
$$

となる．第 1 項のみ取り出せば

$$
\rho_{\mathrm{S}} = \frac{2p_{\mathrm{F}}^3}{3\pi^2} \tag{2.57}
$$

となる．E_{B} のスカラー中間子の寄与の部分は

$$
E_{\mathrm{S}} = \frac{U(\langle \sigma \rangle)}{\rho_{\mathrm{B}}} = \frac{\frac{1}{2}m_\sigma^2 \langle \sigma \rangle^2 + \frac{1}{3}b\langle \sigma \rangle^3 + \frac{1}{4}c\langle \sigma \rangle^4}{2\rho_{\mathrm{S}}}
$$

$$= \frac{\frac{1}{2}m_\sigma^2\langle\sigma\rangle^2 + \frac{1}{3}b\langle\sigma\rangle^3 + \frac{1}{4}c\langle\sigma\rangle^4}{-2g_\sigma(m_\sigma^2\langle\sigma\rangle + b\langle\sigma\rangle^2 + c\langle\sigma\rangle^3)} \sim -\frac{1}{4g_\sigma}\langle\sigma\rangle \tag{2.58}$$

となる（正規核子密度で $\langle\sigma\rangle = -18.8\,\mathrm{MeV}$ である）．故に，核子あたりの束縛エネルギー E_B は

$$\begin{aligned} E_\mathrm{B} &= g_\sigma\langle\sigma\rangle - \frac{1}{4g_\sigma}\langle\sigma\rangle + \frac{1}{2}\frac{g_\omega^2}{m_\omega^2}\rho_\mathrm{B} \\ &= \left(g_\sigma - \frac{1}{4g_\sigma}\right)\langle\sigma\rangle + \frac{1}{2}\frac{g_\omega^2}{m_\omega^2}\rho_\mathrm{B} \end{aligned} \tag{2.59}$$

となる．Walecka モデルと同じ形で入るベクトル中間子の寄与を除いて，束縛エネルギーはおおざっぱに言って $\langle\sigma\rangle$ に比例している．

Walecka のモデルでは σ 中間子の古典場の運動方程式 (1.13) から

$$\rho_\mathrm{S} = -\frac{m_\sigma^2}{g_\sigma}\langle\sigma\rangle \sim \frac{2p_\mathrm{F}^3}{3\pi^2} \tag{2.60}$$

となるから（g_σ の符号はこの章に合わせてあるので，Walecka の論文[3]のものとは逆符号になる），$\langle\sigma\rangle$ は p_F^3 に従って急激に変化する．Boguta & Bodmer のモデルでは式 (2.8) から

$$\rho_\mathrm{S} = -\frac{m_\sigma^2}{g_\sigma}\langle\sigma\rangle - \frac{b}{g_\sigma}\langle\sigma\rangle^2 - \frac{c}{g_\sigma}\langle\sigma\rangle^3 \sim \frac{2p_\mathrm{F}^3}{3\pi^2} \tag{2.61}$$

となり，$\langle\sigma\rangle$ は $p_\mathrm{F} \sim p_\mathrm{F}^3$ に従って変化するので，Walecka に比べて変化が小さい．

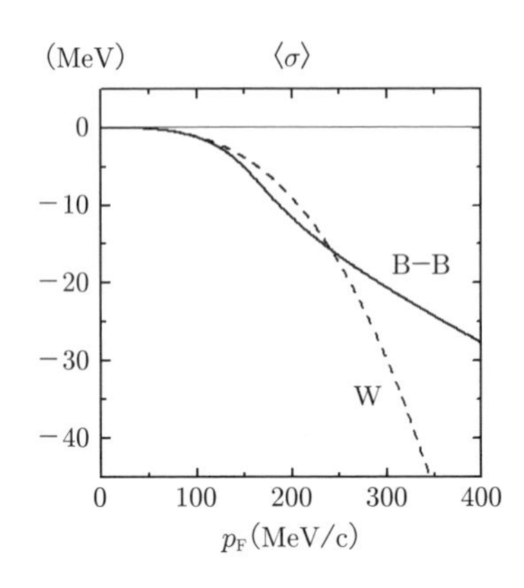

図 2.8　σ 中間子の古典場 $\langle\sigma\rangle$

束縛エネルギーは $\langle\sigma\rangle$ に比例しているので，やはり Walecka に比べて変化が小さい．すなわち，p_{F} の 2 階微分である非圧縮率も小さくなる．

図 2.8 に Boguta & Bodmer のモデルで計算された $\langle\sigma\rangle$ と Walecka のモデルで計算された $\langle\sigma\rangle$ が比較されている．実線が Boguta & Bodmer のモデルでの計算値で，破線が Walecka のモデルの計算値の符号を変えたものである．σ 中間子の質量は 500 MeV と仮定されている．正規核子密度 $p_0 = 280.2\,\mathrm{MeV/c}$ 付近で，実線に比べ，破線の方が変化率が大きいことがわかるであろう．

3 微分結合型σ-ωモデル

非圧縮率の計算値を実験予測値に近づけるため, Boguta と Bodmer はスカラー中間子同士の相互作用を導入した. それとは独立に, J.Zimanyi と S.A.Moszkowski は Walecka の σ-ω モデルのスカラー中間子と核子の間の相互作用を微分型の相互作用

$$\mathcal{L}_{\sigma \mathrm{N}} = \frac{g_\sigma}{M}\sigma\overline{\psi}\gamma_\mu i\partial^\mu\psi \tag{3.1}$$

に変更した計算を行った[5]. ψ は核子の場で M はその質量である. σ は中性スカラー中間子である. g_σ はこの相互作用の結合定数である.

ベクトル中間子 ω^μ はローカルゲージ変換に対する不変性を保つため共変微分の項に導入されたと考え, 実際には

$$\mathcal{L}_{\mathrm{add}} = \frac{g_\sigma}{M}\sigma\overline{\psi}\gamma_\mu(i\partial^\mu - g_\omega\omega^\mu)\psi \tag{3.2}$$

の形で導入される. g_ω はベクトル中間子と核子の相互作用の強さを表す結合定数である.

3.1 運動方程式

スカラー中間子と核子の相互作用に微分型相互作用を導入したラグランジアン密度として

$$\begin{aligned}
\mathcal{L}_{\mathrm{Der}} &= \overline{\psi}\gamma_\mu i\partial^\mu\psi - \overline{\psi}M\psi + \frac{g_\sigma}{M}\sigma\overline{\psi}\gamma_\mu i\partial^\mu\psi \\
&\quad - g_\omega\overline{\psi}\gamma_\mu\omega^\mu\psi - \frac{g_\sigma g_\omega}{M}\sigma\overline{\psi}\gamma_\mu\omega^\mu\psi \\
&\quad + \frac{1}{2}\partial_\mu\sigma\partial^\mu\sigma - \frac{1}{2}m_\sigma^2\sigma^2 - \frac{1}{4}F_{\mu\nu}F^{\mu\nu} + \frac{1}{2}m_\omega^2\omega_\mu\omega^\mu \\
&= \left(1 + \frac{g_\sigma}{M}\sigma\right)\overline{\psi}\gamma_\mu i\partial^\mu\psi - \overline{\psi}M\psi - \left(1 + \frac{g_\sigma}{M}\sigma\right)g_\omega\overline{\psi}\gamma_\mu\omega^\mu\psi \\
&\quad + \frac{1}{2}\partial_\mu\sigma\partial^\mu\sigma - \frac{1}{2}m_\sigma^2\sigma^2 - \frac{1}{4}F_{\mu\nu}F^{\mu\nu} + \frac{1}{2}m_\omega^2\omega_\mu\omega^\mu
\end{aligned} \tag{3.3}$$

を考える．今までと同様に ψ は質量 M の核子の場，σ は質量 m_σ の中性スカラー中間子，ω^μ は質量 m_ω の中性ベクトル中間子の場である．ベクトル中間子のテンソル場は

$$F_{\mu\nu} = \partial_\mu \omega_\nu - \partial_\nu \omega_\mu \tag{3.4}$$

である．最初の式の第3項が微分型の σ 中間子-核子相互作用を表し，第5項は σ 中間子-ω 中間子-核子の相互作用である．

ここで核子の波動関数を

$$\psi \to \left(1 + \frac{g_\sigma}{M}\sigma\right)^{-1/2} \psi \tag{3.5}$$

と置き直せば，ラグランジアン密度は

$$\begin{aligned} \mathcal{L}_{\mathrm{ZM}} = \overline{\psi}\gamma_\mu i\partial^\mu \psi - \left(1 + \frac{g_\sigma}{M}\sigma\right)^{-1} \overline{\psi} M \psi - g_\omega \overline{\psi}\gamma_\mu \omega^\mu \psi \\ + \frac{1}{2}\partial_\mu \sigma \partial^\mu \sigma - \frac{1}{2}m_\sigma^2 \sigma^2 - \frac{1}{4}F_{\mu\nu}F^{\mu\nu} + \frac{1}{2}m_\omega^2 \omega_\mu \omega^\mu \end{aligned} \tag{3.6}$$

と書ける．これが Zimanyi & Moszkowski のラグランジアン密度である．ただし，σ の微分項

$$-\frac{1}{2}\frac{\frac{g_\sigma}{M}\partial^\mu \sigma}{1 + \frac{g_\sigma}{M}\sigma}\overline{\psi}\gamma_\mu i\psi \tag{3.7}$$

は後に平均場近似で σ を古典場 $\langle\sigma\rangle$ と書き換えたときには0となってしまうので無視されている．見かけ上，微分型の相互作用も σ-ω-N 相互作用もなくなり，Walecka の σ-ω モデルとの違いは核子の質量項にスカラー中間子を含む $\left(1 + \frac{g_\sigma}{M}\sigma\right)^{-1}$ がかかっていることのみである．

このラグランジアン密度から求まる運動方程式は

$$\left\{ i\gamma_\mu \partial^\mu - M\left(1 + \frac{g_\sigma}{M}\sigma\right)^{-1} - g_\omega \gamma_\mu \omega^\mu \right\}\psi(r) = 0 \tag{3.8}$$

$$\partial_\mu \partial^\mu \sigma + m_\sigma^2 \sigma = g_\sigma \left(1 + \frac{g_\sigma}{M}\sigma\right)^{-2} \overline{\psi}(r)\psi(r) \tag{3.9}$$

$$\partial_\mu F^{\mu\nu} + m_\omega^2 \omega^\nu = g_\omega \overline{\psi}(r)\gamma^\nu \psi(r) \tag{3.10}$$

となる．核子，スカラー中間子の運動方程式には Walecka のモデルに $\left(1+\frac{g_\sigma}{M}\sigma\right)^{-1}$ の変更が加えられたが，ベクトル中間子の運動方程式には変更はない．

3.2　平均場近似

中性スカラー中間子に対して時間・空間一様な古典場に置き換える平均場近似

$$\sigma \to \langle\sigma\rangle \tag{3.11}$$

を適用すると，式 (3.9) から微分項はなくなり

$$\begin{aligned} m_\sigma^2\langle\sigma\rangle &= g_\sigma\left(1+\frac{g_\sigma}{M}\langle\sigma\rangle\right)^{-2}\langle\overline{\psi}(r)\psi(r)\rangle \\ &= g_\sigma\left(1+\frac{g_\sigma}{M}\langle\sigma\rangle\right)^{-2}\rho_{\mathrm{S}} \end{aligned} \tag{3.12}$$

となる．ここで

$$m^* = \left(1+\frac{g_\sigma}{M}\langle\sigma\rangle\right)^{-1} \tag{3.13}$$

なる記号 m^* を導入すると

$$g_\sigma\langle\sigma\rangle = \frac{1-m^*}{m^*}M \tag{3.14}$$

と書けるから，これを使って，式 (3.12) は

$$B_{\mathrm{s}}\frac{\rho_{\mathrm{S}}}{\rho_0}m^{*3} = 1-m^* \tag{3.15}$$

と書き換えられる．ただし

$$B_{\mathrm{s}} = \left(\frac{g_\sigma}{m_\sigma}\right)^2\frac{\rho_0}{M} \tag{3.16}$$

であり，ρ_0 は正規核子密度である．

ベクトル中間子に関しては第 0 成分（時間成分）のみを考え

$$\omega^\nu \to \langle\omega^\nu\rangle = \delta_{\nu 0}\,\langle\omega\rangle \tag{3.17}$$

と古典場に置き換えると式 (3.10) は

$$\langle\omega\rangle = \frac{g_\omega}{m_\omega^2}\langle\overline{\psi}(r)\gamma^0\psi(r)\rangle = \frac{g_\omega}{m_\omega^2}\langle\psi^\dagger(r)\psi(r)\rangle = \frac{g_\omega}{m_\omega^2}\rho_{\mathrm{B}} \tag{3.18}$$

となり Walecka のモデルと同じになる．

核子の運動方程式も中間子を古典場に置き換えれば

$$(i\gamma_\mu \partial^\mu - M^* - g_\omega \gamma_0 \langle\omega\rangle)\psi(r) = 0 \tag{3.19}$$

と書ける．M^* は核子の有効質量で

$$M^* = M\Big(1 + \frac{g_\sigma}{M}\langle\sigma\rangle\Big)^{-1} = Mm^* \tag{3.20}$$

である．

$\langle\sigma\rangle$ の運動方程式 (3.12)，核子の有効質量 (3.20) 以外は Walecka のモデルと同じになる．核子の運動方程式 (3.19) は Walecka のモデルと同じく，有効質量 M^* でエネルギーが $g_\omega\langle\omega\rangle$ だけずれた自由粒子の運動方程式となるから核子は Fermi ガス分布状態となる．

Fermi ガス状態の核子分布に対しては，スカラー密度は Walecka のモデルと同じく計算できて（付録 C）

$$\begin{aligned}
\rho_{\mathrm{S}} &= \langle F|\overline{\varphi}(\vec{r})\varphi(\vec{r})|F\rangle = \sum_{s,I}\int_0^{\vec{p}_{\mathrm{F}}} \frac{M^*}{E^*(\vec{p})}\frac{\mathrm{d}^3p}{(2\pi)^3} \\
&= \sum_{s,I}\frac{M^*}{4\pi^2}\Big\{p_{\mathrm{F}}\sqrt{p_{\mathrm{F}}^2 + M^{*2}} - M^{*2}\log\Big(\frac{p_{\mathrm{F}} + \sqrt{p_{\mathrm{F}}^2 + M^{*2}}}{M^*}\Big)\Big\} \\
&= \frac{3}{2}\rho_{\mathrm{B}}\left(\frac{M^*}{p_{\mathrm{F}}}\right)^3\Bigg[\frac{p_{\mathrm{F}}}{M^*}\sqrt{1 + \Big(\frac{p_{\mathrm{F}}}{M^*}\Big)^2} \\
&\qquad - \log\Big\{\frac{p_{\mathrm{F}}}{M^*} + \sqrt{1 + \Big(\frac{p_{\mathrm{F}}}{M^*}\Big)^2}\Big\}\Bigg]
\end{aligned} \tag{3.21}$$

となる．ただし核子密度は

$$\rho_{\mathrm{B}} = \langle F|\varphi^\dagger(\vec{r})\varphi(\vec{r})|F\rangle = \frac{2p_{\mathrm{F}}^3}{3\pi^2} \tag{3.22}$$

である．

式 (3.21) を使って式 (3.12) と (3.20) を連立して解き，古典場 $\langle\sigma\rangle$ を決める．

核子密度 0 では $\rho_{\mathrm{S}} = 0$ であるから式 (3.12) より $\langle\sigma\rangle_0 = 0$ となる．式 (3.20) より核子密度 0 で

$$M^* = M \tag{3.23}$$

となり，これは核子の平均質量 M_{N} となる．故に

$$M = M_{\mathrm{N}} \tag{3.24}$$

である．

3.3 束縛エネルギー

中間子に対して平均場近似を施した有効ラグランジアン密度は

$$\begin{aligned}\mathcal{L}^*_{\mathrm{ZM}} &= \overline{\psi}\{\gamma_\mu i\partial^\mu - \gamma_0 g_\omega \langle\omega\rangle - M^*\}\psi \\ &\quad - \frac{1}{2}m_\sigma^2\langle\sigma\rangle^2 + \frac{1}{2}m_\omega^2\langle\omega\rangle^2\end{aligned} \tag{3.25}$$

となり，見かけ上 Walecka のモデルと同じになる．これからハミルトニアン密度は

$$\begin{aligned}\mathcal{H}^*_{\mathrm{ZM}} &= \psi^\dagger(-i\vec{\alpha}\cdot\vec{\nabla} + \beta M^* + g_\omega\langle\omega\rangle)\psi \\ &\quad + \frac{1}{2}m_\sigma^2\langle\sigma\rangle^2 - \frac{1}{2}m_\omega^2\langle\omega\rangle^2\end{aligned} \tag{3.26}$$

となるから，Fermi ガス状態でのエネルギー E は

$$\begin{aligned}E &= \langle F|\mathcal{H}^*_{\mathrm{ZM}}|F\rangle \\ &= V\Big\{\sum_{s,I}\int_0^{\vec{p}_{\mathrm{F}}}\frac{\mathrm{d}^3p}{(2\pi)^3}(\sqrt{p^2+M^{*2}} + g_\omega\langle\omega\rangle) \\ &\quad + \frac{1}{2}m_\sigma^2\langle\sigma\rangle^2 - \frac{1}{2}m_\omega^2\langle\omega\rangle^2\Big\} \\ &= V\Big[\frac{\gamma}{16\pi^2}\Big\{p_{\mathrm{F}}(2p_{\mathrm{F}}^2 + M^{*2})E_{\mathrm{F}}^* - M^{*4}\log\Big(\frac{p_{\mathrm{F}}+E_{\mathrm{F}}^*}{M^*}\Big)\Big\} \\ &\quad + \frac{1}{2}\frac{g_\omega^2}{m_\omega^2}\rho_{\mathrm{B}}^2 + \frac{1}{2}m_\sigma^2\langle\sigma\rangle^2\Big]\end{aligned} \tag{3.27}$$

と求まる．ただし $E_{\mathrm{F}}^* = \sqrt{p_{\mathrm{F}}^2 + M^{*2}}$ である．

核子あたりの束縛エネルギーは

$$E_{\mathrm{B}} = E/A - M$$

$$
\begin{aligned}
&= \frac{\gamma}{16\pi^2\rho_{\rm B}}\left\{p_{\rm F}(2p_{\rm F}^2+M^{*2})E_{\rm F}^* - M^{*4}\log\left(\frac{p_{\rm F}+E_{\rm F}^*}{M^*}\right)\right\} \\
&\quad + \frac{1}{2}\frac{g_\omega^2}{m_\omega^2}\rho_{\rm B} + \frac{1}{2}m_\sigma^2\frac{\langle\sigma\rangle^2}{\rho_{\rm B}} - M
\end{aligned} \tag{3.28}
$$

となる．ここで

$$
B_{\rm v} = \frac{g_\omega^2\rho_0}{m_\omega^2 M} \tag{3.29}
$$

を導入して

$$
\frac{1}{2}\frac{g_\omega^2}{m_\omega^2}\rho_{\rm B} = \frac{1}{2}MB_{\rm v}\frac{\rho_{\rm B}}{\rho_0} \tag{3.30}
$$

および

$$
\begin{aligned}
\frac{1}{2}m_\sigma^2\frac{\langle\sigma\rangle^2}{\rho_{\rm B}} &= \frac{1}{2}\frac{m_\sigma^2}{g_\sigma^2}\frac{(g_\sigma\langle\sigma\rangle)^2}{\rho_{\rm B}} = \frac{1}{2}\frac{m_\sigma^2}{g_\sigma^2}\left(\frac{1-m^*}{m^*}M\right)^2\frac{1}{\rho_{\rm B}} \\
&= \frac{1}{2}\frac{M}{B_{\rm s}}\left(\frac{1-m^*}{m^*}\right)^2\frac{\rho_0}{\rho_{\rm B}}
\end{aligned} \tag{3.31}
$$

となることを使うと

$$
\begin{aligned}
E_{\rm B} &= E/A - M \\
&= \frac{\gamma}{16\pi^2\rho_{\rm B}}\left\{p_{\rm F}(2p_{\rm F}^2+M^{*2})E_{\rm F}^* - M^{*4}\log\left(\frac{p_{\rm F}+E_{\rm F}^*}{M^*}\right)\right\} \\
&\quad + \frac{1}{2}MB_{\rm v}\frac{\rho_{\rm B}}{\rho_0} + \frac{1}{2}\frac{M}{B_{\rm s}}\left(\frac{1-m^*}{m^*}\right)^2\frac{\rho_0}{\rho_{\rm B}} - M
\end{aligned} \tag{3.32}
$$

となる．

核物質に対しては $\gamma = 4$ と取り，正規核子密度（$\rho_0 = 0.19\,{\rm fm}^{-3}$）に対応する Fermi 運動量 $p_{\rm F} = 1.42/{\rm fm} = 280.2\,{\rm MeV/c}$ で最小の束縛エネルギー $E_{\rm B} = -15.75\,{\rm MeV}$ となるように結合係数を決める．

3.4　数値計算

Zimanyi & Moszkowski の論文[5]では結合定数を

$$
B_{\rm s} = \frac{g_\sigma^2\rho_0}{m_\sigma^2 M} = 0.252 \tag{3.33}
$$

$$B_{\mathrm{v}} = \frac{g_\omega^2 \rho_0}{m_\omega^2 M} = 0.888 \tag{3.34}$$

と取られている．しかし，このパラメータでは正しい束縛状態が再現できない．おそらく，

$$B_{\mathrm{v}} = \frac{g_\omega^2 \rho_0}{m_\omega^2 M} = 0.0888 \tag{3.35}$$

のミスプリントではないかと思われる．このパラメータで Fermi 運動量 $p_{\mathrm{F}} = 268.4\,\mathrm{MeV/c}$ で最小の束縛エネルギー $E_{\mathrm{B}} = -12.48\,\mathrm{MeV}$，非圧縮率 $K = 236.6\,\mathrm{MeV}$ が得られる．

同じモデルを使い，Barranco，Lombard & Moszkowski[23]はパラメータを

$$C_{\mathrm{s}}^2 = \left(g_\sigma \frac{M}{m_\sigma}\right)^2 = 169.20 \quad (B_{\mathrm{s}} = 0.303)$$

$$C_{\mathrm{v}}^2 = \left(g_\omega \frac{M}{m_\omega}\right)^2 = 59.10 \quad (B_{\mathrm{v}} = 0.106) \tag{3.36}$$

と取り，$p_{\mathrm{F}} = 262.4\,\mathrm{MeV/c}$ で最小の束縛エネルギー $E_{\mathrm{B}} = -15.95\,\mathrm{MeV}$，非圧縮率 $K = 225\,\mathrm{MeV}$ を得ている．これらのパラメータは束縛エネルギー E_{B} を最小にする p_{F} の値が少し小さすぎると思われる．

Sharma，Moszkowski & Ring[24]のパラメータセットでは

$$C_{\mathrm{s}}^2 = \left(g_\sigma \frac{M}{m_\sigma}\right)^2 = 143.00 \quad (B_{\mathrm{s}} = 0.256)$$

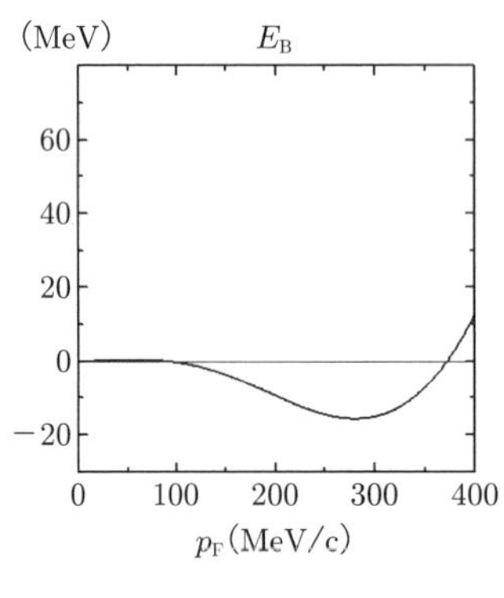

図 3.1　核子あたりのエネルギー

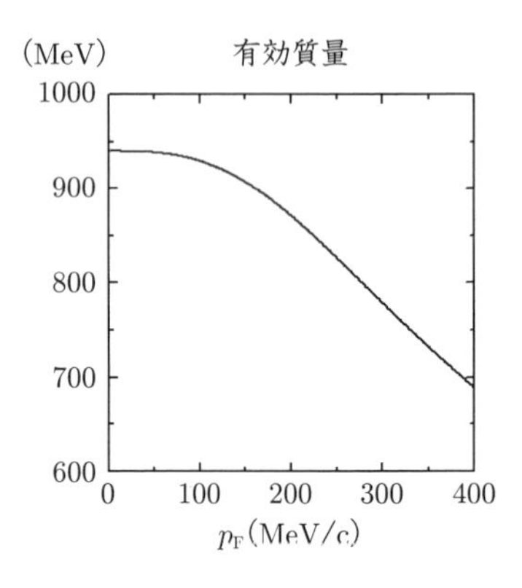

図 3.2　粒子の有効質量

$$C_{\rm v}^2 = \left(g_\omega \frac{M}{m_\omega}\right)^2 = 46.60 \quad (B_{\rm v} = 0.083) \tag{3.37}$$

を使って $p_{\rm F} = 280.2\,{\rm MeV/c}$ で最小の束縛エネルギー $E_{\rm B} = -15.75\,{\rm MeV}$，非圧縮率 $K = 224.8\,{\rm MeV}$ を得ている．ここでは最も望ましい核子密度を再現していると思われるこのパラメータを使って，束縛エネルギー，核子の有効質量が図示されている（図 3.1，図 3.2）．核子有効質量は $M^*/M = 0.85$ と少し大きな値となっているものと考えられる．

3.5　まとめ

$\langle\sigma\rangle$ を決める運動方程式である式 (3.12) は

$$m_\sigma^2\langle\sigma\rangle\left(1+\frac{g_\sigma}{M}\langle\sigma\rangle\right)^2 = g_\sigma\rho_{\rm S} \tag{3.38}$$

となるが，展開してまとめると

$$m_\sigma^2\langle\sigma\rangle + 2g_\sigma\frac{m_\sigma^2}{M}\langle\sigma\rangle^2 + g_\sigma^2\frac{m_\sigma^2}{M^2}\langle\sigma\rangle^3 = g_\sigma\rho_{\rm S} \tag{3.39}$$

となり，Boguta & Bodmer のモデルの式 (2.8) と右辺の符号は逆であるが（g_σ の符号の取り方が異なるためである），よく似た 3 次方程式になる．右辺のスカラー密度 $\rho_{\rm S}$ は核子の有効質量 M^* に依存する．核子の有効質量 (3.20) は $\frac{g_\sigma}{M}\langle\sigma\rangle$ が 1 より小さいとして展開すると

$$\begin{aligned} M^* &= M\left(1+\frac{g_\sigma}{M}\langle\sigma\rangle\right)^{-1} \\ &= M\left\{1-\frac{g_\sigma}{M}\langle\sigma\rangle+\left(\frac{g_\sigma}{M}\langle\sigma\rangle\right)^2-\cdots\right\} \\ &= M - g_\sigma\langle\sigma\rangle + \frac{g_\sigma^2}{M}\langle\sigma\rangle^2 - \cdots \end{aligned} \tag{3.40}$$

と，Walecka モデル（この式の第 2 項まで）に比べ高次の展開が考慮されていることに相当する．すなわち，このモデルでは核子の有効質量の計算に高次の σ-σ 相互作用が考慮されていることに相当する．

微分結合 σ-ω モデルは σ のポテンシャルに対応する項は非線形 σ-ω モデルと同様 $\langle\sigma\rangle$ の 4 次の項まで考慮し，核子の有効質量に関してはより高次の項まで考

慮したモデルとなっている．スカラー中間子の古典場 $\langle\sigma\rangle$ の Fermi 運動量 p_{F} 依存性も p_{F}^3 よりも小さく，それ故，Walecka のモデルに比べ非圧縮率もより小さな値が求まるものと考えられる．

第 II 部
線形 σ モデルとその拡張

4 線形 σ モデル

ここまでの議論では核物質は陽子と中性子からなり，核力を媒介するのは中性スカラー中間子と中性ベクトル中間子であると仮定されてきた．核力に大きな寄与をすると考えられている π 中間子に関しては無視されている．これは π 中間子は擬スカラー粒子でパリティが負であるため核物質の基底状態においては単独で平均場として存在できないと考えられてきたからである．

π 中間子を考慮に入れると，核力が本来持っていると考えられている対称性であるアイソスピン対称性，カイラル対称性（付録 D 参照）を保つようなモデルが扱える．このようなモデルの代表とも言えるのが Gell-Mann & Lévy の線形 σ モデルである[6]．これは σ 中間子と π 中間子の自由度のみを考え，カイラル対称性を破る σ 中間子の線形項を加えたものである．

この章ではこのモデルを核物質に適用し，系の安定性を議論する．

核子ならびに中間子の有効質量は σ 中間子の古典場に依存する形で定義されるが，核子の自由度を考慮すると σ 中間子の古典場は核子密度に依存することになる．そのため粒子の質量は核子密度に依存し，密度が大きくなるに従い，質量が小さくなる傾向が現れる．特に，π 中間子の質量が最も早く小さくなり，H.Tezuka が 1981 年にすでに指摘[25]しているように，ある Fermi 運動量で π 中間子の有効質量の 2 乗 m_π^{*2} が負になり，質量として定義できなくなる．これより Fermi 運動量（核子密度）の大きな領域では多くの π 中間子が存在するほどエネルギーが低くなると考えられ，π 中間子の古典場が存在することが期待される．

π 中間子は擬スカラー粒子でパリティは負である．そのため Fermi ガス分布と仮定される核物質の基底状態には単独で存在できない．これを回避する一つの方法は核子分布を変化させ，π 中間子との共存を図ることである．π 中間子凝縮状態として提案された ALS 構造[26]などはこの代表的な例である．

この章では，パリティを保存するように，2 つの π 中間子がスカラーに組んだ古典場の存在を仮定し，π 中間子対凝縮状態での核物質が Fermi ガス分布状態にあると考え，その状態での粒子の有効質量，平均場などを計算し，結合エネルギーを評価する．エネルギーの評価を実験値に合わせるため，Gell-Mann & Lévy の線形 σ モデルに核子の質量項と斥力として働くベクトル中間子の寄与を加えた．

これまでの計算では，核物質の性質として，核子密度 $\rho_0 = 0.19\,\mathrm{fm}^{-3}$（対応する Fermi 運動量 $p_0 = 278.5\,\mathrm{MeV/c}$）で最小のエネルギーを持ち，そこでのエネルギーが $E_\mathrm{B} = -15.75\,\mathrm{MeV}$ となり，非圧縮率 $K \sim 200\,\mathrm{MeV}$ 位[13]となるように計算された．

その後，核物質のデータは更新され[14],[15]，核子密度 $\rho_0 = 0.153\,\mathrm{fm}^{-3}$（$p_0 = 259.15\,\mathrm{MeV/c}$）で最小のエネルギー $E_\mathrm{B} = -16.3\,\mathrm{MeV}$，非圧縮率 $K \sim 300\,\mathrm{MeV}$ (250~350 MeV）と考えられるようになった．このテキストの以下の章では新たに，核物質の計算結果がこのデータの値と一致するように計算し直した．またスカラー中間子である σ 中間子も，かつては存在が疑問視されていたが，最近では $f_0(500)$ として質量 $400 \sim 550\,\mathrm{MeV}$ のスカラー粒子と見なされるようになった[8]．ただし幅が $400 \sim 700\,\mathrm{MeV}$ と大きいので，ここでは $m_\sigma = 500\,\mathrm{MeV}$ と仮定したが，場合によっては 500~800 MeV 程度に動かしてパラメータを調節した．

4.1　線形 σ モデル＋ベクトル中間子＋核子質量

Gell-Mann & Lévy の線形 σ モデルのラグランジアン密度は

$$\begin{aligned}\mathcal{L}_\mathrm{GL} = \overline{\psi} i\gamma^\mu \partial_\mu \psi + g_0 \overline{\psi}(\sigma + i\gamma_5 \boldsymbol{\tau}\cdot\boldsymbol{\pi})\psi + \frac{1}{2}(\partial_\mu \sigma)^2 + \frac{1}{2}(\partial_\mu \boldsymbol{\pi})^2 \\ - \frac{\mu_0}{2}(\sigma^2 + \boldsymbol{\pi}^2) - \lambda_0\Big(\sigma^2 + \boldsymbol{\pi}^2 - \frac{1}{4f_0^2}\Big)^2 - \frac{\mu_0}{2f_0}\sigma \end{aligned} \tag{4.1}$$

で与えられる（付録 B 参照）．ψ はアイソスピン 1/2 の核子の場で，中間子の場はスカラー・アイソスカラーの σ 中間子 σ，擬スカラー・アイソベクトルの π 中間子 $\boldsymbol{\pi}$ である．γ^μ，γ_5 は 4 行 4 列の Dirac の γ 行列であり，$\boldsymbol{\tau}$ はアイソスピン空間の 2 行 2 列の Pauli 行列である．太文字で書かれた $\boldsymbol{\pi}$ や $\boldsymbol{\tau}$ はアイソスピン空間でのベクトルであることを示す．核子と σ 中間子，π 中間子の相互作用はカイラル対称性を満たすように共通の相互作用の強さを持つと仮定されている．第 5 項の中間子の質量項もカイラル対称性を満たすように同じ大きさを持つと仮定されている．第 6 項はカイラル対称性を満たすように設定された中間子同士の相互作用項で，この項から中間子の質量に寄与する部分も出てくる．このラグランジアン密度はアイソスピン対称であり，第 7 項の σ の線形項 $-\dfrac{\mu_0}{2f_0}\sigma$ を除いてカイラル対称性を満たす．

実験に合わせて決めるべき定数は g_0，μ_0，λ_0，f_0 の 4 つであるから

$$
\begin{aligned}
g_\sigma &= g_0 \\
C_2 &= \lambda_0 \\
a &= \left(\frac{1}{4f_0^2} - \frac{\mu_0}{4\lambda_0}\right)/f_\pi^2 \\
b &= \frac{\mu_0}{2f_0}/f_\pi^3
\end{aligned}
$$

と新しく定数 g_σ，C_2，a，b を定義すれば Gell-Mann & Lévy のラグランジアン密度 (4.1) は定数を除き

$$
\begin{aligned}
\mathcal{L}_\sigma = &\overline{\psi} i\gamma^\mu \partial_\mu \psi + g_\sigma \overline{\psi}(\sigma + i\gamma_5 \boldsymbol{\tau}\cdot\boldsymbol{\pi})\psi + \frac{1}{2}(\partial_\mu\sigma)^2 + \frac{1}{2}(\partial_\mu\boldsymbol{\pi})^2 \\
&- C_2\,(\sigma^2 + \boldsymbol{\pi}^2 - af_\pi^2)^2 - b\sigma f_\pi^3
\end{aligned} \tag{4.2}
$$

と書き直せる．各定数の次元を消すために導入された f_π は荷電 π 中間子の崩壊定数であり，エネルギーの次元を持つ．$(\sigma^2 + \boldsymbol{\pi}^2 - af_\pi^2)$ の項はカイラルループ項と呼ばれ，アイソスピン対称であり，カイラル対称である．見かけ上，ラグランジアン密度 (4.2) には中間子の質量項が消えたように見えるが，このカイラルループ項に中間子の質量となる項，中間子同士の相互作用項などがカイラル対称性を満たすように含まれる．カイラル対称性を破る項は最後の $-b\sigma f_\pi^3$ の項のみである．ここではこの形のラグランジアン密度から議論を始める．

このラグランジアン密度は斥力となるベクトル場を含まないので，中性ベクトル中間子 ω の寄与を加える．さらにカイラル対称を満たさないため除かれていた核子の質量項も加えて

$$
\begin{aligned}
\mathcal{L}_{\mathrm{LS}} &= \mathcal{L}_\sigma - \overline{\psi} M\psi - g_\omega \overline{\psi}\gamma^\mu \omega_\mu \psi - \frac{1}{4}F_{\mu\nu}F^{\mu\nu} + \frac{1}{2}m_\omega^2 \omega_\mu \omega^\mu \\
&= \overline{\psi} i\gamma^\mu \partial_\mu \psi - \overline{\psi} M\psi + g_\sigma \overline{\psi}(\sigma + i\gamma_5 \boldsymbol{\tau}\cdot\boldsymbol{\pi})\psi \\
&\quad + \frac{1}{2}(\partial_\mu\sigma)^2 + \frac{1}{2}(\partial_\mu\boldsymbol{\pi})^2 - C_2\,(\sigma^2 + \boldsymbol{\pi}^2 - af_\pi^2)^2 - b\sigma f_\pi^3
\end{aligned}
$$

$$- g_\omega \overline{\psi}\gamma^\mu \omega_\mu \psi - \frac{1}{4}F_{\mu\nu}F^{\mu\nu} + \frac{1}{2}m_\omega^2 \omega_\mu \omega^\mu \tag{4.3}$$

を考える．ω^μ は質量 m_ω のベクトル・アイソスカラーの ω 中間子場で，そのテンソル場は

$$F_{\mu\nu} = \partial_\mu \omega_\nu - \partial_\nu \omega_\mu \tag{4.4}$$

で定義されている．中性ベクトル中間子 ω の相互作用項，運動エネルギー項，質量項などはカイラル対称性を満たすので，このラグランジアン密度でカイラル対称性を破る項は核子の質量項と σ の線形項のみである．後にわかるように，核子の質量項を導入することにより，定数 g_σ がパラメータとして扱えることになる．カイラル対称性を破る核子の質量項と σ の線形項を別にして

$$\mathcal{L}_{\rm LS} = \mathcal{L}_{\rm C} - \overline{\psi}M\psi - b\sigma f_\pi^3 \tag{4.5}$$

と書くと，$\mathcal{L}_{\rm C}$ はカイラル対称な部分であり，C_2，a，M，b，g_σ，g_ω などは実験データに合うように決めるべき定数である．

ラグランジアン密度 (4.3) に対するハミルトニアン密度は

$$\begin{aligned}\mathcal{H}_{\rm LS} = &\overline{\psi}i\vec{\gamma}\cdot\vec{\nabla}\psi + \overline{\psi}M\psi - g_\sigma\overline{\psi}(\sigma + i\gamma_5\boldsymbol{\tau}\cdot\boldsymbol{\pi})\psi \\ &+ \frac{1}{2}\{(\partial_0\sigma)^2 + (\vec{\nabla}\sigma)^2\} + \frac{1}{2}\{(\partial_0\boldsymbol{\pi})^2 + (\vec{\nabla}\boldsymbol{\pi})^2\} \\ &+ C_2\,(\sigma^2 + \boldsymbol{\pi}^2 - af_\pi^2)^2 + b\sigma f_\pi^3 \\ &+ g_\omega\overline{\psi}\gamma^\mu\omega_\mu\psi - \frac{1}{2}(\partial_0\omega_\mu\partial^0\omega^\mu + \vec{\nabla}\omega_\mu\cdot\vec{\nabla}\omega^\mu) \\ &- \frac{1}{2}m_\omega^2\omega_\mu\omega^\mu\end{aligned} \tag{4.6}$$

となり，Dirac 方程式は

$$i\gamma^\mu\partial_\mu\psi - M\psi + g_\sigma(\sigma + i\boldsymbol{\tau}\cdot\boldsymbol{\pi}\gamma_5)\psi - g_\omega\gamma^\mu\omega_\mu\psi = 0 \tag{4.7}$$

$$-i\partial_\mu\overline{\psi}\gamma^\mu - M\overline{\psi} + \overline{\psi}g_\sigma(\sigma + i\boldsymbol{\tau}\cdot\boldsymbol{\pi}\gamma_5) - g_\omega\overline{\psi}\gamma^\mu\omega_\mu = 0 \tag{4.8}$$

となる．スカラー系の中間子（σ 中間子と π 中間子）に対する運動方程式である Klein-Gordon 方程式はそれぞれ

$$\partial_\mu \partial^\mu \sigma = g_\sigma \overline{\psi}\psi - 4C_2\left(\sigma^2 + \boldsymbol{\pi}^2 - af_\pi^2\right)\sigma - bf_\pi^3 \tag{4.9}$$

$$\partial_\mu \partial^\mu \boldsymbol{\pi} = g_\sigma \overline{\psi} i\gamma_5 \boldsymbol{\tau}\psi - 4C_2\left(\sigma^2 + \boldsymbol{\pi}^2 - af_\pi^2\right)\boldsymbol{\pi} \tag{4.10}$$

となり，ベクトル中間子 ω に対する Proca 方程式は

$$\partial_\mu F^{\mu\nu} = g_\omega \overline{\psi}\gamma^\nu \psi - m_\omega^2 \omega^\nu \tag{4.11}$$

である．

ベクトル・アイソスカラーの ω 中間子の寄与はベクトル型の変換（アイソスピン回転）に対しても，軸性ベクトル型の変換（カイラル回転）に対しても不変である．核子の質量項は陽子と中性子の質量を同じに取れば，ベクトル型変換に対しては不変となるが，軸性ベクトル型変換に対しては不変にならない．全体として，この系はアイソスピン回転に対して不変であり，ベクトルカレント

$$\boldsymbol{\mathcal{J}}_{\mathrm{V}}^\mu = \overline{\psi}\gamma^\mu \frac{\boldsymbol{\tau}}{2}\psi + \boldsymbol{\pi}\times\partial^\mu \boldsymbol{\pi} \tag{4.12}$$

の発散は

$$\partial_\mu \boldsymbol{\mathcal{J}}_{\mathrm{V}}^\mu = 0 \tag{4.13}$$

となる．カイラル変換に対応する軸性ベクトルカレント

$$\boldsymbol{\mathcal{J}}_{\mathrm{A}}^\mu = \overline{\psi}\gamma^\mu\gamma_5 \frac{\boldsymbol{\tau}}{2}\psi - \boldsymbol{\pi}\,\partial^\mu\sigma + \sigma\,\partial^\mu\boldsymbol{\pi} \tag{4.14}$$

は

$$\begin{aligned}\partial_\mu \boldsymbol{\mathcal{J}}_{\mathrm{A}}^\mu &= (\partial_\mu\overline{\psi})\gamma^\mu\gamma_5\frac{\boldsymbol{\tau}}{2}\psi + \overline{\psi}\gamma^\mu\gamma_5\frac{\boldsymbol{\tau}}{2}(\partial_\mu\psi) \\ &\quad - \boldsymbol{\pi}\partial_\mu\partial^\mu\sigma - \partial_\mu\sigma\partial^\mu\boldsymbol{\pi} + \sigma\partial_\mu\partial^\mu\boldsymbol{\pi} + \partial_\mu\boldsymbol{\pi}\partial^\mu\sigma \\ &= i\overline{\psi}\gamma_5 M\boldsymbol{\tau}\psi + bf_\pi^3\boldsymbol{\pi}\end{aligned} \tag{4.15}$$

となり，σ の線形項と核子の質量項の部分が保存しない項として残る．

荷電 π 中間子の崩壊 $\pi^+ \to \mu^+ + \nu_\mu$，$\pi^- \to \mu^- + \overline{\nu}_\mu$ を考えると

$$\langle 0|\boldsymbol{\mathcal{J}}_{\mathrm{A}}^\mu(0)|\pi(k)\rangle = ik^\mu f_\pi$$

となる．先ほど使われた f_π はここで定義される荷電 π 中間子の崩壊定数で，$\pi^- \to$

$\mu^- + \overline{\nu}_\mu$ に対して $f_\pi = 93\,\mathrm{MeV}$ であることが実験的に知られている．この式を座標空間に Fourier 変換すると

$$\langle 0|\boldsymbol{\mathcal{J}}^\mu_{\mathrm{A}}(x)|\pi(k)\rangle = ik^\mu f_\pi\, e^{-ik\cdot x}$$

となり，原点における発散をとれば

$$\langle 0|\partial_\mu \boldsymbol{\mathcal{J}}^\mu_{\mathrm{A}}(0)|\pi(k)\rangle = k_\mu k^\mu f_\pi = m_\pi^2 f_\pi \tag{4.16}$$

となる．これを式 (4.15) から求めた

$$\langle 0|\partial_\mu \boldsymbol{\mathcal{J}}^\mu_{\mathrm{A}}(0)|\pi(k)\rangle = bf_\pi^3 \tag{4.17}$$

と比べれば

$$b = \left(\frac{m_\pi}{f_\pi}\right)^2 \tag{4.18}$$

が求まり，導入された σ の線形項の定数 b が決まる．m_π は π 中間子の質量である．

4.2　π 中間子の古典場が存在しない場合（σ 中間子凝縮状態）

中間子の運動方程式に対し，中間子場を時間・空間一様な古典場に置き換える平均場近似を適用する．式 (4.9)，(4.10)，(4.11) の左辺の微分項は消え

$$0 = g_\sigma \langle \overline{\psi}\psi\rangle - 4C_2\left(\langle\sigma\rangle^2 + \langle\boldsymbol{\pi}\rangle^2 - af_\pi^2\right)\langle\sigma\rangle - bf_\pi^3 \tag{4.19}$$

$$0 = g_\sigma \langle \overline{\psi}i\gamma_5\boldsymbol{\tau}\psi\rangle - 4C_2\left(\langle\sigma\rangle^2 + \langle\boldsymbol{\pi}\rangle^2 - af_\pi^2\right)\langle\boldsymbol{\pi}\rangle \tag{4.20}$$

$$0 = g_\omega \langle \overline{\psi}\gamma^\nu\psi\rangle - m_\omega^2\langle\omega^\nu\rangle \tag{4.21}$$

となる．核子の状態に関しても，核子分布に対応した平均化操作がなされると考える．核物質の基底状態は同数の陽子と中性子からなり，パリティ＋の状態であると考えられるので，$-$ のパリティを持つ π 中間子が存在するとパリティ保存の法則が破れてしまうので

$$\langle\boldsymbol{\pi}\rangle = 0 \tag{4.22}$$

とする．その結果，式 (4.20) は

$$g_\sigma \langle \overline{\psi} i\gamma_5 \boldsymbol{\tau} \psi \rangle = 0 \tag{4.23}$$

となる．π 中間子の古典場は存在せず，σ 中間子の古典場 $\langle\sigma\rangle$ が有限の値を持つので，この状態を σ 中間子凝縮状態と呼ぶ．ベクトル中間子に対しては第 0 成分だけを残して

$$\langle \omega^\nu \rangle = \langle \omega \rangle \delta_{\nu 0} \tag{4.24}$$

と仮定すると，式 (4.19)，(4.21) は

$$g_\sigma \langle \overline{\psi}\psi \rangle = 4C_2 \left(\langle\sigma\rangle^2 - af_\pi^2 \right) \langle\sigma\rangle + bf_\pi^3 \tag{4.25}$$

$$g_\omega \langle \overline{\psi}\gamma^0\psi \rangle = m_\omega^2 \langle\omega\rangle \tag{4.26}$$

となる．式 (4.25) の左辺の $\langle\overline{\psi}\psi\rangle$ はスカラー密度 $\rho_{\rm S}$，式 (4.26) の左辺 $\langle\overline{\psi}\gamma^0\psi\rangle = \langle\psi^\dagger\psi\rangle$ は核子密度 $\rho_{\rm B}$ と呼ばれる．これらの式から $\langle\sigma\rangle$，$\langle\omega\rangle$ をそれぞれ核子の密度の関数として解くことができる．

4.2.1　有効質量

次に，それぞれの粒子の核物質中での有効質量を定義するため，中間子場を古典場とそのゆらぎに分離し

$$\sigma \longrightarrow \langle\sigma\rangle + \tilde{\sigma} \tag{4.27}$$

$$\boldsymbol{\pi} \longrightarrow \tilde{\boldsymbol{\pi}} \tag{4.28}$$

$$\omega_\mu \longrightarrow \langle\omega\rangle\delta_{\mu 0} + \tilde{\omega}_\mu \tag{4.29}$$

とおいてラグランジアン密度 (4.3) に代入する．これは中間子場を一様に分布する平均的な場（古典場）と，粒子的な性質を持つ波動部分との和として書き直したことに相当する．こうすることにより，粒子的な波動部分の質量項に古典場の影響が現れ，有効質量となる．

ラグランジアン密度 (4.3) は

$$\mathcal{L}_{\rm LS} = \overline{\psi} i\gamma^\mu \partial_\mu \psi - \overline{\psi} M \psi + g_\sigma \overline{\psi}\langle\sigma\rangle\psi + g_\sigma \overline{\psi}(\tilde{\sigma} + i\gamma_5 \boldsymbol{\tau}\cdot\tilde{\boldsymbol{\pi}})\psi$$

$$
\begin{aligned}
&+\frac{1}{2}(\partial_\mu\tilde{\sigma})^2+\frac{1}{2}(\partial_\mu\tilde{\boldsymbol{\pi}})^2-C_2\{(\langle\sigma\rangle+\tilde{\sigma})^2+\tilde{\boldsymbol{\pi}}^2-af_\pi^2\}^2\\
&-bf_\pi^3(\langle\sigma\rangle+\tilde{\sigma})-g_\omega\overline{\psi}\gamma^0\langle\omega\rangle\psi-g_\omega\overline{\psi}\gamma^\mu\tilde{\omega}_\mu\psi-\frac{1}{4}\tilde{F}_{\mu\nu}\tilde{F}^{\mu\nu}\\
&+\frac{1}{2}m_\omega^2(\langle\omega\rangle\delta_{\mu 0}+\tilde{\omega}_\mu)^2\\
=&\overline{\psi}i\gamma^\mu\partial_\mu\psi-(M-g_\sigma\langle\sigma\rangle)\overline{\psi}\psi+g_\sigma\overline{\psi}(\tilde{\sigma}+i\gamma_5\boldsymbol{\tau}\cdot\tilde{\boldsymbol{\pi}})\psi\\
&+\frac{1}{2}(\partial_\mu\tilde{\sigma})^2+\frac{1}{2}(\partial_\mu\tilde{\boldsymbol{\pi}})^2\\
&-C_2(\tilde{\sigma}^4+\tilde{\boldsymbol{\pi}}^4+4\langle\sigma\rangle\tilde{\sigma}^3+4\langle\sigma\rangle\tilde{\sigma}\tilde{\boldsymbol{\pi}}^2+2\tilde{\sigma}^2\tilde{\boldsymbol{\pi}}^2)\\
&-2C_2(3\langle\sigma\rangle^2-af_\pi^2)\tilde{\sigma}^2-2C_2(\langle\sigma\rangle^2-af_\pi^2)\tilde{\boldsymbol{\pi}}^2\\
&-\{4C_2(\langle\sigma\rangle^2-af_\pi^2)\langle\sigma\rangle+bf_\pi^3\}\tilde{\sigma}-C_2(\langle\sigma\rangle^2-af_\pi^2)^2\\
&-bf_\pi^3\langle\sigma\rangle-g_\omega\overline{\psi}\gamma^0\langle\omega\rangle\psi-g_\omega\overline{\psi}\gamma^\mu\tilde{\omega}_\mu\psi-\frac{1}{4}\tilde{F}_{\mu\nu}\tilde{F}^{\mu\nu}\\
&+\frac{1}{2}m_\omega^2\tilde{\omega}_\mu^2+\frac{1}{2}m_\omega^2\langle\omega\rangle^2+m_\omega^2\langle\omega\rangle\tilde{\omega}^0
\end{aligned}
\tag{4.30}
$$

と書き直せる．核子の質量は $\overline{\psi}\psi$ の項の係数として

$$
M^*=M-g_\sigma\langle\sigma\rangle \tag{4.31}
$$

と定義される．核子の質量は核子密度の関数である $\langle\sigma\rangle$ の関数として核子密度に依存するので，有効質量と呼ばれる．

中間子の質量としてはそれぞれ $\frac{1}{2}\tilde{\sigma}^2$，$\frac{1}{2}\tilde{\boldsymbol{\pi}}^2$，$\frac{1}{2}\tilde{\omega}_\mu^2$ の係数として

$$
\sigma\ :\ m_\sigma^{*2}=4C_2(3\langle\sigma\rangle^2-af_\pi^2) \tag{4.32}
$$

$$
\boldsymbol{\pi}\ :\ m_\pi^{*2}=4C_2(\langle\sigma\rangle^2-af_\pi^2) \tag{4.33}
$$

$$
\omega\ :\ m_\omega^{*2}=m_\omega^2 \tag{4.34}
$$

となる．ω 中間子を除いてスカラー系の中間子は σ 中間子の平均場 $\langle\sigma\rangle$ に依存し，それ故，核子密度に依存する有効質量となる．これらの有効質量は中間子の古典場を除けば，ラグランジアン密度 (4.3) から直接定義される質量と一致する．

π 中間子の質量は式 (4.25) を使って

$$
m_\pi^{*2}=\frac{g_\sigma\langle\overline{\psi}\psi\rangle}{\langle\sigma\rangle}-\frac{bf_\pi^3}{\langle\sigma\rangle} \tag{4.35}
$$

と書き直せる．核子が存在しない（真空中）場合には $\langle\overline{\psi}\psi\rangle = 0$ となり，π 中間子の質量は核子密度 0 での σ 中間子の古典場を $\langle\sigma\rangle_0$ と書いて

$$m_\pi^2 = -\frac{bf_\pi^3}{\langle\sigma\rangle_0} \tag{4.36}$$

となり，さらに式 (4.18) を使って

$$m_\pi^2 = -\frac{f_\pi m_\pi^2}{\langle\sigma\rangle_0} \tag{4.37}$$

となる．この式が成り立つためには

$$\langle\sigma\rangle_0 = -f_\pi \tag{4.38}$$

とならなければならない．これが核子の存在しないときの（核子密度 0 での）σ 中間子の古典場の値である．これは核子密度 0 の状態でも σ 中間子は 0 でない古典場が存在するということを示している．核子密度 0 で $\langle\sigma\rangle_0 = 0$ となるように取ろうとするなら，ラグランジアン密度 (4.3) で

$$\sigma \;\rightarrow\; \sigma - f_\pi \tag{4.39}$$

と書き換えれば可能である．ただし，この場合にはカイラルループの 2 乗項は

$$\begin{aligned}
&-C_2\{(\sigma - f_\pi)^2 + \boldsymbol{\pi}^2 - af_\pi^2\}^2 \\
=&-C_2\{\sigma^2 + \boldsymbol{\pi}^2 - (a-1)f_\pi^2\}^2 \\
&+4C_2\{\sigma^2 + \boldsymbol{\pi}^2 - (a-1)f_\pi^2\}\sigma f_\pi - 4C_2\sigma^2 f_\pi^2
\end{aligned}$$

と変形され，カイラル対称性を満たさない σ 中間子-カイラルループ相互作用や σ 中間子の質量項が現れることになる．

真空中（核子密度 0）での核子の質量 M_N として陽子と中性子の平均の質量

$$M_\mathrm{N} = 938.9\ \mathrm{MeV} \tag{4.40}$$

を使うと，核子の有効質量の式 (4.31) から

$$M_\mathrm{N} = M - g_\sigma\langle\sigma\rangle_0 = M + g_\sigma f_\pi \tag{4.41}$$

となり，定数 M は

$$M = M_{\rm N} - g_\sigma f_\pi \tag{4.42}$$

と取ればよいことがわかる．定数 M は g_σ をパラメータとして決まることになる．核子の質量が $M = M_{\rm N}$ とならなかった理由は σ 中間子の古典場が真空中で 0 とならなかったためである．

真空中で式 (4.32) と (4.33) の差をとると

$$m_\sigma^2 - m_\pi^2 = 4\,C_2 \cdot 2\langle\sigma\rangle_0^2 \; = 8\,C_2\,f_\pi^2 \tag{4.43}$$

となるから

$$C_2 = \frac{m_\sigma^2 - m_\pi^2}{8f_\pi^2} \tag{4.44}$$

が求まる．これを使って逆に式 (4.33) を解いて

$$a = \frac{m_\sigma^2 - 3m_\pi^2}{m_\sigma^2 - m_\pi^2} \tag{4.45}$$

となり，導入された定数 b, C_2, a は中間子の質量と崩壊定数 f_π で書き換えられる．結合定数である g_σ と g_ω は決定できない．これは核物質の飽和性を満足するようにエネルギーなどを計算するときのパラメータとして扱われる．

4.2.2　エネルギー

中間子場に対し平均場近似を施したハミルトニアン密度は

$$\begin{aligned}\mathcal{H}_{\rm LS}^* = &\overline{\psi} i\vec{\gamma}\cdot\vec{\nabla}\psi + (M_{\rm N} - g_\sigma f_\pi - g_\sigma\langle\sigma\rangle)\overline{\psi}\psi \\ &+ C_2\left(\langle\sigma\rangle^2 - af_\pi^2\right)^2 + bf_\pi^3\langle\sigma\rangle + g_\omega\overline{\psi}\gamma^0\langle\omega\rangle\psi \\ &- \frac{1}{2}m_\omega^2\langle\omega\rangle^2\end{aligned} \tag{4.46}$$

となる．これは質量 $M^* = M_{\rm N} - g_\sigma f_\pi - g_\sigma\langle\sigma\rangle$ でエネルギーが $g_\omega\langle\omega\rangle$ だけ大きくなった自由粒子のハミルトニアン密度である．故に，核子は自由粒子として Fermi ガス分布をするものと考えられる．核子分布として Fermi ガス分布を仮定してエネルギー期待値を計算すると

$$E = \langle F|\mathcal{H}_{\rm LS}^*|F\rangle$$

$$
\begin{aligned}
&= \langle F|\overline{\psi} i\vec{\gamma}\cdot\vec{\nabla}\psi + (M_{\rm N} - g_\sigma f_\pi - g_\sigma\langle\sigma\rangle)\overline{\psi}\psi + g_\omega\overline{\psi}\gamma^0\langle\omega\rangle\psi|F\rangle \\
&\quad + V\Big\{C_2\,(\langle\sigma\rangle^2 - af_\pi^2)^2 + bf_\pi^3\langle\sigma\rangle - \frac{1}{2}m_\omega^2\langle\omega\rangle^2\Big\} \\
&= V\Big\{\sum_{s,I}\int_0^{\vec{p}_{\rm F}}(\sqrt{p^2+M^{*2}} + g_\omega\langle\omega\rangle)\,\frac{{\rm d}^3p}{(2\pi)^3} \\
&\quad + C_2\,(\langle\sigma\rangle^2 - af_\pi^2)^2 + bf_\pi^3\langle\sigma\rangle - \frac{1}{2}m_\omega^2\langle\omega\rangle^2\Big\} \\
&= V\Big\{4\frac{4\pi}{(2\pi)^3}\int_0^{p_{\rm F}}p^2\sqrt{p^2+M^{*2}}\,{\rm d}p + g_\omega\rho_{\rm B}\langle\omega\rangle \\
&\quad + C_2\,(\langle\sigma\rangle^2 - af_\pi^2)^2 + bf_\pi^3\langle\sigma\rangle - \frac{1}{2}m_\omega^2\langle\omega\rangle^2\Big\} \\
&= V(\mathcal{E}_{\rm N} + \mathcal{E}_{\rm S} + \mathcal{E}_{\rm V})
\end{aligned}
\tag{4.47}
$$

ただし

$$
\begin{aligned}
\mathcal{E}_{\rm N} &= \frac{2}{\pi^2}\int_0^{p_{\rm F}}p^2\sqrt{p^2+M^{*2}}\,{\rm d}p \\
&= \frac{M^{*4}}{4\pi^2}\Big[\frac{p_{\rm F}}{M^*}\Big\{2(\frac{p_{\rm F}}{M^*})^2+1\Big\}\sqrt{1+(\frac{p_{\rm F}}{M^*})^2} \\
&\quad - \log\Big\{\frac{p_{\rm F}}{M^*} + \sqrt{1+(\frac{p_{\rm F}}{M^*})^2}\Big\}\Big]
\end{aligned}
\tag{4.48}
$$

$$
\mathcal{E}_{\rm S} = C_2\,(\langle\sigma\rangle^2 - af_\pi^2)^2 + bf_\pi^3\langle\sigma\rangle \tag{4.49}
$$

$$
\begin{aligned}
\mathcal{E}_{\rm V} &= g_\omega\rho_{\rm B}\langle\omega\rangle - \frac{1}{2}m_\omega^2\langle\omega\rangle^2 \;=\; \frac{1}{2}m_\omega^2\langle\omega\rangle^2 \\
&= \frac{1}{2}\Big(\frac{g_\omega}{m_\omega}\rho_{\rm B}\Big)^2
\end{aligned}
\tag{4.50}
$$

である．V は全空間の体積である．$\mathcal{E}_{\rm S}$ の項にはもともとラグランジアン密度 (4.3) に定数として入っていた項のほかに，核子密度 0 でも $\langle\sigma\rangle_0 \neq 0$ のため，0 とならずに残る定数項が存在するので，それらの項を除き，改めて

$$
\mathcal{E}_{\rm S} = \; C_2\,(\langle\sigma\rangle^2 - af_\pi^2)^2 + bf_\pi^3\langle\sigma\rangle - C_2\,(1-a)^2 f_\pi^4 + bf_\pi^4 \tag{4.51}
$$

と定義する．

E を核子数 A で割り，核子の質量を除き，$A/V = \rho_{\rm B}$ を使って核子あたりの束縛エネルギーに直すと

$$
\begin{aligned}
E_{\mathrm{B}} &= \frac{E}{A} - M_{\mathrm{N}} = \frac{E}{V}\frac{1}{\rho_{\mathrm{B}}} - M_{\mathrm{N}} \\
&= \frac{\mathcal{E}_{\mathrm{N}}}{\rho_{\mathrm{B}}} + \frac{\mathcal{E}_{\mathrm{S}}}{\rho_{\mathrm{B}}} + \frac{1}{2}\left(\frac{g_\omega}{m_\omega}\right)^2 \rho_{\mathrm{B}} - M_{\mathrm{N}}
\end{aligned} \tag{4.52}
$$

となる．

付録 C に与えられるように，核子密度は Fermi ガス分布で

$$
\begin{aligned}
\rho_{\mathrm{B}} &= \langle F|\overline{\psi}\gamma^0\psi|F\rangle = \langle F|\psi^\dagger\psi|F\rangle \\
&= \sum_{s,I}\int_0^{\vec{p}_{\mathrm{F}}} \frac{\mathrm{d}^3 p}{(2\pi)^3} = \sum_{s,I}\frac{p_{\mathrm{F}}^3}{6\pi^2} = \frac{2p_{\mathrm{F}}^3}{3\pi^2}
\end{aligned} \tag{4.53}
$$

と計算される．s はスピン状態についての和であり，I はアイソスピンの状態に関する和を表す．同様に，スカラー密度は

$$
\begin{aligned}
\rho_{\mathrm{S}} &= \langle F|\overline{\psi}\psi|F\rangle \\
&= \sum_{s,I}\int_0^{\vec{p}_{\mathrm{F}}} \frac{M^*}{\sqrt{M^{*2}+\vec{p}^2}} \quad \frac{\mathrm{d}^3 p}{(2\pi)^3} \\
&= \frac{M^{*3}}{\pi^2}\left[\frac{p_{\mathrm{F}}}{M^*}\sqrt{1+\left(\frac{p_{\mathrm{F}}}{M^*}\right)^2}\right. \\
&\qquad \left. - \log\left\{\frac{p_{\mathrm{F}}}{M^*} + \sqrt{1+\left(\frac{p_{\mathrm{F}}}{M^*}\right)^2}\right\}\right]
\end{aligned} \tag{4.54}
$$

となる．

g_σ，g_ω をパラメータとして数値計算を行うと，ある核子密度以上になると m_π^{*2} が負となることがわかる．m_π^{*2} は式 (4.33) に示されるように $\langle\sigma\rangle$ に依存し，$\langle\sigma\rangle$ は式 (4.25) から g_σ の関数として決まり，g_ω には依存しない．$m_\sigma = 500\,\mathrm{MeV}$ に対して g_σ を変化させながら m_π^{*2} が負となる核子密度（転移密度）求め，表 4.1 に示した．結果は Fermi 運動量の値として p_{C} で表示する．

E_{B} は $p_{\mathrm{F}} = p_{\mathrm{C}}$ での核子あたりのエネルギーを示す．ベクトルポテンシャルは常に斥力として働き，E_{B} の値を大きくするので，この計算では無視されている ($g_\omega = 0$)．図 4.1 には核子あたりの束縛エネルギーを Fermi 運動量 p_{F} の関数として図示してある．結合定数 g_σ を変化させ，π 中間子の質量が定義できる範囲で，すなわち $\langle\sigma\rangle^2 - af_\pi^2 \geq 0$ を満たす範囲で図示してある．束縛エネルギー E_{B}

表 4.1　転移密度：$m_\sigma = 500\,\mathrm{MeV}$ に対し

g_σ	p_C(MeV/c)	E_B(MeV)
1	303	24.83
2	240	10.35
3	209	2.19
4	190	−4.10
5	176	−9.47
10	140	−32.62

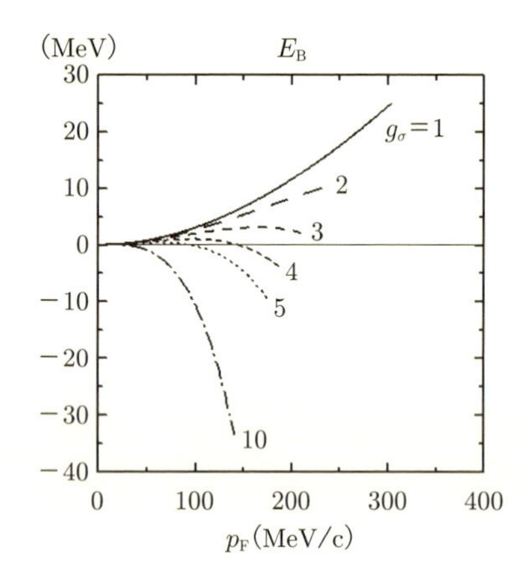

図 4.1　核子あたりの束縛エネルギー

は g_σ の値が大きいほど小さくなるが，核物質の正規核子密度 $\rho_\mathrm{B} = 0.153\,/\mathrm{fm}^3$ (Fermi 運動量 $p_\mathrm{F} = 259.15\,\mathrm{MeV/c}$) で $E_\mathrm{B} = -16.3\,\mathrm{MeV}$ とすることはできない．$p_\mathrm{F} = 259.15\,\mathrm{MeV/c}$ で π 中間子の有効質量が意味を持つように g_σ の値を小さくすると束縛エネルギーは正の値を持つ（ベクトル中間子の寄与を考慮すればより大きくなる）.

線形 σ モデルでは σ 中間子凝縮状態を仮定しても核物質の飽和性（正規核子密度で最小のエネルギー $E_\mathrm{B} = -16.3\,\mathrm{MeV}$ となること）を再現することはできなかった.

4.3 π 中間子対凝縮状態を考慮した平均場近似

σ 中間子凝縮状態である線形 σ モデルの核物質においては正規核子密度付近で π 中間子の有効質量の 2 乗 m_π^{*2} が負になってしまう．m_π^{*2} が負になるということは，この領域では π 中間子ができるだけ多くあった方がエネルギー的に有利であるということを示しており，π 中間子が相転移を起こして有限の存在確率を持っていることが期待される．そこでこの章では σ 中間子の凝縮だけではなく π 中間子も凝縮している状態を考えてみよう．

すでに述べたように π 中間子は負のパリティを持っているため単独では Fermi ガス分布の基底状態の核物質中に存在できない．π 中間子の古典場が存在するためには，核物質の構造が変化し，負のパリティの粒子が存在できるような状態になるか，複数個の π 中間子が正のパリティとなるように組んだ状態を作るかである．ここでは 2 つの π 中間子がスカラー状態に組んだ古典場が存在することを想定する．すなわち，中間子に対して時間・空間一様な平均場として

$$\sigma \;\rightarrow\; \langle\sigma\rangle$$

$$\boldsymbol{\pi} \;\rightarrow\; \langle\boldsymbol{\pi}\rangle = 0 \qquad \boldsymbol{\pi}^2 \;\rightarrow\; \langle\boldsymbol{\pi}^2\rangle$$

$$\omega_\mu \;\rightarrow\; \langle\omega_\mu\rangle = \langle\omega\rangle\delta_{\mu 0}$$

を考える．このように $\langle\boldsymbol{\pi}^2\rangle$ が有限の値を持つような状態を π 中間子対凝縮状態と呼ぶことにする．中間子の運動方程式 (4.9)，(4.11) に適用すると

$$g_\sigma\langle\overline{\psi}\psi\rangle = 4\,C_2\,\langle\sigma\rangle\,(\langle\sigma\rangle^2 + \langle\boldsymbol{\pi}^2\rangle - af_\pi^2) + bf_\pi^3 = 0 \tag{4.55}$$

$$g_\omega\langle\overline{\psi}\gamma^0\psi\rangle - m_\omega^2\langle\omega\rangle = 0 \tag{4.56}$$

が求まる．核子の状態に対しても対応する核子分布で平均操作を行ったものとする．$\langle\overline{\psi}\gamma^0\psi\rangle$ は核子密度 ρ_{B} であるから，ω 中間子の古典場 $\langle\omega\rangle$ は核子密度に比例する．

式 (4.10) に平均場近似を適用しても $\langle\boldsymbol{\pi}\rangle = 0$ のためすべての項が 0 となるだけで意味がないので，ハミルトニアン密度 (4.6) に対し平均場近似を施した

$$\begin{aligned}\langle\mathcal{H}_{\rm LS}\rangle = &\langle\overline{\psi}i\vec{\gamma}\cdot\vec{\nabla}\psi\rangle + \langle\overline{\psi}M\psi\rangle - g_\sigma\langle\overline{\psi}\psi\rangle\langle\sigma\rangle \\ &+ C_2\left(\langle\sigma\rangle^2 + \langle\boldsymbol{\pi}^2\rangle - af_\pi^2\right)^2 + bf_\pi^3\langle\sigma\rangle \\ &+ g_\omega\langle\overline{\psi}\gamma^0\psi\rangle\langle\omega\rangle - \frac{1}{2}m_\omega^2\langle\omega\rangle^2\end{aligned} \tag{4.57}$$

が $\langle\boldsymbol{\pi}^2\rangle$ に対して最小となるという条件を付ける．すると

$$\frac{\partial\langle\mathcal{H}_{\rm L\sigma}\rangle}{\partial\langle\boldsymbol{\pi}^2\rangle} = 2C_2\left(\langle\sigma\rangle^2 + \langle\boldsymbol{\pi}^2\rangle - af_\pi^2\right) = 0 \tag{4.58}$$

となるが，$C_2 \neq 0$ とすると，この式から

$$\langle\sigma\rangle^2 + \langle\boldsymbol{\pi}^2\rangle = af_\pi^2 \tag{4.59}$$

という条件が求まる．

この条件を式 (4.55) に適用すると

$$g_\sigma\langle\overline{\psi}\psi\rangle = bf_\pi^3 \tag{4.60}$$

が求まり，スカラー密度 $\rho_{\rm S} = \langle\overline{\psi}\psi\rangle$ が常に一定に保たれることが要求される．この式が核子密度 0 に適用できないのは明らかであろう．すなわち，核子密度 0 では式 (4.58) が成り立たないことになり，そこでは $\langle\boldsymbol{\pi}^2\rangle = 0$ でなくてはならない．

同様に平均場近似を施したハミルトニアン密度 (4.57) が $\langle\sigma\rangle$，$\langle\omega\rangle$ に対して極値を取るという条件を付ければ式 (4.55)，(4.56) と同じ式が求まる．

4.3.1　有効質量

中間子の場を古典場とそのゆらぎを使って

$$\sigma \longrightarrow \langle\sigma\rangle + \tilde{\sigma} \tag{4.61}$$

$$\boldsymbol{\pi} \longrightarrow \tilde{\boldsymbol{\pi}} \tag{4.62}$$

$$\boldsymbol{\pi}^2 \longrightarrow \langle\boldsymbol{\pi}^2\rangle + \tilde{\boldsymbol{\pi}}^2 \tag{4.63}$$

$$\omega_\mu \longrightarrow \langle\omega\rangle\delta_{\mu 0} + \tilde{\omega}_\mu \tag{4.64}$$

とおく．C_2 の項には $\boldsymbol{\pi}^4$ の項が現れるが，この項はカイラルループ項同士の相互作用であるから，カイラルループ内の $\boldsymbol{\pi}^2$ が対となって平均場になると考える．

ラグランジアン密度 (4.3) を書き直すと

$$\begin{aligned}\mathcal{L}_{\rm LS} = &\overline{\psi} i\gamma^\mu \partial_\mu \psi - \overline{\psi} M \psi + g_\sigma \overline{\psi} \langle\sigma\rangle \psi + g_\sigma \overline{\psi}(\tilde{\sigma} + i\gamma_5 \boldsymbol{\tau}\cdot\tilde{\boldsymbol{\pi}})\psi \\ &+ \frac{1}{2}(\partial_\mu \tilde{\sigma})^2 + \frac{1}{2}(\partial_\mu \tilde{\boldsymbol{\pi}})^2 \\ &- C_2\{(\langle\sigma\rangle + \tilde{\sigma})^2 + \langle\boldsymbol{\pi}^2\rangle + \tilde{\boldsymbol{\pi}}^2 - af_\pi^2\}^2 - bf_\pi^3(\langle\sigma\rangle + \tilde{\sigma}) \\ &- g_\omega \overline{\psi}\gamma^0 \langle\omega\rangle\psi - g_\omega \overline{\psi}\gamma^\mu \tilde{\omega}_\mu \psi - \frac{1}{4}\tilde{F}_{\mu\nu}\tilde{F}^{\mu\nu} \\ &+ \frac{1}{2}m_\omega^2(\langle\omega\rangle\delta_{\mu 0} + \tilde{\omega}_\mu)^2 \end{aligned} \tag{4.65}$$

となり，式 (4.59) を使って

$$\begin{aligned}\mathcal{L}_{\rm LS} = &\overline{\psi} i\gamma^\mu \partial_\mu \psi - (M - g_\sigma\langle\sigma\rangle)\overline{\psi}\psi + g_\sigma \overline{\psi}(\tilde{\sigma} + i\gamma_5 \boldsymbol{\tau}\cdot\tilde{\boldsymbol{\pi}})\psi \\ &+ \frac{1}{2}(\partial_\mu \tilde{\sigma})^2 + \frac{1}{2}(\partial_\mu \tilde{\boldsymbol{\pi}})^2 \\ &- C_2\,(\tilde{\sigma}^4 + \tilde{\boldsymbol{\pi}}^4 + 2\tilde{\sigma}^2\tilde{\boldsymbol{\pi}}^2 + 4\langle\sigma\rangle^2\tilde{\sigma}^2 + 4\langle\sigma\rangle\tilde{\sigma}^3 \\ &+ 4\langle\sigma\rangle\tilde{\sigma}\tilde{\boldsymbol{\pi}}^2) - bf_\pi^3(\langle\sigma\rangle + \tilde{\sigma}) \\ &- g_\omega \overline{\psi}\gamma^0 \langle\omega\rangle\psi - g_\omega \overline{\psi}\gamma^\mu \tilde{\omega}_\mu \psi - \frac{1}{4}\tilde{F}_{\mu\nu}\tilde{F}^{\mu\nu} \\ &+ \frac{1}{2}m_\omega^2\tilde{\omega}_\mu^2 + \frac{1}{2}m_\omega^2\langle\omega\rangle^2 + m_\omega^2\langle\omega\rangle\tilde{\omega}^0 \end{aligned} \tag{4.66}$$

となる．核子の有効質量は σ 中間子凝縮状態と同じで

$$M^* = M - g_\sigma\langle\sigma\rangle \tag{4.67}$$

となり，中間子の有効質量はそれぞれ

$$\sigma \ : \ m_\sigma^{*2} = 8\,C_2\langle\sigma\rangle^2 \tag{4.68}$$

$$\boldsymbol{\pi} \ : \ m_\pi^{*2} = 0 \tag{4.69}$$

$$\omega \ : \ m_\omega^{*2} = m_\omega^2 \tag{4.70}$$

と定義される．π 中間子対凝縮状態では π 中間子の有効質量は 0 となり，ω 中間子の質量は変化しない．π 中間子対凝縮状態は π 中間子の質量の 2 乗が σ 中間子凝縮状態では負となるような核子密度以上での状態であり，核子密度 0 では π 中

間子対凝縮状態とはならない．核子密度 0 で π 中間子対凝縮を考慮せず σ 中間子凝縮を仮定して決められた定数はそのまま成立する．すなわち

$$b = \left(\frac{m_\pi}{f_\pi}\right)^2 \tag{4.71}$$

$$\langle\sigma\rangle_0 = -f_\pi \tag{4.72}$$

$$M = M_{\rm N} - g_\sigma f_\pi \tag{4.73}$$

$$C_2 = \frac{m_\sigma^2 - m_\pi^2}{8f_\pi^2} \tag{4.74}$$

$$a = \frac{m_\sigma^2 - 3m_\pi^2}{m_\sigma^2 - m_\pi^2} \tag{4.75}$$

である．σ 中間子の古典場 $\langle\sigma\rangle$ は核子の有効質量の式 (4.67) と (4.60) を連立して決められる（結果はエネルギーが最小になるように決めたものと一致する）．

4.3.2　エネルギー

次に，中間子に対し平均場近似を施したハミルトニアン密度

$$\begin{aligned}
\mathcal{H}_{\rm LS}^* &= \overline{\psi} i\vec{\gamma}\cdot\vec{\nabla}\psi + \overline{\psi}(M_{\rm N} - g_\sigma f_\pi)\psi - g_\sigma\langle\sigma\rangle\overline{\psi}\psi \\
&\quad + C_2(\langle\sigma\rangle^2 + \langle\boldsymbol{\pi}^2\rangle - af_\pi^2)^2 + bf_\pi^3\langle\sigma\rangle \\
&\quad + g_\omega\overline{\psi}\gamma^0\psi\langle\omega\rangle - \frac{1}{2}m_\omega^2\langle\omega\rangle^2 \\
&= \overline{\psi} i\vec{\gamma}\cdot\vec{\nabla}\psi + (M_{\rm N} - g_\sigma f_\pi - g_\sigma\langle\sigma\rangle)\overline{\psi}\psi \\
&\quad + bf_\pi^3\langle\sigma\rangle + g_\omega\overline{\psi}\gamma^0\psi\langle\omega\rangle - \frac{1}{2}m_\omega^2\langle\omega\rangle^2
\end{aligned} \tag{4.76}$$

を考えると，σ 中間子凝縮状態と同様，核子に対して自由粒子のハミルトニアン密度となる．核子は Fermi ガス分布をしているものと考えられる．Fermi ガス分布による期待値をとって

$$\begin{aligned}
E &= \langle F|\mathcal{H}_{\rm LS}^*|F\rangle \\
&= \langle F|(\overline{\psi} i\vec{\gamma}\cdot\vec{\nabla}\psi + M^*\overline{\psi}\psi)|F\rangle + g_\omega\langle F|\overline{\psi}\gamma^0\psi|F\rangle\langle\omega\rangle \\
&\quad + V\left\{bf_\pi^3\langle\sigma\rangle - \frac{1}{2}m_\omega^2\langle\omega\rangle^2\right\}
\end{aligned}$$

$$
\begin{aligned}
&= V\Big\{\sum_{s,I}\int_0^{\vec{p}_{\mathrm{F}}} \sqrt{p^2+M^{*2}}\ \frac{\mathrm{d}^3p}{(2\pi)^3} + bf_\pi^3\langle\sigma\rangle \\
&\quad + g_\omega\rho_{\mathrm{B}}\langle\omega\rangle - \frac{1}{2}m_\omega^2\langle\omega\rangle^2\Big\} \\
&= V(\mathcal{E}_{\mathrm{N}}+\mathcal{E}_{\mathrm{S}}+\mathcal{E}_{\mathrm{V}})
\end{aligned}
\tag{4.77}
$$

と求まる．ただし

$$
\begin{aligned}
\mathcal{E}_{\mathrm{N}} &= \frac{2}{\pi^2}\int_0^{p_{\mathrm{F}}} p^2\sqrt{p^2+M^{*2}}\,\mathrm{d}p \\
&= \frac{M^{*4}}{4\pi^2}\left[\frac{p_{\mathrm{F}}}{M^*}\left\{2\Big(\frac{p_{\mathrm{F}}}{M^*}\Big)^2+1\right\}\sqrt{1+\Big(\frac{p_{\mathrm{F}}}{M^*}\Big)^2}\right. \\
&\quad \left. -\log\left\{\frac{p_{\mathrm{F}}}{M^*}+\sqrt{1+\Big(\frac{p_{\mathrm{F}}}{M^*}\Big)^2}\right\}\right]
\end{aligned}
\tag{4.78}
$$

$$
\mathcal{E}_{\mathrm{S}} = bf_\pi^3\langle\sigma\rangle \tag{4.79}
$$

$$
\mathcal{E}_{\mathrm{V}} = g_\omega\rho_{\mathrm{B}}\langle\omega\rangle - \frac{1}{2}m_\omega^2\langle\omega\rangle^2 = \frac{1}{2}\Big(\frac{g_\omega}{m_\omega}\rho_{\mathrm{B}}\Big)^2 \tag{4.80}
$$

である．核子数 A で割り，$A/V=\rho_{\mathrm{B}}$ を使って核子あたりの束縛エネルギーを求めると，核子密度 0 で残る定数項を引いて

$$
\begin{aligned}
E_{\mathrm{B}} &= \frac{E}{A} - M_{\mathrm{N}} = \frac{E}{V}\frac{1}{\rho_{\mathrm{B}}} - \Big[M_{\mathrm{N}} + \frac{V}{A}\{C_2\,(1-a)^2-b\}f_\pi^4\Big] \\
&= \frac{\mathcal{E}_{\mathrm{N}}}{\rho_{\mathrm{B}}} + \frac{\mathcal{E}_{\mathrm{S}}}{\rho_{\mathrm{B}}} + \frac{1}{2}\Big(\frac{g_\omega}{m_\omega}\Big)^2\rho_{\mathrm{B}} \\
&\quad - \Big[M_{\mathrm{N}} + \frac{f_\pi^4}{\rho_{\mathrm{B}}}\{C_2\,(1-a)^2-b\}\Big]
\end{aligned}
\tag{4.81}
$$

となる．

核子密度 ρ_{B}，スカラー密度 ρ_{S} に関しては σ 中間子凝縮状態での計算と同じく式 (4.53)，(4.54) で与えられる．

4.3.3 数値計算

数値計算は正規密度 $\rho_{\mathrm{B}} = 0.153\,/\mathrm{fm}^3$ (Fermi 運動量 $p_{\mathrm{F}} = 259.15\,\mathrm{MeV/c}$) で核子あたりの束縛エネルギーが最小となり，実験で期待されるように $E_{\mathrm{B}} = -16.3\,\mathrm{MeV}$ となるように g_σ, g_ω の値を調節して行われた．その結果 $g_\sigma = 3.3626$,

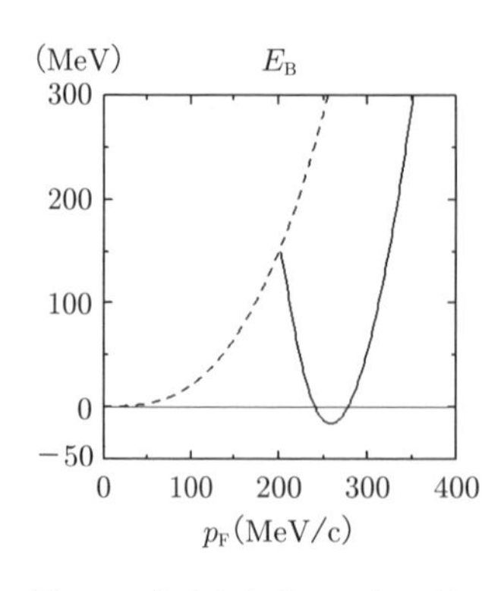

図 4.2　核子あたりのエネルギー

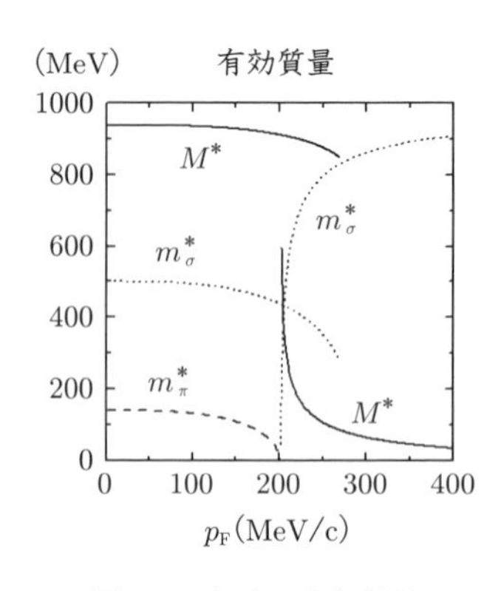

図 4.3　粒子の有効質量

$g_\omega = 18.3548$ が最適となることがわかった．

図 4.2 に σ 中間子凝縮状態と π 中間子対凝縮状態で同じ結合定数（$g_\sigma = 3.3626$, $g_\omega = 18.3548$）を使った計算結果が示されている．σ 中間子凝縮状態では $p_F >$ 200 MeV/c で π 中間子の有効質量が定義できなくなる．これより大きな核子密度領域では π 中間子対凝縮を仮定して計算した方がエネルギーが小さくなっていることがわかる．比較しやすいように，σ 中間子凝縮状態の計算は m_π^{*2} が負となる領域（$p_F \geq p_C = 201$ MeV/c）でも示してある．図 4.3 には同じ結合定数で計算した核子の有効質量と σ 中間子，π 中間子の有効質量が図示されている．核子密度の小さい領域では σ 中間子凝縮状態での計算であり，大きい領域では π 中間子対凝縮状態での計算である．エネルギーは $p_C = 201$ MeV/c で σ 中間子凝縮状態での計算値と π 中間子対凝縮状態を仮定した計算値が連続的に繋がるが，核子の有効質量も σ 中間子の有効質量も $p_F = p_C$ で不連続となっている．$p_F \sim 201$ MeV/c 付近で相転移が起こっていると考えられる．π 中間子対凝縮のない低核子密度領域では M^* にあまり大きな変化はないが，π 中間子対凝縮状態では急激に小さくなる．

σ 中間子の有効質量も σ 中間子凝縮だけを仮定した場合の結果と大きく異なる．π 中間子対凝縮状態では核子密度とともに小さくならず，逆に大きくなる．これは σ 中間子の古典場がこのような小さな値の結合定数 g_σ の場合には核子密度が大きい領域で 0 とならず，大きな正の値を取るからである．そのため，$\langle \boldsymbol{\pi}^2 \rangle$ は核子密度の大きな領域で負の値を持つ．図 4.4 に σ 中間子の古典場 $\langle\sigma\rangle/f_\pi$ を点線

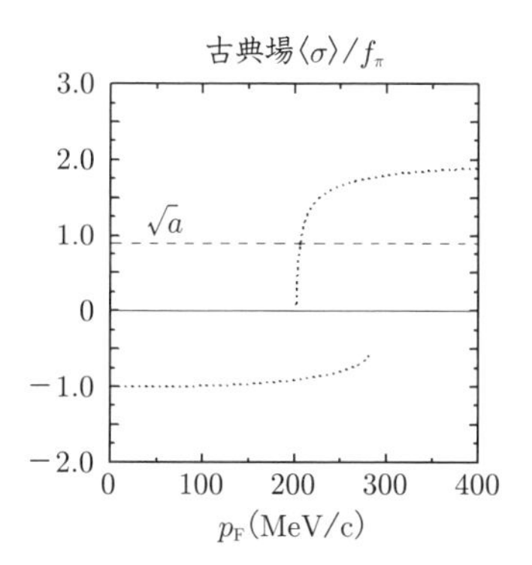

図 4.4　σ 中間子および π 中間子の平均場

で図示してある．核子密度の大きな領域での計算は π 中間子対凝縮を仮定して計算されたもので，小さな領域では σ 中間子凝縮を仮定した計算である．破線で示されているのは $\sqrt{a}=0.916$ の値で，これより $\langle\sigma\rangle/f_\pi$ が大きいところでは $\langle\boldsymbol{\pi}^2\rangle$ が負の値を持つ．正規核子密度の領域も含め，大部分の π 中間子対凝縮状態では $\langle\boldsymbol{\pi}^2\rangle$ が負の値を持つ．

非圧縮率 K は核子あたりの束縛エネルギーを E_B，核子密度を ρ_B，最小の束縛エネルギーを与える核子密度を ρ_0 とおくと

$$K=9\rho_0^2\left(\frac{\partial^2 E_B}{\partial\rho_B^2}\right)_{\rho_B=\rho_0} \tag{4.82}$$

で定義される．核物質では $K\sim 300\,\mathrm{MeV}$ 程度であると考えられている．

$$\rho_B=\frac{2p_F^3}{3\pi^2}$$

を使って Fermi 運動量で式 (4.82) を書き直すと

$$K=p_F^2\frac{\partial^2 E_B}{\partial p_F^2} \tag{4.83}$$

となる．

π 中間子対凝縮状態で非圧縮率 K を先に決めた結合定数を使って計算すると $K=6247.13\,\mathrm{MeV}$ となり，実験値に比べ大きすぎる値が求まる．

4.4　まとめ

Gell-Mann & Lévy の線形 σ モデルに斥力としてベクトル中間子を考慮しても核物質の飽和性と非圧縮率の両方を満足することができない．この章では π 中間子対凝縮状態を導入しても非圧縮率については望ましい結果が得られないことを示した．正規核子密度 ρ_0，束縛エネルギー $E_{\rm B}$，非圧縮率 K の 3 つのデータを合わせるのに，パラメータは g_σ と g_ω の 2 つしかないので，核物質の飽和性と非圧縮率のデータを同時には再現できなかった．核物質のデータを再現するためにはこれより多くのパラメータを導入する必要がある．新しくスカラー粒子を導入したり[27]，カイラルループとベクトル中間子の相互作用を考慮したモデル[28]や，高次のカイラルループ項を導入[29]したりすることによる線形 σ モデルの拡張が試みられている．次の章では高次のカイラルループ項を導入し，さらに π 中間子対凝縮状態を考慮することによるモデルの改良を試みる．

π 中間子対凝縮状態を仮定した計算で，π 中間子の有効質量が 0 となる理由について考察しておこう．

これは当然の結果で，ハミルトニアン密度は $\boldsymbol{\pi}$ のつく項だけを取り出すと（係数を a_i と書いて）

$$\mathcal{H}_{\rm LS} = a_1 \boldsymbol{\tau}\cdot\boldsymbol{\pi} + \sum_{n=0} a_{2n}\boldsymbol{\pi}^{2n}$$

の形をしているが，平均場近似したハミルトニアン密度は

$$\begin{aligned}\langle\boldsymbol{\pi}\rangle &\longrightarrow 0\\ \langle\boldsymbol{\pi}^{2n}\rangle &\longrightarrow \langle\boldsymbol{\pi}^2\rangle^n\end{aligned}$$

を使って，第 1 項はなくなり

$$\langle\mathcal{H}_{\rm LS}\rangle = \sum_{n=0} a_{2n}\langle\boldsymbol{\pi}^2\rangle^n$$

の形になる．故に，エネルギー最小の条件は

$$\frac{\partial\langle\mathcal{H}_{\rm LS}\rangle}{\partial\langle\boldsymbol{\pi}^2\rangle} = \sum_{n=0} n\, a_{2n}\langle\boldsymbol{\pi}^2\rangle^{n-1} = 0 \tag{4.84}$$

となる．同じハミルトニアン密度から π 中間子の質量を求めるには

$$\boldsymbol{\pi}^{2n} \longrightarrow (\langle \boldsymbol{\pi}^2 \rangle + \tilde{\boldsymbol{\pi}}^2)^n$$

を使って

$$\mathcal{H}_{\rm LS} = \sum_{n=0} a_{2n} (\langle \boldsymbol{\pi}^2 \rangle + \tilde{\boldsymbol{\pi}}^2)^n$$

となるが，質量を評価するため $\tilde{\boldsymbol{\pi}}^2$ に比例する項だけを取り出すと

$$\mathcal{H}_{\rm LS} \sim \sum_{n=0} a_{2n} \, {}_nC_1 \langle \boldsymbol{\pi}^2 \rangle^{n-1} \tilde{\boldsymbol{\pi}}^2 = \sum_{n=0} a_{2n} n \langle \boldsymbol{\pi}^2 \rangle^{n-1} \tilde{\boldsymbol{\pi}}^2$$

となり，この係数はまさしく式 (4.84) と等しくなり，常に 0 となる．

5 高次のカイラルループ項

Gell-Mann & Lévy の線形 σ モデルに斥力としてのベクトル粒子の寄与と核子の質量項を加えたモデルを核物質に適用すると，核子ならびに中間子の有効質量が核子密度に依存するようになる．特に，π 中間子の質量の 2 乗 m_π^{*2} が核子密度とともに急激に小さくなり，ある Fermi 運動量以上では負になり質量として定義できなくなる．この現象は，H.Tezuka が 1981 年にすでに指摘しているように π 中間子凝縮状態の出現を示唆しているものと考えられる[25]．すなわち，この領域では π 中間子が存在すると全系のエネルギーが小さくなるため，π 中間子場の古典場が存在することが期待される．π 中間子は擬スカラーなので単独で存在すると核物質のパリティを保存しない．パリティを保存するように，π 中間子場の 2 乗の古典場の存在を仮定し，π 中間子対凝縮状態での核物質の粒子の有効質量，古典場などの大きさを計算し，エネルギーを評価した．

結合定数を選ぶことによって，核物質の正規核子密度 $\rho_0 = 0.153\,/\mathrm{fm}^3$（Fermi 運動量 $p_0 = 259.15\,\mathrm{MeV/c}$）で核子あたりのエネルギーが最小になり，$E_\mathrm{B} = -16.3\,\mathrm{MeV}$ となるように調節することができた．ただし，そこでの非圧縮率は実験値に比べ大きすぎる．

この章では中間子間相互作用（カイラルループ項：$\sigma^2 + \boldsymbol{\pi}^2 - af_\pi^2$）の高次の項を考慮することによって，核物質の非圧縮率が実験的に予想されている値（$K \sim 300\,\mathrm{MeV}$）になるかどうか検討する．この項はカイラル変換に対して不変である．同様の方法は P.K.Sahu, A.Ohnishi[29] らによって取り上げられているが，このテキストでは σ 中間子凝縮状態の計算だけでなく，π 中間子場をきちんと考慮した π 中間子対凝縮状態での計算も紹介する[30]．

カイラルループの 3 次，4 次の項を加えたラグランジアン密度を

$$\begin{aligned}\mathcal{L}_{\mathrm{HCL}} &= \overline{\psi} i\gamma^\mu \partial_\mu \psi - M\overline{\psi}\psi + g_\sigma \overline{\psi}(\sigma + i\gamma_5 \boldsymbol{\tau}\cdot\boldsymbol{\pi})\psi - g_\omega \overline{\psi}\gamma^\mu \omega_\mu \psi \\ &\quad + \frac{1}{2}(\partial_\mu \sigma)^2 + \frac{1}{2}(\partial_\mu \boldsymbol{\pi})^2 - \frac{1}{4}F_{\mu\nu}F^{\mu\nu} + \frac{1}{2}m_\omega^2 \omega_\mu \omega^\mu\end{aligned}$$

$$
- C_2(\sigma^2 + \boldsymbol{\pi}^2 - af_\pi^2)^2 - \frac{C_3}{f_\pi^2}(\sigma^2 + \boldsymbol{\pi}^2 - af_\pi^2)^3 \\
- \frac{C_4}{f_\pi^4}(\sigma^2 + \boldsymbol{\pi}^2 - af_\pi^2)^4 - bf_\pi^3\sigma \tag{5.1}
$$

とする．ψ は核子の場で，スカラー中間子（σ 中間子）は σ，アイソベクトルの擬スカラー中間子（π 中間子）は $\boldsymbol{\pi}$，質量 m_ω のベクトル中間子（ω 中間子）は ω^μ である．またベクトル中間子のテンソル場は

$$
F_{\mu\nu} = \partial_\mu\omega_\nu - \partial_\nu\omega_\mu
$$

である．g_σ，g_ω，C_2，C_3，C_4，a，b はこれから決めるべき定数である．M は見かけ上の核子の質量であるが，これは真空中での核子の質量 M_{N} とは異なる．f_π は荷電 π 中間子の崩壊定数で $f_\pi = 93\,\mathrm{MeV}$ の値を使う．

C_3，C_4 の項が新たに加えられたスカラー系中間子間の高次の相互作用を表す．カイラルループの 4 次の項まで考慮したのは σ 中間子間相互作用の高次の項を扱った 2 章での議論と同様，3 次の項まででは最小値が決まらないからである．4 次の項までで σ 中間子の古典場および π 中間子対の古典場に対し最小値が求まるためには $C_4 > 0$ でなければならない．

核子に対する Dirac 方程式は

$$
i\gamma^\mu\partial_\mu\psi - M\psi + g_\sigma(\sigma + i\gamma_5\boldsymbol{\tau}\cdot\boldsymbol{\pi})\psi - g_\omega\gamma^\mu\omega_\mu\psi = 0 \tag{5.2}
$$

$$
- i\partial_\mu\overline{\psi}\gamma^\mu - M\overline{\psi} + g_\sigma\overline{\psi}(\sigma + i\gamma_5\boldsymbol{\tau}\cdot\boldsymbol{\pi}) - g_\omega\overline{\psi}\gamma^\mu\omega_\mu = 0 \tag{5.3}
$$

であり，スカラー系の中間子に対する Klein-Gordon 方程式は

$$
\partial_\mu\partial^\mu\sigma = g_\sigma\overline{\psi}\psi - 4C_2\sigma(\sigma^2 + \boldsymbol{\pi}^2 - af_\pi^2) \\
- 6\frac{C_3}{f_\pi^2}\sigma(\sigma^2 + \boldsymbol{\pi}^2 - af_\pi^2)^2 \\
- 8\frac{C_4}{f_\pi^4}\sigma(\sigma^2 + \boldsymbol{\pi}^2 - af_\pi^2)^3 - bf_\pi^3 \tag{5.4}
$$

$$
\partial_\mu\partial^\mu\boldsymbol{\pi} = g_\sigma\overline{\psi}i\gamma_5\boldsymbol{\tau}\psi - 4C_2\boldsymbol{\pi}(\sigma^2 + \boldsymbol{\pi}^2 - af_\pi^2) \\
- 6\frac{C_3}{f_\pi^2}\boldsymbol{\pi}(\sigma^2 + \boldsymbol{\pi}^2 - af_\pi^2)^2 \\
- 8\frac{C_4}{f_\pi^4}\boldsymbol{\pi}(\sigma^2 + \boldsymbol{\pi}^2 - af_\pi^2)^3 \tag{5.5}
$$

である．ベクトル中間子に対する Proca 方程式は

$$\partial_\mu F^{\mu\nu} = g_\omega \overline{\psi}\gamma^\nu\psi - m_\omega^2\omega^\nu \tag{5.6}$$

となる．前章の運動方程式と比べて変化があるのはスカラー系の中間子に対する C_3，C_4 の項のみである．ハミルトニアン密度は

$$\begin{aligned}\mathcal{H}_{\rm HCL} = &\overline{\psi}i\vec{\gamma}\cdot\vec{\nabla}\psi + M\overline{\psi}\psi \\ &+ \frac{1}{2}\{(\partial_0\sigma)^2 + (\vec{\nabla}\sigma)^2\} + \frac{1}{2}\{(\partial_0\boldsymbol{\pi})^2 + (\vec{\nabla}\boldsymbol{\pi})^2\} \\ &- \frac{1}{2}(\partial_0\omega_\mu\partial^0\omega^\mu + \vec{\nabla}\omega_\mu\cdot\vec{\nabla}\omega^\mu) \\ &- g_\sigma\overline{\psi}(\sigma + i\gamma_5\boldsymbol{\tau}\cdot\boldsymbol{\pi})\psi + g_\omega\overline{\psi}\gamma^\mu\omega_\mu\psi - \frac{1}{2}m_\omega^2\omega_\mu\omega^\mu \\ &+ C_2(\sigma^2 + \boldsymbol{\pi}^2 - af_\pi^2)^2 + \frac{C_3}{f_\pi^2}(\sigma^2 + \boldsymbol{\pi}^2 - af_\pi^2)^3 \\ &+ \frac{C_4}{f_\pi^4}(\sigma^2 + \boldsymbol{\pi}^2 - af_\pi^2)^4 + bf_\pi^3\sigma\end{aligned} \tag{5.7}$$

である．

この系はアイソスピン回転に対して不変であるが，カイラル変換に対しては線形 σ 項と核子の質量項が不変性を満たさない．

ラグランジアン密度 (5.1) から求めた軸性ベクトルカレント

$$\boldsymbol{\mathcal{J}}_{\rm A}^\mu = \overline{\psi}\gamma^\mu\gamma_5\frac{\boldsymbol{\tau}}{2}\psi - \boldsymbol{\pi}\,\partial^\mu\sigma + \sigma\,\partial^\mu\boldsymbol{\pi} \tag{5.8}$$

の発散

$$\partial_\mu\boldsymbol{\mathcal{J}}_{\rm A}^\mu = iM\overline{\psi}\gamma_5\boldsymbol{\tau}\psi + bf_\pi^3\boldsymbol{\pi} \tag{5.9}$$

から π 中間子の行列要素

$$\langle 0|\partial_\mu\boldsymbol{\mathcal{J}}_{\rm A}^\mu(0)|\pi(k)\rangle = bf_\pi^3 \tag{5.10}$$

を求め，前章の議論と同様にこれと荷電 π 中間子の崩壊に対する行列要素

$$\langle 0|\partial_\mu\boldsymbol{\mathcal{J}}_{\rm A}^\mu(0)|\pi(k)\rangle = m_\pi^2 f_\pi \tag{5.11}$$

を比べると

$$b = \left(\frac{m_\pi}{f_\pi}\right)^2 \tag{5.12}$$

となり，定数 b は真空中の π 中間子の質量 m_π とその崩壊定数 f_π によって決まる．

5.1 π 中間子凝縮を考慮しない計算

中間子の運動方程式 (5.4)，(5.5)，(5.6) に対し，時間・空間一様な平均場近似を適用する．このとき，π 中間子の古典場はパリティの保存から存在しないものとし，スカラー中間子 σ の古典場 $\langle\sigma\rangle$ とベクトル中間子 ω の古典場 $\langle\omega^{\mu}\rangle = \delta_{\mu 0}\langle\omega\rangle$ のみを考慮する (σ 中間子凝縮状態)．核子分布に対しても対応する平均操作を行うとすると，運動方程式 (5.4)，(5.6) は

$$
\begin{aligned}
g_{\sigma}\langle\overline{\psi}\psi\rangle &= 4C_2\langle\sigma\rangle(\langle\sigma\rangle^2 - af_{\pi}^2) + 6\frac{C_3}{f_{\pi}^2}\langle\sigma\rangle(\langle\sigma\rangle^2 - af_{\pi}^2)^2 \\
&\qquad + 8\frac{C_4}{f_{\pi}^4}\langle\sigma\rangle(\langle\sigma\rangle^2 - af_{\pi}^2)^3 + bf_{\pi}^3
\end{aligned}
\tag{5.13}
$$

$$
g_{\omega}\langle\overline{\psi}\gamma^0\psi\rangle = m_{\omega}^2\langle\omega\rangle \tag{5.14}
$$

となる．式 (5.5) は $\langle\boldsymbol{\pi}\rangle = 0$ となるため，すべての項が 0 となる．$\langle\omega\rangle$ は式 (5.14) から核子密度 $\rho_{\mathrm{B}} = \langle\overline{\psi}\gamma^0\psi\rangle$ に比例し，$\langle\sigma\rangle$ は式 (5.13) の解としてスカラー密度 $\rho_{\mathrm{S}} = \langle\overline{\psi}\psi\rangle$ の関数として求まる．

5.1.1 有効質量

粒子の有効質量を決めるため，中間子場をその古典場とゆらぎに

$$
\sigma \longrightarrow \langle\sigma\rangle + \tilde{\sigma} \tag{5.15}
$$

$$
\boldsymbol{\pi} \longrightarrow \tilde{\boldsymbol{\pi}} \tag{5.16}
$$

$$
\omega_{\mu} \longrightarrow \langle\omega\rangle\delta_{\mu 0} + \tilde{\omega}_{\mu} \tag{5.17}
$$

と分解して，ラグランジアン密度 (5.1) を書き換えると

$$
\begin{aligned}
\mathcal{L}_{\mathrm{HCL}} &= \overline{\psi}i\gamma^{\mu}\partial_{\mu}\psi - (M - g_{\sigma}\langle\sigma\rangle)\overline{\psi}\psi - g_{\omega}\langle\omega\rangle\overline{\psi}\gamma^0\psi \\
&\qquad + g_{\sigma}\overline{\psi}(\tilde{\sigma} + i\gamma_5\boldsymbol{\tau}\cdot\tilde{\boldsymbol{\pi}})\psi - g_{\omega}\overline{\psi}\gamma^{\mu}\tilde{\omega}_{\mu}\psi + \frac{1}{2}(\partial_{\mu}\tilde{\sigma})^2 \\
&\qquad + \frac{1}{2}(\partial_{\mu}\tilde{\boldsymbol{\pi}})^2 - \frac{1}{4}\tilde{F}_{\mu\nu}\tilde{F}^{\mu\nu} + m_{\omega}^2\langle\omega\rangle\tilde{\omega}_0 + \frac{1}{2}m_{\omega}^2\tilde{\omega}_{\mu}^2
\end{aligned}
$$

$$
\begin{aligned}
&-\Big[2\Big\{2C_2+3\frac{C_3}{f_\pi^2}(\langle\sigma\rangle^2-af_\pi^2)+4\frac{C_4}{f_\pi^4}(\langle\sigma\rangle^2-af_\pi^2)^2\Big\}\\
&\quad\times\langle\sigma\rangle(\langle\sigma\rangle^2-af_\pi^2)+bf_\pi^3\Big]\tilde{\sigma}\\
&-\Big\{2C_2+3\frac{C_3}{f_\pi^2}(\langle\sigma\rangle^2-af_\pi^2)+4\frac{C_4}{f_\pi^4}(\langle\sigma\rangle^2-af_\pi^2)^2\Big\}\\
&\quad\times(\langle\sigma\rangle^2-af_\pi^2)(\tilde{\sigma}^2+\tilde{\boldsymbol{\pi}}^2)\\
&-4\Big\{C_2+3\frac{C_3}{f_\pi^2}(\langle\sigma\rangle^2-af_\pi^2)+6\frac{C_4}{f_\pi^4}(\langle\sigma\rangle^2-af_\pi^2)^2\Big\}\langle\sigma\rangle^2\tilde{\sigma}^2\\
&-4\Big\{C_2+3\frac{C_3}{f_\pi^2}(\langle\sigma\rangle^2-af_\pi^2)+6\frac{C_4}{f_\pi^4}(\langle\sigma\rangle^2-af_\pi^2)^2\Big\}\\
&\quad\times\langle\sigma\rangle\tilde{\sigma}(\tilde{\sigma}^2+\tilde{\boldsymbol{\pi}}^2)\\
&-8\Big\{\frac{C_3}{f_\pi^2}+4\frac{C_4}{f_\pi^4}(\langle\sigma\rangle^2-af_\pi^2)\Big\}\langle\sigma\rangle^3\tilde{\sigma}^3\\
&-\Big\{C_2+3\frac{C_3}{f_\pi^2}(\langle\sigma\rangle^2-af_\pi^2)+6\frac{C_4}{f_\pi^4}(\langle\sigma\rangle^2-af_\pi^2)^2\Big\}\\
&\quad\times(\tilde{\sigma}^2+\tilde{\boldsymbol{\pi}}^2)^2\\
&-12\Big\{\frac{C_3}{f_\pi^2}+4\frac{C_4}{f_\pi^4}(\langle\sigma\rangle^2-af_\pi^2)\Big\}\langle\sigma\rangle^2\tilde{\sigma}^2(\tilde{\sigma}^2+\tilde{\boldsymbol{\pi}}^2)\\
&-16\frac{C_4}{f_\pi^4}\langle\sigma\rangle^4\tilde{\sigma}^4\\
&-6\Big\{\frac{C_3}{f_\pi^2}+4\frac{C_4}{f_\pi^4}(\langle\sigma\rangle^2-af_\pi^2)\Big\}\langle\sigma\rangle\tilde{\sigma}(\tilde{\sigma}^2+\tilde{\boldsymbol{\pi}}^2)^2\\
&-32\frac{C_4}{f_\pi^4}\langle\sigma\rangle^3\tilde{\sigma}^3(\tilde{\sigma}^2+\tilde{\boldsymbol{\pi}}^2)\\
&-\Big\{\frac{C_3}{f_\pi^2}+4\frac{C_4}{f_\pi^4}(\langle\sigma\rangle^2-af_\pi^2)\Big\}(\tilde{\sigma}^2+\tilde{\boldsymbol{\pi}}^2)^3\\
&-24\frac{C_4}{f_\pi^4}\langle\sigma\rangle^2\tilde{\sigma}^2(\tilde{\sigma}^2+\tilde{\boldsymbol{\pi}}^2)^2\\
&-8\frac{C_4}{f_\pi^4}\langle\sigma\rangle\tilde{\sigma}(\tilde{\sigma}^2+\tilde{\boldsymbol{\pi}}^2)^3-\frac{C_4}{f_\pi^4}(\tilde{\sigma}^2+\tilde{\boldsymbol{\pi}}^2)^4\\
&-\Big\{C_2+\frac{C_3}{f_\pi^2}(\langle\sigma\rangle^2-af_\pi^2)+\frac{C_4}{f_\pi^4}(\langle\sigma\rangle^2-af_\pi^2)^2\Big\}\\
&\quad\times(\langle\sigma\rangle^2-af_\pi^2)^2\\
&+\frac{1}{2}m_\omega^2\langle\omega\rangle^2-bf_\pi^3\langle\sigma\rangle
\end{aligned}
\tag{5.18}
$$

となる．たいへん長い式であるが，核子の有効質量は $\overline{\psi}\psi$ の係数で

$$M^* = M - g_\sigma \langle\sigma\rangle \tag{5.19}$$

となる．中間子の有効質量は中間子場の 2 乗の係数から

$$\begin{aligned}\sigma : m_\sigma^{*2} =& m_\pi^{*2} + 8\Big\{C_2 + 3\frac{C_3}{f_\pi^2}(\langle\sigma\rangle^2 - af_\pi^2) \\ &+ 6\frac{C_4}{f_\pi^4}(\langle\sigma\rangle^2 - af_\pi^2)^2\Big\}\langle\sigma\rangle^2\end{aligned} \tag{5.20}$$

$$\begin{aligned}\boldsymbol{\pi} : m_\pi^{*2} =& 2\Big\{2C_2 + 3\frac{C_3}{f_\pi^2}(\langle\sigma\rangle^2 - af_\pi^2) \\ &+ 4\frac{C_4}{f_\pi^4}(\langle\sigma\rangle^2 - af_\pi^2)^2\Big\}(\langle\sigma\rangle^2 - af_\pi^2)\end{aligned} \tag{5.21}$$

$$\omega : m_\omega^{*2} = m_\omega^2 \tag{5.22}$$

となることがわかる．ω 中間子の質量は核子密度に依存せず，一定である．

真空中（核子密度 0）では $\rho_{\mathrm{S}} = \langle\overline{\psi}\psi\rangle = 0$，$\rho_{\mathrm{B}} = \langle\overline{\psi}\gamma^0\psi\rangle = 0$ であるから方程式 (5.13)，(5.14) は

$$\begin{aligned}0 =& 2\Big\{2C_2 + 3\frac{C_3}{f_\pi^2}(\langle\sigma\rangle_0^2 - af_\pi^2) + 4\frac{C_4}{f_\pi^4}(\langle\sigma\rangle_0^2 - af_\pi^2)^2\Big\} \\ &\times \langle\sigma\rangle_0(\langle\sigma\rangle_0^2 - af_\pi^2) + bf_\pi^3\end{aligned} \tag{5.23}$$

$$0 = m_\omega^2 \langle\omega\rangle_0 \tag{5.24}$$

となる．式 (5.24) から真空中では $\langle\omega\rangle_0 = 0$ となることがわかる．

式 (5.23) は

$$\begin{aligned}&2\Big\{2C_2 + 3\frac{C_3}{f_\pi^2}(\langle\sigma\rangle_0^2 - af_\pi^2) + 4\frac{C_4}{f_\pi^4}(\langle\sigma\rangle_0^2 - af_\pi^2)^2\Big\}(\langle\sigma\rangle_0^2 - af_\pi^2) \\ &= -\frac{bf_\pi^3}{\langle\sigma\rangle_0}\end{aligned} \tag{5.25}$$

と書き直せるが，この左辺は π 中間子の質量 (5.21) を真空中に適用したものと同じであるから，π 中間子の質量として

$$m_\pi^2 = \frac{-bf_\pi^3}{\langle\sigma\rangle_0} \tag{5.26}$$

が求まり，式 (5.12) を使うと，さらに

$$m_\pi^2 = \frac{-bf_\pi^3}{\langle\sigma\rangle_0} = \frac{-f_\pi m_\pi^2}{\langle\sigma\rangle_0} \tag{5.27}$$

となる．これから，真空中での σ 中間子の古典場は

$$\langle\sigma\rangle_0 = -f_\pi \tag{5.28}$$

となることがわかる．

真空中での σ の古典場を使うと真空中での核子の質量は

$$M_{\mathrm{N}} = M - g_\sigma\langle\sigma\rangle_0 = M + g_\sigma f_\pi \tag{5.29}$$

となるので，導入された定数 M は

$$M = M_{\mathrm{N}} - g_\sigma f_\pi \tag{5.30}$$

と取るべきであることがわかる．核子の有効質量は

$$M^* = M - g_\sigma\langle\sigma\rangle = M_{\mathrm{N}} - g_\sigma f_\pi - g_\sigma\langle\sigma\rangle \tag{5.31}$$

となり，M または g_σ が核物質の性質を再現する際のパラメータとして使える．

定数 C_3，C_4 は真空中での式 (5.20)，(5.21) を連立して

$$C_4 = \frac{1}{2}\frac{C_2}{(1-a)^2} - \frac{1}{4}\frac{b}{(1-a)^3} + \frac{1}{16}\frac{m_\sigma^2 - m_\pi^2}{(1-a)^2 f_\pi^2} \tag{5.32}$$

$$C_3 = -\frac{4}{3}\frac{C_2}{1-a} + \frac{1}{2}\frac{b}{(1-a)^2} - \frac{1}{12}\frac{m_\sigma^2 - m_\pi^2}{(1-a)f_\pi^2} \tag{5.33}$$

となるので，g_σ 以外のパラメータとしては C_2，a ならびに g_ω となる．正規核子密度 ρ_0 とその密度での核子の束縛エネルギー E_{B}，非圧縮率 K の 3 つのデータを再現するために使えるパラメータは 4 つである．

5.1.2　エネルギー

ハミルトニアン密度 (5.7) に対し，中間子場を平均場近似すると

$$\mathcal{H}_{\mathrm{HCL}}^* = \overline{\psi} i\vec{\gamma}\cdot\vec{\nabla}\psi + (M - g_\sigma\langle\sigma\rangle)\overline{\psi}\psi + g_\omega\langle\omega\rangle\overline{\psi}\gamma^0\psi$$

$$
-\frac{1}{2}m_\omega^2\langle\omega\rangle^2+C_2(\langle\sigma\rangle^2-af_\pi^2)^2+\frac{C_3}{f_\pi^2}(\langle\sigma\rangle^2-af_\pi^2)^3
+\frac{C_4}{f_\pi^4}(\langle\sigma\rangle^2-af_\pi^2)^4+bf_\pi^3\langle\sigma\rangle \tag{5.34}
$$

であるが，これは質量 $M-g_\sigma\langle\sigma\rangle$ でエネルギーが $g_\omega\langle\omega\rangle$ だけ大きくなった自由 Fermi 粒子のハミルトニアン密度に相当する．それ故，核子は自由運動をしており，Fermi ガス分布をするものと考えられる．ラグランジアン密度 (5.1) に定数として入っている項，ならびに $\langle\sigma\rangle_0\neq 0$ となるため核子密度 0 で残る定数は

$$
E_0=\{C_2+C_3(1-a)+C_4(1-a)^2\}(1-a)^2f_\pi^4-bf_\pi^4 \tag{5.35}
$$

である．

核子に対し Fermi ガス分布を仮定して上のハミルトニアン密度の期待値を計算すると

$$
\begin{aligned}
E&=\langle F|\mathcal{H}^*_{\mathrm{HCL}}|F\rangle\\
&=V\Big\{4\frac{4\pi}{(2\pi)^3}\int_0^{p_{\mathrm{F}}}p^2\sqrt{p^2+M^{*2}}\mathrm{d}p+\frac{1}{2}\langle\omega\rangle g_\omega\rho_{\mathrm{B}}\\
&\quad+C_2(\langle\sigma\rangle^2-af_\pi^2)^2+\frac{C_3}{f_\pi^2}(\langle\sigma\rangle^2-af_\pi^2)^3\\
&\quad+\frac{C_4}{f_\pi^4}(\langle\sigma\rangle^2-af_\pi^2)^4+bf_\pi^3\langle\sigma\rangle\Big\}
\end{aligned} \tag{5.36}
$$

となる．ここで

$$
\begin{aligned}
\mathcal{E}_{\mathrm{N}}&=\frac{2}{\pi^2}\int_0^{p_{\mathrm{F}}}p^2\sqrt{p^2+M^{*2}}\mathrm{d}p\\
&=\frac{1}{4\pi^2}\Big\{p_{\mathrm{F}}(2p_{\mathrm{F}}^2+M^{*2})\sqrt{p_{\mathrm{F}}^2+M^{*2}}\\
&\quad-M^{*4}\log\Big(\frac{p_{\mathrm{F}}+\sqrt{p_{\mathrm{F}}^2+M^{*2}}}{M^*}\Big)\Big\}
\end{aligned} \tag{5.37}
$$

$$
\begin{aligned}
\mathcal{E}_{\mathrm{S}}&=C_2(\langle\sigma\rangle^2-af_\pi^2)^2+\frac{C_3}{f_\pi^2}(\langle\sigma\rangle^2-af_\pi^2)^3\\
&\quad+\frac{C_4}{f_\pi^4}(\langle\sigma\rangle^2-af_\pi^2)^4+bf_\pi^3\langle\sigma\rangle
\end{aligned} \tag{5.38}
$$

$$
\mathcal{E}_{\mathrm{V}}=\frac{1}{2}\langle\omega\rangle\,g_\omega\rho_{\mathrm{B}}=\frac{1}{2}\Big(\frac{g_\omega\,\rho_{\mathrm{B}}}{m_\omega}\Big)^2 \tag{5.39}
$$

と定義して，核子密度 0 で残る定数を除き，核子数 A で割り，核子あたりのエネルギーに直すと，$A/V = \rho_{\text{B}}$ を使って

$$\begin{aligned} E_{\text{B}} &= \frac{E}{A} - M_{\text{N}} - \frac{V}{A}[\{C_2 + C_3(1-a) \\ &\quad + C_4(1-a)^2\}(1-a)^2 - b]f_\pi^4 \\ &= \frac{\mathcal{E}_{\text{N}}}{\rho_{\text{B}}} + \frac{\mathcal{E}_{\text{S}}}{\rho_{\text{B}}} + \frac{1}{2}\left(\frac{g_\omega}{m_\omega}\right)^2 \rho_{\text{B}} - M_{\text{N}} - \frac{1}{\rho_{\text{B}}}[\{C_2 + C_3(1-a) \\ &\quad + C_4(1-a)^2\}(1-a)^2 - b]f_\pi^4 \end{aligned} \tag{5.40}$$

となる．

正規核子密度付近（Fermi 運動量 $p_0 = 259.15\,\text{MeV/c}$）で束縛エネルギー E_{B} が最小となるようにパラメータを調節して数値計算を実行した．

Fermi 運動量 p_{F} が 200 MeV/c 程度を超えると，p_0 に達する前に π 中間子の有効質量の 2 乗 m_π^{*2} が 0 より小さくなってしまう．これは前章の議論と同様に，π 中間子が凝縮し，この領域では π 中間子の古典場が 0 ではないことを示唆している．そこでは σ 中間子凝縮だけではなく，π 中間子凝縮も考慮した計算を行うべきである．

$m_\pi^{*2} < 0$ となることを無視して計算を進めると飽和性（正規核子密度 ρ_0 で束縛エネルギー E_{B} が最小の $-16.3\,\text{MeV}$ となる）を満たす解は求まる．ただし非圧縮率は小さすぎる．表 5.1 に $m_\sigma = 500\,\text{MeV}$ に対し，$a = 0.6$ として計算した結果を，表 5.2 に $m_\sigma = 500\,\text{MeV}$ に対し，$C_2 = 4.0$ として計算した結果を示してある．この計算では核子密度を大きくしていくと σ 中間子の質量の 2 乗 m_σ^{*2} も負になる．p_π(MeV/c) はこれ以上の核子密度では $m_\pi^{*2} < 0$ となる Fermi 運動量であり，p_σ(MeV/c) は $m_\sigma^{*2} < 0$ となる Fermi 運動量である．この欄が空白になっているパラメータセットでは $p_{\text{F}} \leq 400$ (MeV/c) の範囲では m_σ^{*2} が正の値を持つ．

表 5.1　$m_\sigma = 500\,\text{MeV}$，$a = 0.6$ に対し

C_2	g_σ	g_ω	K(MeV)	p_π(MeV/c)	p_σ(MeV/c)
3.5	3.4571	5.1594	118.69	200	366
4.0	3.2845	4.6075	121.98	203	387
4.5	3.1285	4.1124	121.52	206	
5.0	2.9841	3.6492	119.03	210	

表 5.2　$m_\sigma = 500\,\mathrm{MeV}$，$C_2 = 4.0$ に対し

a	g_σ	g_ω	K(MeV)	p_π(MeV/c)	p_σ(MeV/c)
0.4	2.8914	6.2820	71.28	212	295
0.5	2.9967	5.2563	130.05	209	338
0.6	3.2845	4.6075	121.98	203	387
0.7	3.8302	4.2824	100.63	193	

5.2　π 中間子対凝縮状態を考慮した計算

π 中間子の古典場の存在を考える．パリティの保存しない 1 次の項は存在しないとして，対となりスカラーに組んだ 2 次の古典場と，σ および ω の第 0 成分の古典場

$$\boldsymbol{\pi} \to \langle\boldsymbol{\pi}\rangle = 0 \qquad \boldsymbol{\pi}^2 \to \langle\boldsymbol{\pi}^2\rangle$$
$$\sigma \to \langle\sigma\rangle$$
$$\omega^\mu \to \langle\omega^\mu\rangle = \langle\omega\rangle\delta_{\mu 0}$$

の存在を仮定した π 中間子対凝縮状態を考える．中間子の運動方程式 (5.4)，(5.6) を核子分布の平均化も考慮して平均場近似で書き換えると

$$\begin{aligned} g_\sigma\langle\overline{\psi}\psi\rangle &= 4C_2\langle\sigma\rangle(\langle\sigma\rangle^2 + \langle\boldsymbol{\pi}^2\rangle - af_\pi^2) \\ &\quad + 6\frac{C_3}{f_\pi^2}\langle\sigma\rangle(\langle\sigma\rangle^2 + \langle\boldsymbol{\pi}^2\rangle - af_\pi^2)^2 \\ &\quad + 8\frac{C_4}{f_\pi^4}\langle\sigma\rangle(\langle\sigma\rangle^2 + \langle\boldsymbol{\pi}^2\rangle - af_\pi^2)^3 + bf_\pi^3 \end{aligned} \tag{5.41}$$

$$g_\omega\langle\overline{\psi}\gamma^0\psi\rangle = m_\omega^2\langle\omega\rangle \tag{5.42}$$

となる．C_3，C_4 の項には $\boldsymbol{\pi}^2$ の高次の項が存在するが，これらの項はカイラルループ $(\sigma^2 + \boldsymbol{\pi}^2 - af_\pi^2)$ として働くと考え

$$(\sigma^2 + \boldsymbol{\pi}^2 - af_\pi^2)^n \ \to\ (\langle\sigma\rangle^2 + \langle\boldsymbol{\pi}^2\rangle - af_\pi^2)^n \qquad n = 1, 2, 3, \cdots \tag{5.43}$$

と置く．以下の計算においてもカイラルループ項に関しては同様に扱う．

$\langle\omega\rangle$ は式 (5.42) から

$$\langle\omega\rangle = \frac{g_\omega}{m_\omega^2}\rho_{\mathrm{B}} \tag{5.44}$$

と決まり，これは前節の式 (5.14) と同じ結果である．

π 中間子に関しては，ここで仮定した平均場近似をハミルトニアン密度 (5.7) に適用した

$$\begin{aligned}\langle\mathcal{H}_{\mathrm{HCL}}\rangle = {} & \langle\overline{\psi}i\vec{\gamma}\cdot\vec{\nabla}\psi\rangle + M\langle\overline{\psi}\psi\rangle - g_\sigma\langle\overline{\psi}\psi\rangle\langle\sigma\rangle + g_\omega\langle\overline{\psi}\gamma^0\psi\rangle\langle\omega\rangle \\ & - \frac{1}{2}m_\omega^2\langle\omega\rangle^2 + C_2(\langle\sigma\rangle^2 + \langle\boldsymbol{\pi}^2\rangle - af_\pi^2)^2 \\ & + \frac{C_3}{f_\pi^2}(\langle\sigma\rangle^2 + \langle\boldsymbol{\pi}^2\rangle - af_\pi^2)^3 \\ & + \frac{C_4}{f_\pi^4}(\langle\sigma\rangle^2 + \langle\boldsymbol{\pi}^2\rangle - af_\pi^2)^4 + bf_\pi^3\langle\sigma\rangle\end{aligned} \tag{5.45}$$

を考え，このハミルトニアン密度が $\langle\boldsymbol{\pi}^2\rangle$ に対し最小となることを要請する．すると

$$\begin{aligned}\frac{\partial\langle\mathcal{H}_{\mathrm{HCL}}\rangle}{\partial\langle\boldsymbol{\pi}^2\rangle} = {} & 2C_2(\langle\sigma\rangle^2 + \langle\boldsymbol{\pi}^2\rangle - af_\pi^2) + 3\frac{C_3}{f_\pi^2}(\langle\sigma\rangle^2 + \langle\boldsymbol{\pi}^2\rangle - af_\pi^2)^2 \\ & + 4\frac{C_4}{f_\pi^4}(\langle\sigma\rangle^2 + \langle\boldsymbol{\pi}^2\rangle - af_\pi^2)^3 = 0\end{aligned} \tag{5.46}$$

が求まる．式 (5.41) に (5.46) を考慮すると

$$g_\sigma\langle\overline{\psi}\psi\rangle = bf_\pi^3 \tag{5.47}$$

となり，スカラー密度 $\rho_{\mathrm{S}} = \langle\overline{\psi}\psi\rangle$ が核子密度に依存せず一定となることがわかる．前章と同様，この条件を核子密度 0 に適用できないことは自明であろう．すなわち，核子密度 0 の領域では π 中間子対凝縮状態にはなっておらず，$\langle\boldsymbol{\pi}^2\rangle = 0$ と考えねばならない．

5.2.1　有効質量

有効質量を求めるため，中間子場を古典場とそのゆらぎの場を使って

$$\sigma \longrightarrow \langle\sigma\rangle + \tilde{\sigma} \tag{5.48}$$

$$\boldsymbol{\pi} \longrightarrow \tilde{\boldsymbol{\pi}} \qquad \boldsymbol{\pi}^2 \longrightarrow \langle \boldsymbol{\pi}^2 \rangle + \tilde{\boldsymbol{\pi}}^2 \tag{5.49}$$

$$\omega_\mu \longrightarrow \langle \omega \rangle \delta_{\mu 0} + \tilde{\omega}_\mu \tag{5.50}$$

と書き直して，ラグランジアン密度 (5.1) を書き換えると

$$\begin{aligned}
\mathcal{L}_{\text{HCL}} &= \overline{\psi} i\gamma^\mu \partial_\mu \psi - (M - g_\sigma \langle \sigma \rangle)\overline{\psi}\psi - g_\omega \overline{\psi}\gamma^0 \langle \omega \rangle \psi \\
&\quad + g_\sigma \overline{\psi}(\tilde{\sigma} + i\gamma_5 \boldsymbol{\tau}\cdot\tilde{\boldsymbol{\pi}})\psi - g_\omega \overline{\psi}\gamma^\mu \tilde{\omega}_\mu \psi \\
&\quad + \frac{1}{2}(\partial_\mu \tilde{\sigma})^2 + \frac{1}{2}(\partial_\mu \tilde{\boldsymbol{\pi}})^2 - \frac{1}{4}\tilde{F}_{\mu\nu}\tilde{F}^{\mu\nu} \\
&\quad + \frac{1}{2}m_\omega^2(\langle \omega \rangle \delta_{\mu 0} + \tilde{\omega}_\mu)^2 \\
&\quad - C_2\{(\langle \sigma \rangle + \tilde{\sigma})^2 + \langle \boldsymbol{\pi}^2 \rangle + \tilde{\boldsymbol{\pi}}^2 - a f_\pi^2\}^2 \\
&\quad - \frac{C_3}{f_\pi^2}\{(\langle \sigma \rangle + \tilde{\sigma})^2 + \langle \boldsymbol{\pi}^2 \rangle + \tilde{\boldsymbol{\pi}}^2 - a f_\pi^2\}^3 \\
&\quad - \frac{C_4}{f_\pi^4}\{(\langle \sigma \rangle + \tilde{\sigma})^2 + \langle \boldsymbol{\pi}^2 \rangle + \tilde{\boldsymbol{\pi}}^2 - a f_\pi^2\}^4 \\
&\quad - b f_\pi^3(\langle \sigma \rangle + \tilde{\sigma}) \\
&= \overline{\psi} i\gamma^\mu \partial_\mu \psi - (M - g_\sigma \langle \sigma \rangle)\overline{\psi}\psi - g_\omega \langle \omega \rangle \overline{\psi}\gamma^0 \psi \\
&\quad + g_\sigma \overline{\psi}(\tilde{\sigma} + i\gamma_5 \boldsymbol{\tau}\cdot\tilde{\boldsymbol{\pi}})\psi - g_\omega \overline{\psi}\gamma^\mu \tilde{\omega}_\mu \psi \\
&\quad + \frac{1}{2}(\partial_\mu \tilde{\sigma})^2 + \frac{1}{2}(\partial_\mu \tilde{\boldsymbol{\pi}})^2 - \frac{1}{4}\tilde{F}_{\mu\nu}\tilde{F}^{\mu\nu} + m_\omega^2 \langle \omega \rangle \tilde{\omega}_0 \\
&\quad + \frac{1}{2}m_\omega^2 \tilde{\omega}_\mu^2 - \Big[2\Big\{2C_2 + 3\frac{C_3}{f_\pi^2}(\langle \sigma \rangle^2 + \langle \boldsymbol{\pi}^2 \rangle - a f_\pi^2) \\
&\qquad + 4\frac{C_4}{f_\pi^4}(\langle \sigma \rangle^2 + \langle \boldsymbol{\pi}^2 \rangle - a f_\pi^2)^2\Big\} \\
&\qquad \times \langle \sigma \rangle(\langle \sigma \rangle^2 + \langle \boldsymbol{\pi}^2 \rangle - a f_\pi^2) + b f_\pi^3\Big]\,\tilde{\sigma} \\
&\quad - \Big\{2C_2 + 3\frac{C_3}{f_\pi^2}(\langle \sigma \rangle^2 + \langle \boldsymbol{\pi}^2 \rangle - a f_\pi^2) \\
&\qquad + 4\frac{C_4}{f_\pi^4}(\langle \sigma \rangle^2 + \langle \boldsymbol{\pi}^2 \rangle - a f_\pi^2)^2\Big\} \\
&\qquad \times (\langle \sigma \rangle^2 + \langle \boldsymbol{\pi}^2 \rangle - a f_\pi^2)(\tilde{\sigma}^2 + \tilde{\boldsymbol{\pi}}^2) \\
&\quad - 4\Big\{C_2 + 3\frac{C_3}{f_\pi^2}(\langle \sigma \rangle^2 + \langle \boldsymbol{\pi}^2 \rangle - a f_\pi^2)
\end{aligned}$$

$$
\begin{aligned}
&\quad + 6\frac{C_4}{f_\pi^4}(\langle\sigma\rangle^2 + \langle\boldsymbol{\pi}^2\rangle - af_\pi^2)^2\Big\}\langle\sigma\rangle^2\tilde{\sigma}^2 \\
&- 4\Big\{C_2 + 3\frac{C_3}{f_\pi^2}(\langle\sigma\rangle^2 + \langle\boldsymbol{\pi}^2\rangle - af_\pi^2) \\
&\quad + 6\frac{C_4}{f_\pi^4}(\langle\sigma\rangle^2 + \langle\boldsymbol{\pi}^2\rangle - af_\pi^2)^2\Big\}\langle\sigma\rangle\tilde{\sigma}(\tilde{\sigma}^2 + \tilde{\boldsymbol{\pi}}^2) \\
&- 8\Big\{\frac{C_3}{f_\pi^2} + 4\frac{C_4}{f_\pi^4}(\langle\sigma\rangle^2 + \langle\boldsymbol{\pi}^2\rangle - af_\pi^2)\Big\}\langle\sigma\rangle^3\tilde{\sigma}^3 \\
&- \Big\{C_2 + 3\frac{C_3}{f_\pi^2}(\langle\sigma\rangle^2 + \langle\boldsymbol{\pi}^2\rangle - af_\pi^2) \\
&\quad + 6\frac{C_4}{f_\pi^4}(\langle\sigma\rangle^2 + \langle\boldsymbol{\pi}^2\rangle - af_\pi^2)^2\Big\}(\tilde{\sigma}^2 + \tilde{\boldsymbol{\pi}}^2)^2 \\
&- 12\Big\{\frac{C_3}{f_\pi^2} + 4\frac{C_4}{f_\pi^4}(\langle\sigma\rangle^2 + \langle\boldsymbol{\pi}^2\rangle - af_\pi^2)\Big\}\langle\sigma\rangle^2\tilde{\sigma}^2(\tilde{\sigma}^2 + \tilde{\boldsymbol{\pi}}^2) \\
&- 16\frac{C_4}{f_\pi^4}\langle\sigma\rangle^4\tilde{\sigma}^4 \\
&- 6\Big\{\frac{C_3}{f_\pi^2} + 4\frac{C_4}{f_\pi^4}(\langle\sigma\rangle^2 + \langle\boldsymbol{\pi}^2\rangle - af_\pi^2)\Big\}\langle\sigma\rangle\tilde{\sigma}(\tilde{\sigma}^2 + \tilde{\boldsymbol{\pi}}^2)^2 \\
&- 32\frac{C_4}{f_\pi^4}\langle\sigma\rangle^3\tilde{\sigma}^3(\tilde{\sigma}^2 + \tilde{\boldsymbol{\pi}}^2) \\
&- \Big\{\frac{C_3}{f_\pi^2} + 4\frac{C_4}{f_\pi^4}(\langle\sigma\rangle^2 + \langle\boldsymbol{\pi}^2\rangle - af_\pi^2)\Big\}(\tilde{\sigma}^2 + \tilde{\boldsymbol{\pi}}^2)^3 \\
&- 24\frac{C_4}{f_\pi^4}\langle\sigma\rangle^2\tilde{\sigma}^2(\tilde{\sigma}^2 + \tilde{\boldsymbol{\pi}}^2)^2 - 8\frac{C_4}{f_\pi^4}\langle\sigma\rangle\tilde{\sigma}(\tilde{\sigma}^2 + \tilde{\boldsymbol{\pi}}^2)^3 \\
&- \frac{C_4}{f_\pi^4}(\tilde{\sigma}^2 + \tilde{\boldsymbol{\pi}}^2)^4 + \frac{1}{2}m_\omega^2\langle\omega\rangle^2 \\
&- \Big\{C_2 + \frac{C_3}{f_\pi^2}(\langle\sigma\rangle^2 + \langle\boldsymbol{\pi}^2\rangle - af_\pi^2) \\
&\quad + \frac{C_4}{f_\pi^4}(\langle\sigma\rangle^2 + \langle\boldsymbol{\pi}^2\rangle - af_\pi^2)^2\Big\} \\
&\quad \times (\langle\sigma\rangle^2 + \langle\boldsymbol{\pi}^2\rangle - af_\pi^2)^2 - bf_\pi^3\langle\sigma\rangle
\end{aligned} \tag{5.51}
$$

となる．

核子の有効質量は $\overline{\psi}\psi$ の係数で

$$
M^* = M - g_\sigma\langle\sigma\rangle = M_{\mathrm{N}} - g_\sigma f_\pi - g_\sigma\langle\sigma\rangle \tag{5.52}
$$

となる．g_σ はスカラー系中間子と核子の相互作用の強さを表す結合定数であるが，

M の代わりにパラメータとして使える．σ 中間子の古典場 $\langle\sigma\rangle$ はこの核子の有効質量と式 (5.47) を連立して決められる．

中間子の有効質量はそれぞれのゆらぎの場の 2 乗項の係数から

$$\begin{aligned}\sigma\ :\ m_\sigma^{*2} &= m_\pi^{*2} + 8\Big\{C_2 + 3\frac{C_3}{f_\pi^2}(\langle\sigma\rangle^2 + \langle\boldsymbol{\pi}^2\rangle - af_\pi^2) \\ &\qquad + 6\frac{C_4}{f_\pi^4}(\langle\sigma\rangle^2 + \langle\boldsymbol{\pi}^2\rangle - af_\pi^2)^2\Big\}\langle\sigma\rangle^2 \qquad (5.53)\\ \boldsymbol{\pi}\ :\ m_\pi^{*2} &= 2\Big\{2C_2 + 3\frac{C_3}{f_\pi^2}(\langle\sigma\rangle^2 + \langle\boldsymbol{\pi}^2\rangle - af_\pi^2) \\ &\qquad + 4\frac{C_4}{f_\pi^4}(\langle\sigma\rangle^2 + \langle\boldsymbol{\pi}^2\rangle - af_\pi^2)^2\Big\} \\ &\qquad \times(\langle\sigma\rangle^2 + \langle\boldsymbol{\pi}^2\rangle - af_\pi^2) \qquad (5.54)\\ \omega\ :\ m_\omega^{*2} &= m_\omega^2 \qquad (5.55)\end{aligned}$$

となる．π 中間子の有効質量は条件式 (5.46) を考慮すると 0 となることがわかる．これは前章のまとめでの議論と同様である．また ω 中間子の質量は式 (5.22) と同じになり，核子密度に依存せず，真空での値から変化しない．

5.2.2 エネルギー

π 中間子対凝縮状態で中間子に対し平均場近似を施したハミルトニアン密度

$$\begin{aligned}\mathcal{H}^*_{\mathrm{HCL}} &= \overline{\psi}i\vec{\gamma}\cdot\vec{\nabla}\psi + (M - g_\sigma\langle\sigma\rangle)\overline{\psi}\psi + g_\omega\langle\omega\rangle\overline{\psi}\gamma^0\psi - \frac{1}{2}m_\omega^2\langle\omega\rangle^2 \\ &\quad + C_2(\langle\sigma\rangle^2 + \langle\boldsymbol{\pi}^2\rangle - af_\pi^2)^2 + \frac{C_3}{f_\pi^2}(\langle\sigma\rangle^2 + \langle\boldsymbol{\pi}^2\rangle - af_\pi^2)^3 \\ &\quad + \frac{C_4}{f_\pi^4}(\langle\sigma\rangle^2 + \langle\boldsymbol{\pi}^2\rangle - af_\pi^2)^4 + bf_\pi^3\langle\sigma\rangle \qquad (5.56)\end{aligned}$$

は自由粒子のハミルトニアン密度となるので，Fermi ガス分布状態で期待値を取り，エネルギーを計算すると

$$\begin{aligned}E &= \langle F|\mathcal{H}^*_{\mathrm{HCL}}|F\rangle \\ &= V\Big\{\ 4\frac{4\pi}{(2\pi)^3}\int_0^{p_{\mathrm{F}}} p^2\sqrt{p^2 + M^{*2}}\mathrm{d}p + \frac{1}{2}g_\omega\langle\omega\rangle\rho_{\mathrm{B}} \\ &\quad + C_2(\langle\sigma\rangle^2 + \langle\boldsymbol{\pi}^2\rangle - af_\pi^2)^2 + \frac{C_3}{f_\pi^2}(\langle\sigma\rangle^2 + \langle\boldsymbol{\pi}^2\rangle - af_\pi^2)^3\end{aligned}$$

$$+\frac{C_4}{f_\pi^4}(\langle\sigma\rangle^2+\langle\boldsymbol{\pi}^2\rangle-af_\pi^2)^4+bf_\pi^3\langle\sigma\rangle\Big\} \tag{5.57}$$

となる．

$$\begin{aligned}\mathcal{E}_\mathrm{N}&=\frac{2}{\pi^2}\int_0^{p_\mathrm{F}}p^2\sqrt{p^2+M^{*2}}\mathrm{d}p\\&=\frac{1}{4\pi^2}\Big\{p_\mathrm{F}(2p_\mathrm{F}^2+M^{*2})\sqrt{p_\mathrm{F}^2+M^{*2}}\\&\quad-M^{*4}\log\Big(\frac{p_\mathrm{F}+\sqrt{p_\mathrm{F}^2+M^{*2}}}{M^*}\Big)\Big\}\end{aligned} \tag{5.58}$$

$$\begin{aligned}\mathcal{E}_\mathrm{S}&=C_2(\langle\sigma\rangle^2+\langle\boldsymbol{\pi}^2\rangle-af_\pi^2)^2+\frac{C_3}{f_\pi^2}(\langle\sigma\rangle^2+\langle\boldsymbol{\pi}^2\rangle-af_\pi^2)^3\\&\quad+\frac{C_4}{f_\pi^4}(\langle\sigma\rangle^2+\langle\boldsymbol{\pi}^2\rangle-af_\pi^2)^4+bf_\pi^3\langle\sigma\rangle\end{aligned} \tag{5.59}$$

$$\mathcal{E}_\mathrm{V}=\frac{1}{2}\langle\omega\rangle g_\omega\,\rho_\mathrm{B}\;=\;\frac{1}{2}\Big(\frac{g_\omega\,\rho_\mathrm{B}}{m_\omega^*}\Big)^2 \tag{5.60}$$

と定義し，核子密度 0 で残る定数を引き，核子あたりのエネルギーに直すと

$$\begin{aligned}E_\mathrm{B}&=\frac{E}{A}-M_\mathrm{N}-\frac{V}{A}[\{C_2+C_3(1-a)\\&\quad+C_4(1-a)^2\}(1-a)^2-b]f_\pi^4\\&=\frac{\mathcal{E}_\mathrm{N}}{\rho_\mathrm{B}}+\frac{\mathcal{E}_\mathrm{S}}{\rho_\mathrm{B}}+\frac{1}{2}\Big(\frac{g_\omega}{m_\omega^*}\Big)^2\rho_\mathrm{B}-M_\mathrm{N}-\frac{1}{\rho_\mathrm{B}}[\{C_2+C_3(1-a)\\&\qquad+C_4(1-a)^2\}(1-a)^2-b]f_\pi^4\end{aligned} \tag{5.61}$$

となる．

5.2.3　数値計算

実際の数値計算では，崩壊定数を

$$f_\pi\;=\;93\,\mathrm{MeV}$$

とし，真空中での粒子の質量を

$$\begin{aligned}M_\mathrm{N}\;&=\;938.9\,\mathrm{MeV}\\m_\pi\;&=\;139.6\,\mathrm{MeV}\\m_\omega\;&=\;781.94\,\mathrm{MeV}\end{aligned}$$

とする．σ 中間子の質量は

$$m_\sigma = 500\,\text{MeV}$$

とした．式 (5.12) から

$$b = \left(\frac{m_\pi}{f_\pi}\right)^2 = 2.253$$

となる．g_σ，C_2，a，g_ω はパラメータであり，これらを使って他の定数は

$$\begin{aligned}
M &= M_\text{N} - g_\sigma f_\pi \\
C_4 &= \frac{C_2}{2(1-a)^2} - \frac{b}{4(1-a)^3} + \frac{m_\sigma^2 - m_\pi^2}{16 f_\pi^2 (1-a)^2} \\
C_3 &= -\frac{2}{3}\frac{C_2}{1-a} - \frac{4}{3} C_4 (1-a) + \frac{b}{6(1-a)^2}
\end{aligned}$$

と決まる．これらの定数は核子密度 0 の状態で決められたもので，π 中間子対凝縮状態の計算に対しても共通に使われる．

式 (5.47) から

$$g_\sigma \langle \overline{\psi}\psi \rangle = b f_\pi^3 \tag{5.62}$$

すなわち

$$\rho_\text{S} = \frac{b f_\pi^3}{g_\sigma} \tag{5.63}$$

となるのでスカラー密度 $\rho_\text{S} = \langle \overline{\psi}\psi \rangle$ は一定となり，核子密度によらない．また式 (5.46) を $(\langle\sigma\rangle^2 + \langle \boldsymbol{\pi}^2 \rangle - a f_\pi^2)$ の 3 次方程式として解くことにより，$\langle\sigma\rangle^2 + \langle \boldsymbol{\pi}^2 \rangle$ の合計の大きさは決まる．複数の解が存在する場合には，エネルギーを最小にする解を選ぶ．

まず，正規核子密度 ($p_0 \sim 259.15$ MeV/c) 付近では $m_\pi^{*2} < 0$ となり，π 中間子対凝縮状態であると予測されるので，π 中間子対凝縮状態を仮定して $p_\text{F} \sim 259.15$ MeV/c で核子あたり最小のエネルギー $E_\text{B} = -16.3$MeV を持つようにパラメータを決める．パラメータが決まれば，逆にエネルギーの式から，核子の有効質量 M^* が p_F の関数として求まる．M^* が求まれば式 (5.52) から $\langle\sigma\rangle$ は

表 5.3　$m_\sigma = 500\,\mathrm{MeV}$ に対し

a	C_2	g_σ	g_ω	K(MeV)	p_{C}(MeV/c)
0.8	13.0	3.3151	18.3455	3194.09	202
	13.5	3.3132	18.3451	3190.54	202
	14.0	3.3113	18.3448	3187.07	202
0.7	14.0	3.2300	18.3278	3031.69	204
0.6	14.0	3.1334	18.3049	2833.72	206
0.5	14.0	3.0239	18.2751	2589.48	209

$$\langle\sigma\rangle = \frac{M_{\mathrm{N}} - M^*}{g_\sigma} - f_\pi \tag{5.64}$$

と決まる．さらに先の 3 次方程式の解から $\langle\boldsymbol{\pi}^2\rangle$ が決まる．同じパラメータを使って π 中間子の古典場が存在しない低核子密度領域（σ 中間子凝縮状態）の計算も行う．

実際に，パラメータを振ってエネルギーを計算してみると，飽和性を満たす解は得られるが，非圧縮率は大きすぎる（表 5.3）．p_{C} は π 中間子の有効質量の 2 乗 m_π^{*2} が σ 中間子凝縮状態で 0 となる Fermi 運動量の値である．$p_{\mathrm{F}} \geq p_{\mathrm{C}}$ で $m_\pi^{*2} < 0$ となる．

C_2 が大きくなり，a が小さくなれば非圧縮率 K は小さくなる傾向があるが，まだかなり大きい．$m_\sigma = 500\,\mathrm{MeV}$, $a = 0.8$, $C_2 = 13.9$, $g_\sigma = 3.3151$, $g_\omega = 18.3455$ に対する実際の計算結果を図 5.1 に示す．$p_{\mathrm{F}} = 202\,\mathrm{MeV/c}$ でエネルギー的に σ 中間子凝縮状態と π 中間子対凝縮状態が入れ替わることがわかるだろう．ただしこのパラメータの場合 $p_{\mathrm{F}} > 206\,\mathrm{MeV/c}$ で $\langle\boldsymbol{\pi}^2\rangle < 0$ となる．すなわち大部分の π 中間子対凝縮状態で π 中間子対の古典場は負の値を持つ．

図 5.2 に同じパラメータを使って粒子の有効質量を計算した結果を表示した．p_{F} の小さい領域でのグラフは σ 中間子凝縮状態での計算で，p_{F} 大きい領域でのグラフは π 中間子対凝縮状態を仮定した計算である．$p_{\mathrm{F}} \sim 202\,\mathrm{MeV/c}$ で π 中間子の有効質量が 0 となっていることがわかる．これより核子密度の大きな領域では π 中間子対凝縮状態が実現されているものと予測される．$p_{\mathrm{F}} \sim 101\,\mathrm{MeV/c}$ で σ 中間子の有効質量が急激に変化している．これは式 (5.46) の解として複数の古典場が存在し，それらの解の間で不連続な跳びがあったためと考えられる．π 中間子対凝縮状態では核子の有効質量は急激に小さくなっているが，σ 中間子の有効質

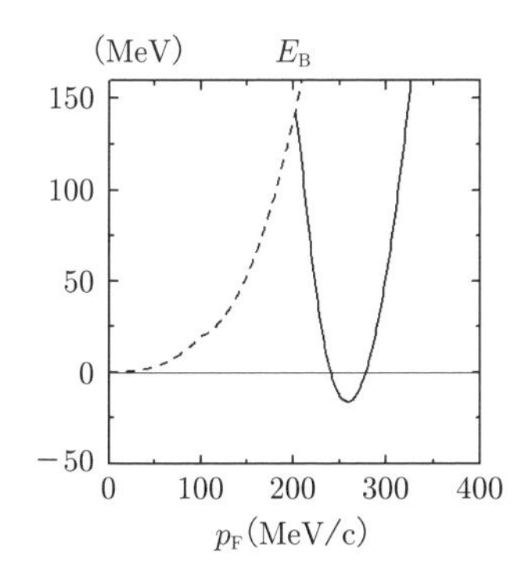

図 5.1 粒子あたりのエネルギー

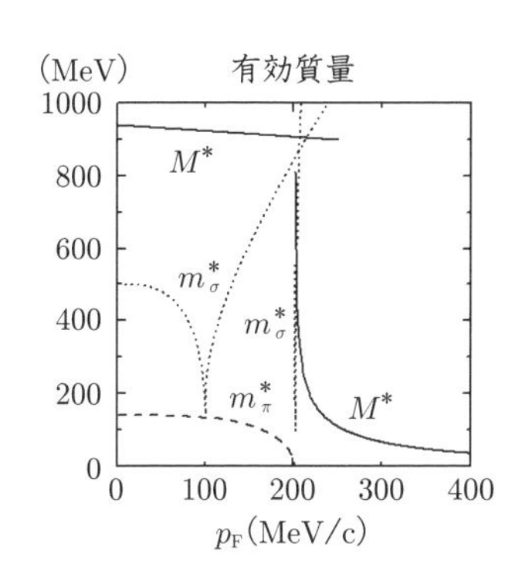

図 5.2 有効質量

量は逆に急激に大きくなっている.

5.3 まとめ

高次のカイラルループ項を導入して非圧縮率 K の再現を試みたが十分な成果が得られなかった.

σ 中間子凝縮状態を仮定した計算では非圧縮率は小さくなりすぎる. ただし, この計算では m_π^{*2} の値が負となり, π 中間子の古典場が存在すると考えられる. σ 中間子と ω 中間子の古典場だけを考慮した計算では十分ではないであろう.

π 中間子対凝縮を考慮した計算では, 飽和性を満足するパラメータセットは見つかるが, 非圧縮率は大きくなりすぎる. 大きな非圧縮率は非常に強い引力が原因と思われるが, これは π 中間子対凝縮状態で核子の有効質量が急激に小さくなることが最も大きな寄与をしていると思われる. これは π 中間子対凝縮状態でスカラー密度が一定になるのがその原因であり, この要因となる σ 粒子の線形項を変更しないと改善されないのではないかと考えられる.

6 線形 σ モデルの拡張

線形 σ モデルにベクトル中間子の斥力と高次のカイラルループ項を考慮したモデルを検討したが，核物質の飽和性と非圧縮率の両方を満足するパラメータは見つけられなかった．この章では線形 σ モデルの拡張として，カイラルループ項と σ 中間子の相互作用，カイラルループ項と ω 中間子の相互作用などを導入する[31]．また，このモデルにおける π 中間子対凝縮状態での核物質の性質についても考える．

モデルラグランジアン密度は

$$
\begin{aligned}
\mathcal{L}_{\mathrm{ExLS}} =& \overline{\psi} i\gamma^\mu \partial_\mu \psi - g_\omega \overline{\psi}\gamma^\mu \omega_\mu \psi - M\overline{\psi}\psi \\
&+ g_\sigma \overline{\psi}(\sigma + i\gamma_5 \boldsymbol{\tau}\cdot\boldsymbol{\pi})\psi \\
&+ \frac{1}{2}(\partial_\mu \sigma)^2 + \frac{1}{2}(\partial_\mu \boldsymbol{\pi})^2 - \frac{1}{4}F_{\mu\nu}F^{\mu\nu} \\
&+ A_\omega f_\pi^2 \omega_\mu \omega^\mu + B_\omega(\sigma^2 + \boldsymbol{\pi}^2 - a f_\pi^2)\omega_\mu\omega^\mu \\
&- A_\sigma f_\pi^2 \sigma^2 - A_\pi f_\pi^2 \boldsymbol{\pi}^2 - C_2(\sigma^2 + \boldsymbol{\pi}^2 - a f_\pi^2)^2 \\
&- B_\sigma f_\pi \sigma(\sigma^2 + \boldsymbol{\pi}^2 - a f_\pi^2) - b f_\pi^3 \sigma
\end{aligned} \tag{6.1}
$$

とする．ただし

$$
F_{\mu\nu} = \partial_\mu \omega_\nu - \partial_\nu \omega_\mu
$$

である．

核子の質量項，各中間子の質量項も独立に導入した．ベクトル中間子の質量項はカイラル変換に関し不変であるから問題ないが，スカラー系の中間子に関しては $A_\sigma = A_\pi$ とならない限り，質量項はカイラル変換に関して不変とならない．核子の質量項もカイラル不変とはならない項であるが，この項の導入により，g_σ がパラメータとして動かせる量となる．

C_2 の項はスカラー系の中間子同士の相互作用を記述する項であり，線形 σ モデルにもともと含まれていた項である．B_ω の項はスカラー系中間子とベクトル中間子の相互作用を表す項である．B_σ の項は σ 中間子とスカラー系中間子の相互作用を表す．前章で取り上げた2次より高次のカイラルループ項は含まれていない．$B_\omega = \frac{1}{2}g_\omega^2$ とした場合の計算については参考文献[32]に詳しく議論されている．

核子の質量項の係数 M，結合定数 g_σ，g_ω，およびその他の係数 A_ω，A_σ，A_π，B_ω，B_σ，C_2，a，b などは各種の物理量を再現するように決められるべき定数とする．

核子に対する Dirac 方程式は

$$i\gamma^\mu\partial_\mu\psi - M\psi + g_\sigma(\sigma + i\gamma_5\boldsymbol{\tau}\cdot\boldsymbol{\pi})\psi - g_\omega\gamma^\mu\omega_\mu\psi = 0 \tag{6.2}$$

$$-i\partial_\mu\overline{\psi}\gamma^\mu - M\overline{\psi} + \overline{\psi}g_\sigma(\sigma + i\gamma_5\boldsymbol{\tau}\cdot\boldsymbol{\pi}) - g_\omega\overline{\psi}\gamma^\mu\omega_\mu = 0 \tag{6.3}$$

であり，Klein-Gordon 方程式は σ 中間子に対し

$$\begin{aligned}\partial_\mu\partial^\mu\sigma &= g_\sigma\overline{\psi}\psi + 2B_\omega\sigma\omega_\mu\omega^\mu - 2A_\sigma f_\pi^2\sigma \\ &\quad - 4C_2\sigma(\sigma^2 + \boldsymbol{\pi}^2 - af_\pi^2) - B_\sigma f_\pi(\sigma^2 + \boldsymbol{\pi}^2 - af_\pi^2) \\ &\quad - 2B_\sigma f_\pi\sigma^2 - bf_\pi^3\end{aligned} \tag{6.4}$$

π 中間子に対しては

$$\begin{aligned}\partial_\mu\partial^\mu\boldsymbol{\pi} &= g_\sigma\overline{\psi}i\gamma_5\boldsymbol{\tau}\psi + 2B_\omega\boldsymbol{\pi}\omega_\mu\omega^\mu - 2A_\pi f_\pi^2\boldsymbol{\pi} \\ &\quad - 4C_2\boldsymbol{\pi}(\sigma^2 + \boldsymbol{\pi}^2 - af_\pi^2) - 2B_\sigma f_\pi\sigma\boldsymbol{\pi}\end{aligned} \tag{6.5}$$

ベクトルの ω 中間子に対する Proca 方程式は

$$\partial_\mu F^{\mu\nu} = g_\omega\overline{\psi}\gamma^\nu\psi - 2A_\omega f_\pi^2\omega^\nu - 2B_\omega(\sigma^2 + \boldsymbol{\pi}^2 - af_\pi^2)\omega^\nu \tag{6.6}$$

となる．

このラグランジアン密度 $\mathcal{L}_{\mathrm{ExLS}}$ はアイソスピン回転に対して不変である．

σ 中間子と π 中間子の2乗からなるカイラルループ項

$$(\sigma^2 + \boldsymbol{\pi}^2 - af_\pi^2) \tag{6.7}$$

はアイソスピン対称性とカイラル対称性を共に満足することが知られている．ベクトル中間子場 ω もこれらの対称性を満足するように導入されているが，核子の

質量項 $M\overline{\psi}\psi$，スカラー系中間子の質量項 $A_\sigma f_\pi^2\sigma^2$，$A_\pi f_\pi^2\boldsymbol{\pi}^2$，$\sigma$ 中間子-カイラルループ相互作用項 $B_\sigma f_\pi\sigma(\sigma^2+\boldsymbol{\pi}^2-af_\pi^2)$，$\sigma$ 中間子の線形項 $bf_\pi^3\sigma$ はカイラル対称性を満足していない．これらの項の係数は核子密度 0 で軸性ベクトルカレントが部分的保存（PCAC）をするように決められる．

軸性ベクトルカレント

$$\boldsymbol{\mathcal{J}}_\mathrm{A}^\mu = \overline{\psi}\gamma^\mu\gamma_5\frac{\boldsymbol{\tau}}{2}\psi - \boldsymbol{\pi}\,\partial^\mu\sigma + \sigma\,\partial^\mu\boldsymbol{\pi} \tag{6.8}$$

の発散を上の運動方程式を使って計算すると

$$\begin{aligned}\partial_\mu\boldsymbol{\mathcal{J}}_\mathrm{A}^\mu =&(\partial_\mu\overline{\psi})\gamma^\mu\gamma_5\frac{\boldsymbol{\tau}}{2}\psi + \overline{\psi}\gamma^\mu\gamma_5\frac{\boldsymbol{\tau}}{2}(\partial_\mu\psi)\\&-\boldsymbol{\pi}\partial_\mu\partial^\mu\sigma - \partial_\mu\boldsymbol{\pi}\partial^\mu\sigma + \sigma\partial_\mu\partial^\mu\boldsymbol{\pi} + \partial_\mu\sigma\partial^\mu\boldsymbol{\pi}\\=&iM\overline{\psi}\gamma_5\boldsymbol{\tau}\psi + 2(A_\sigma - A_\pi)f_\pi^2\sigma\boldsymbol{\pi}\\&+B_\sigma f_\pi(\sigma^2+\boldsymbol{\pi}^2-af_\pi^2)\boldsymbol{\pi} + bf_\pi^3\boldsymbol{\pi}\end{aligned} \tag{6.9}$$

となり，カイラル対称性を満たしていない項が残る．

ラグランジアン密度 (6.1) に対応するハミルトニアン密度は

$$\begin{aligned}\mathcal{H}_\mathrm{ExLS} =&\overline{\psi}i\vec{\gamma}\cdot\vec{\nabla}\psi + M\overline{\psi}\psi\\&+\frac{1}{2}\{(\partial_0\sigma)^2+(\vec{\nabla}\sigma)^2\}+\frac{1}{2}\{(\partial_0\boldsymbol{\pi})^2+(\vec{\nabla}\boldsymbol{\pi})^2\}\\&-\frac{1}{2}(\partial_0\omega_\mu\partial^0\omega^\mu+\vec{\nabla}\omega_\mu\cdot\vec{\nabla}\omega^\mu)\\&-g_\sigma\overline{\psi}(\sigma+i\gamma_5\boldsymbol{\tau}\cdot\boldsymbol{\pi})\psi + g_\omega\overline{\psi}\gamma^\mu\omega_\mu\psi\\&-A_\omega f_\pi^2\,\omega_\mu\omega^\mu - B_\omega(\sigma^2+\boldsymbol{\pi}^2-af_\pi^2)\omega_\mu\omega^\mu\\&+A_\sigma f_\pi^2\sigma^2 + A_\pi f_\pi^2\boldsymbol{\pi}^2 + C_2(\sigma^2+\boldsymbol{\pi}^2-af_\pi^2)^2\\&+B_\sigma f_\pi\sigma(\sigma^2+\boldsymbol{\pi}^2-af_\pi^2)+bf_\pi^3\sigma\end{aligned} \tag{6.10}$$

となる．

6.1　π 中間子凝縮状態でない場合（σ 中間子凝縮状態）

運動方程式 (6.4)，(6.5)，(6.6) に対し，時間・空間一様な平均場近似を適用する．σ 中間子は

$$\sigma \ \rightarrow \ \langle\sigma\rangle \tag{6.11}$$

とするが，π 中間子に対してはパリティの保存から

$$\boldsymbol{\pi} \ \rightarrow \ \langle\boldsymbol{\pi}\rangle \ = \ 0 \tag{6.12}$$

とし，ベクトル中間子場に対しては第 0 成分だけを残して

$$\omega^{\mu} \ \rightarrow \ \langle\omega^{\mu}\rangle \ = \ \langle\omega\rangle\delta_{\mu 0} \tag{6.13}$$

と仮定する．この状態は σ 中間子の古典場 $\langle\sigma\rangle$ が 0 でない有限の値を持つので σ 中間子凝縮状態と呼ばれる．

運動方程式 (6.4) は

$$\begin{aligned} g_{\sigma}\langle\overline{\psi}\psi\rangle + 2B_{\omega}\langle\sigma\rangle\langle\omega\rangle^{2} \ =& 2\,A_{\sigma}f_{\pi}^{2}\langle\sigma\rangle + 4\,C_{2}\langle\sigma\rangle\left(\langle\sigma\rangle^{2} - af_{\pi}^{2}\right) \\ &+ B_{\sigma}f_{\pi}(\langle\sigma\rangle^{2} - af_{\pi}^{2}) + 2B_{\sigma}f_{\pi}\langle\sigma\rangle^{2} \\ &+ bf_{\pi}^{3} \end{aligned} \tag{6.14}$$

式 (6.6) は

$$g_{\omega}\langle\overline{\psi}\gamma^{0}\psi\rangle \ = \ 2A_{\omega}f_{\pi}^{2}\langle\omega\rangle \ + \ 2B_{\omega}(\langle\sigma\rangle^{2} - af_{\pi}^{2})\,\langle\omega\rangle \tag{6.15}$$

となる．式 (6.5) は $\langle\boldsymbol{\pi}\rangle \ = \ 0$ のためすべてが 0 となる．式 (6.14) と (6.15) を連立方程式として解くことによって $\langle\sigma\rangle$ と $\langle\omega\rangle$ は核子の密度の関数として求まる．

6.1.1　有効質量と定数の決定

次に有効質量を計算するため，中間子場を平均場 (古典場) とそのゆらぎを使って

$$\sigma \ \longrightarrow \ \langle\sigma\rangle + \tilde{\sigma} \tag{6.16}$$

$$\boldsymbol{\pi} \ \longrightarrow \ \tilde{\boldsymbol{\pi}} \tag{6.17}$$

$$\omega_{\mu} \ \longrightarrow \ \langle\omega\rangle\delta_{\mu 0} + \tilde{\omega}_{\mu} \tag{6.18}$$

とおき，ラグランジアン密度 (6.1) を書き直すと

$$\mathcal{L}_{\mathrm{ExLS}} \ = \overline{\psi}i\gamma^{\mu}\partial_{\mu}\psi - (M - g_{\sigma}\langle\sigma\rangle)\overline{\psi}\psi - g_{\omega}\langle\omega\rangle\overline{\psi}\gamma^{0}\psi$$

$$
\begin{aligned}
&+ g_\sigma \overline{\psi}(\tilde{\sigma} + i\gamma_5 \boldsymbol{\tau}\cdot\tilde{\boldsymbol{\pi}})\psi - g_\omega \overline{\psi}\gamma^\mu \tilde{\omega}_\mu \psi \\
&+ \frac{1}{2}(\partial_\mu \tilde{\sigma})^2 + \frac{1}{2}(\partial_\mu \tilde{\boldsymbol{\pi}})^2 - \frac{1}{4}\tilde{F}_{\mu\nu}\tilde{F}^{\mu\nu} \\
&+ A_\omega f_\pi^2 \langle\omega\rangle^2 + B_\omega(\langle\sigma\rangle^2 - af_\pi^2)\langle\omega\rangle^2 - A_\sigma f_\pi^2 \langle\sigma\rangle^2 \\
&- C_2(\langle\sigma\rangle^2 - af_\pi^2)^2 - B_\sigma f_\pi(\langle\sigma\rangle^3 - af_\pi^2\langle\sigma\rangle) - bf_\pi^3\langle\sigma\rangle \\
&+ \{2A_\omega f_\pi^2 + 2B_\omega(\langle\sigma\rangle^2 - af_\pi^2)\}\langle\omega\rangle\tilde{\omega}_0 \\
&+ [\,2B_\omega\langle\sigma\rangle\langle\omega\rangle^2 - 2A_\sigma f_\pi^2\langle\sigma\rangle - C_2\{4\langle\sigma\rangle(\langle\sigma\rangle^2 - af_\pi^2)\} \\
&\quad - B_\sigma f_\pi(3\langle\sigma\rangle^2 - af_\pi^2) - bf_\pi^3\,]\,\tilde{\sigma} \\
&+ \{A_\omega f_\pi^2 + B_\omega(\langle\sigma\rangle^2 - af_\pi^2)\}\tilde{\omega}_\mu^2 + 4B_\omega\langle\sigma\rangle\langle\omega\rangle\tilde{\sigma}\,\tilde{\omega}_0 \\
&+ [\,B_\omega\langle\omega\rangle^2 - A_\sigma f_\pi^2 - C_2\{2(2\langle\sigma\rangle^2 + \langle\sigma\rangle^2 - af_\pi^2)\} \\
&\quad - 3B_\sigma f_\pi\langle\sigma\rangle\,]\,\tilde{\sigma}^2 \\
&+ [\,B_\omega\langle\omega\rangle^2 - A_\pi f_\pi^2 - C_2\{2(\langle\sigma\rangle^2 - af_\pi^2)\} \\
&\quad - B_\sigma f_\pi\langle\sigma\rangle\,]\,\tilde{\boldsymbol{\pi}}^2 \\
&+ 2B_\omega\langle\omega\rangle\tilde{\omega}_0(\tilde{\sigma}^2 + \tilde{\boldsymbol{\pi}}^2) + 2B_\omega\langle\sigma\rangle\tilde{\sigma}\,\tilde{\omega}_\mu^2 \\
&\quad + B_\omega(\tilde{\sigma}^2 + \tilde{\boldsymbol{\pi}}^2)\,\tilde{\omega}_\mu^2 \\
&- C_2(4\langle\sigma\rangle\tilde{\sigma}^3 + 4\langle\sigma\rangle\tilde{\sigma}\tilde{\boldsymbol{\pi}}^2 + \tilde{\sigma}^4 + 2\tilde{\sigma}^2\tilde{\boldsymbol{\pi}}^2 + \tilde{\boldsymbol{\pi}}^4) \\
&- B_\sigma f_\pi(\tilde{\sigma}^3 + \tilde{\sigma}\tilde{\boldsymbol{\pi}}^2)
\end{aligned}
\tag{6.19}
$$

となる.

有効質量はそれぞれ, 核子に対しては $\overline{\psi}\psi$ の係数から

$$
M^* = M - g_\sigma\langle\sigma\rangle \tag{6.20}
$$

中間子に対しては, 中間子場のゆらぎの 2 乗の項から

$$
\begin{aligned}
\sigma \;:\; m_\sigma^{*2} &= -2B_\omega\langle\omega\rangle^2 + 2A_\sigma f_\pi^2 + 4C_2(3\langle\sigma\rangle^2 - af_\pi^2) \\
&\quad + 6B_\sigma f_\pi\langle\sigma\rangle
\end{aligned}
\tag{6.21}
$$

$$
\begin{aligned}
\boldsymbol{\pi} \;:\; m_\pi^{*2} &= -2B_\omega\langle\omega\rangle^2 + 2A_\pi f_\pi^2 + 4C_2(\langle\sigma\rangle^2 - af_\pi^2) \\
&\quad + 2B_\sigma f_\pi\langle\sigma\rangle
\end{aligned}
\tag{6.22}
$$

$$\omega \;:\; m_\omega^{*2} = 2\,A_\omega f_\pi^2 + 2B_\omega(\langle\sigma\rangle^2 - af_\pi^2) \tag{6.23}$$

と定義される．

また式 (6.14) を使って C_2 の項を消去し，π 中間子の質量 (6.22) は

$$\begin{aligned} m_\pi^{*2} &= \frac{g_\sigma\langle\overline{\psi}\psi\rangle}{\langle\sigma\rangle} - 2A_\sigma f_\pi^2 + 2A_\pi f_\pi^2 \\ &\quad - B_\sigma f_\pi \frac{\langle\sigma\rangle^2 - af_\pi^2}{\langle\sigma\rangle} - b\frac{f_\pi^3}{\langle\sigma\rangle} \end{aligned} \tag{6.24}$$

と書ける．ただし $\langle\sigma\rangle \neq 0$ を仮定する．

核子密度 0 の真空中では $\langle\overline{\psi}\psi\rangle = 0$ であるから，式 (6.24) から π 中間子の質量は

$$m_\pi^2 \;=\; -2(A_\sigma - A_\pi)f_\pi^2 - B_\sigma f_\pi \frac{\langle\sigma\rangle_0^2 - af_\pi^2}{\langle\sigma\rangle_0} - b\frac{f_\pi^3}{\langle\sigma\rangle_0} \tag{6.25}$$

と表されることになる．$\langle\sigma\rangle_0$ は真空中での σ 中間子の古典場を表す．

ω 中間子の真空中での質量は式 (6.23) から

$$m_\omega^2 \;=\; 2A_\omega f_\pi^2 + 2B_\omega(\langle\sigma\rangle_0^2 - af_\pi^2) \tag{6.26}$$

となる．真空中での ω 中間子の古典場を $\langle\omega\rangle_0$ と書いて，式 (6.15) から真空中では

$$\{2A_\omega f_\pi^2 + 2B_\omega(\langle\sigma\rangle_0^2 - af_\pi^2)\}\,\langle\omega\rangle_0 = 0 \tag{6.27}$$

となり，この式は

$$2A_\omega f_\pi^2 + 2B_\omega(\langle\sigma\rangle_0^2 - af_\pi^2) = 0 \tag{6.28}$$

または

$$\langle\omega\rangle_0 \;=\; 0 \tag{6.29}$$

を要求する．ここで第 1 の条件 (6.28) を式 (6.26) に代入すると ω 中間子の真空中での質量が 0 となってしまう．それ故に，第 1 の条件は不適で，真空中では

$$\langle\omega\rangle_0 \;=\; 0 \tag{6.30}$$

でなければならない．式 (6.15) と (6.23) を使うと

$$\langle\omega\rangle = \frac{g_\omega \rho_{\mathrm{B}}}{m_\omega^{2*}} \tag{6.31}$$

とも書ける．

4 章の議論と同様に，荷電 π 中間子の崩壊 $\pi^+ \to \mu^+ + \nu_\mu$，$\pi^- \to \mu^- + \overline{\nu}_\mu$ を考えると

$$\langle 0|\partial_\mu \boldsymbol{\mathcal{J}}_{\mathrm{A}}^\mu(0)|\pi(k)\rangle = m_\pi^2 f_\pi \tag{6.32}$$

となる．また，真空中で $\langle\boldsymbol{\pi}\rangle = 0$ を考慮すれば式 (6.9) から

$$\begin{aligned}\langle 0|\partial_\mu \boldsymbol{\mathcal{J}}_{\mathrm{A}}^\mu(0)|\pi(k)\rangle =& 2(A_\sigma - A_\pi) f_\pi^2 \langle\sigma\rangle_0 \\ &+ B_\sigma f_\pi(\langle\sigma\rangle_0^2 - a f_\pi^2) + b f_\pi^3\end{aligned} \tag{6.33}$$

が求まり，これらを比較して

$$m_\pi^2 = 2(A_\sigma - A_\pi) f_\pi \langle\sigma\rangle_0 + B_\sigma(\langle\sigma\rangle_0^2 - a f_\pi^2) + b f_\pi^2 \tag{6.34}$$

となる．これに式 (6.25) を代入すると

$$\begin{aligned}&2(A_\sigma - A_\pi) f_\pi \langle\sigma\rangle_0 + B_\sigma(\langle\sigma\rangle_0^2 - a f_\pi^2) + b f_\pi^2 \\ &\quad = -2(A_\sigma - A_\pi) f_\pi^2 - B_\sigma f_\pi \frac{\langle\sigma\rangle_0^2 - a f_\pi^2}{\langle\sigma\rangle_0} - b\frac{f_\pi^3}{\langle\sigma\rangle_0}\end{aligned}$$

が求まるが，整理すると

$$\begin{aligned}&\{2(A_\sigma - A_\pi) f_\pi \langle\sigma\rangle_0 + B_\sigma(\langle\sigma\rangle_0^2 - a f_\pi^2) + b f_\pi^2\}\left(1 + \frac{f_\pi}{\langle\sigma\rangle_0}\right) \\ &= 0\end{aligned} \tag{6.35}$$

となる．この式は

$$\langle\sigma\rangle_0 = -f_\pi \tag{6.36}$$

または

$$2(A_\sigma - A_\pi) f_\pi \langle\sigma\rangle_0 + B_\sigma(\langle\sigma\rangle_0^2 - a f_\pi^2) + b f_\pi^2 = 0 \tag{6.37}$$

となることを要求するが，第 2 の条件 (6.37) は，真空中での π 中間子の質量 (6.34)

に使うと

$$m_\pi^2 = 0$$

となり，真空中の π 中間子の質量が 0 となってしまい，不適である．故に，真空中では

$$\langle\sigma\rangle_0 = -f_\pi$$

でなくてはならない．

結局，真空中（核子密度 0）では中間子の古典場はそれぞれ

$$\langle\sigma\rangle_0 = -f_\pi \tag{6.38}$$

$$\langle\omega\rangle_0 = 0 \tag{6.39}$$

$$\langle\pi\rangle = 0 \tag{6.40}$$

となる．

真空中での核子の質量は式 (6.20) から

$$M_{\mathrm{N}} = M - g_\sigma\langle\sigma\rangle_0 = M + g_\sigma f_\pi$$

$$\therefore \quad M = M_{\mathrm{N}} - g_\sigma f_\pi \tag{6.41}$$

となる．ただし，M_{N} は陽子と中性子の平均質量とする．パラメータ g_σ により，核子の質量項の係数として導入された M が決まる．

式 (6.23) を真空中の ω 中間子の質量に書き直すと

$$A_\omega = \frac{1}{2}\left(\frac{m_\omega}{f_\pi}\right)^2 - B_\omega(1-a) \tag{6.42}$$

が求まり，B_ω，a をパラメータとして A_ω が決まる．

真空中での π 中間子の質量 (6.25) は $\langle\sigma\rangle_0 = -f_\pi$ を使えば

$$\begin{aligned} m_\pi^2 &= -2(A_\sigma - A_\pi)f_\pi^2 - B_\sigma f_\pi \frac{f_\pi^2 - af_\pi^2}{-f_\pi} - b\frac{f_\pi^3}{-f_\pi} \\ &= \{-2(A_\sigma - A_\pi) + B_\sigma(1-a) + b\}f_\pi^2 \end{aligned} \tag{6.43}$$

となり，この式は a，b，B_σ をパラメータとして，$A_\sigma - A_\pi$ を決める．

$$A_\sigma - A_\pi = -\frac{1}{2}\left(\frac{m_\pi^2}{f_\pi^2}\right) + \frac{1}{2}\{B_\sigma(1-a) + b\} \tag{6.44}$$

真空中の値 $\langle\omega\rangle_0 = 0$，$\langle\sigma\rangle_0 = -f_\pi$ を式 (6.14) に代入して

$$\begin{aligned}&-2A_\sigma f_\pi^3 + 4C_2(-f_\pi)(1-a)f_\pi^2 + B_\sigma f_\pi(3-a)f_\pi^2 + bf_\pi^3 \\ &= 0\end{aligned} \tag{6.45}$$

となり

$$4C_2 = -2A_\sigma \frac{1}{1-a} + B_\sigma \frac{3-a}{1-a} + b\frac{1}{1-a} \tag{6.46}$$

が求まる．ただし $a \neq 1$ とする．また式 (6.21)，(6.22) から

$$m_\sigma^2 - m_\pi^2 = 8C_2 f_\pi^2 + 2(A_\sigma - A_\pi)f_\pi^2 - 4B_\sigma f_\pi^2 \tag{6.47}$$

が求まり，整理すると

$$C_2 = \frac{m_\sigma^2 - m_\pi^2}{8f_\pi^2} - \frac{1}{4}(A_\sigma - A_\pi) + \frac{B_\sigma}{2} \tag{6.48}$$

となる．

式 (6.48) に (6.44) を代入すれば

$$C_2 = \frac{m_\sigma^2}{8f_\pi^2} + \frac{3+a}{8}B_\sigma - \frac{1}{8}b \tag{6.49}$$

が求まる．a，b，B_σ をパラメータとして C_2 が与えられる．これを式 (6.46) に代入し，C_2 を消去すれば

$$A_\sigma = -\frac{1-a}{4}\frac{m_\sigma^2}{f_\pi^2} + \frac{3+a^2}{4}B_\sigma + \frac{3-a}{4}b \tag{6.50}$$

さらに式 (6.44) を使って

$$A_\pi = -\frac{1-a}{4}\frac{m_\sigma^2}{f_\pi^2} + \frac{1}{2}\frac{m_\pi^2}{f_\pi^2} + \frac{(1+a)^2}{4}B_\sigma + \frac{1-a}{4}b \tag{6.51}$$

が求まる．結局，この場合は，M，A_ω，A_σ，A_π，C_2 は g_σ，g_ω，B_ω，B_σ，a，b をパラメータとして決まり，これら 6 つのパラメータを使って数値計算することになる．

$a=1$ の場合には式 (6.46) は使えないが，式 (6.43) は

$$m_\pi^2 = \{-2(A_\sigma - A_\pi) + b\} f_\pi^2 \tag{6.52}$$

となる．b をパラメータとして，m_π^2 から $A_\sigma - A_\pi$ が決まる．

式 (6.45) は

$$-2A_\sigma f_\pi^3 + 2B_\sigma f_\pi^3 + b f_\pi^3 = 0 \tag{6.53}$$

となり

$$A_\sigma = B_\sigma + \frac{1}{2} b \tag{6.54}$$

が求まる．b，B_σ をパラメータとして A_σ が決まる．故に，式 (6.52) から A_π も決まる．

$$A_\pi = \frac{1}{2}\frac{m_\pi^2}{f_\pi^2} + B_\sigma \tag{6.55}$$

また式 (6.21)，(6.22) から真空中で

$$\begin{aligned} m_\sigma^2 - m_\pi^2 &= 2(A_\sigma - A_\pi) f_\pi^2 + 8C_2 f_\pi^2 - 4B_\sigma f_\pi^2 \\ &= \{2(A_\sigma - A_\pi) + 8C_2 - 4B_\sigma\} f_\pi^2 \end{aligned} \tag{6.56}$$

となり，これと式 (6.52) から

$$m_\sigma^2 = (8C_2 - 4B_\sigma + b) f_\pi^2 \tag{6.57}$$

となり

$$C_2 = \frac{1}{8}\frac{m_\sigma^2}{f_\pi^2} + \frac{1}{2}B_\sigma - \frac{1}{8} b \tag{6.58}$$

が求まり，これから C_2 が決まる．

また式 (6.42) から

$$A_\omega = \frac{1}{2}\left(\frac{m_\omega}{f_\pi}\right)^2 \tag{6.59}$$

が決まる．

結局，$a=1$ の場合には，パラメータは g_σ，g_ω，B_ω，B_σ，b の 5 つとなるが，これらの結果は，A_ω (6.42)，C_2 (6.49)，A_σ (6.50)，A_π (6.51) に $a=1$ を代入したものと同じ式になる．すなわち $a=1$ の場合も $a \neq 1$ の場合と区別なく同じ式を使って計算できる．

6.1.2 エネルギー

ハミルトニアン密度 (6.10) の中間子に対し平均場近似 (6.11), (6.12), (6.13) を適用すると

$$\begin{aligned}\mathcal{H}^*_{\mathrm{E}x\mathrm{LS}} =& \overline{\psi} i\vec{\gamma}\cdot\vec{\nabla}\psi + (M - g_\sigma\langle\sigma\rangle)\overline{\psi}\psi + g_\omega\langle\omega\rangle\overline{\psi}\gamma^0\psi \\ & - A_\omega f_\pi^2\langle\omega\rangle^2 - B_\omega(\langle\sigma\rangle^2 - af_\pi^2)\langle\omega\rangle^2 + A_\sigma f_\pi^2\langle\sigma\rangle^2 \\ & + C_2(\langle\sigma\rangle^2 - af_\pi^2)^2 + B_\sigma f_\pi\langle\sigma\rangle(\langle\sigma\rangle^2 - af_\pi^2) \\ & + bf_\pi^3\langle\sigma\rangle \end{aligned} \tag{6.60}$$

となる．これは質量 $M - g_\sigma\langle\sigma\rangle$ でエネルギーが $g_\omega\langle\omega\rangle$ だけ大きくなった自由粒子のハミルトニアン密度である．故に，核子は自由粒子として振る舞い，Fermi ガス分布をするものと考えられる．

Fermi ガス核物質中では，スカラー密度は

$$\begin{aligned}\langle\overline{\psi}\psi\rangle =& \langle F|\overline{\psi}\psi|F\rangle = \rho_{\mathrm{S}} \\ =& \sum_{s,I}\int_0^{\vec{p}_{\mathrm{F}}} \frac{M^*}{\sqrt{p^2 + M^{*2}}}\frac{\mathrm{d}^3p}{(2\pi)^3} \\ =& \frac{M^{*3}}{\pi^2}\Bigg[\frac{p_{\mathrm{F}}}{M^*}\sqrt{1 + \left(\frac{p_{\mathrm{F}}}{M^*}\right)^2} \\ & - \log\left\{\frac{p_{\mathrm{F}}}{M^*} + \sqrt{1 + \left(\frac{p_{\mathrm{F}}}{M^*}\right)^2}\right\}\Bigg] \end{aligned} \tag{6.61}$$

で与えられ，バリオン密度（核子密度）は

$$\begin{aligned}\langle\overline{\psi}\gamma^0\psi\rangle =& \langle\psi^\dagger\psi\rangle = \langle F|\psi^\dagger\psi|F\rangle = \rho_{\mathrm{B}} \\ =& \sum_{s,I}\int_0^{\vec{p}_{\mathrm{F}}}\frac{\mathrm{d}^3p}{(2\pi)^3} = \sum_{s,I}\frac{p_{\mathrm{F}}^3}{6\pi^2} = \frac{2p_{\mathrm{F}}^3}{3\pi^2} \end{aligned} \tag{6.62}$$

で計算される．s はスピン状態についての和であり，I はアイソスピンの状態に関する和を表す（付録 C 参照）．

このハミルトニアンでは核子密度 0 での中間子部分のエネルギーは

$$E_0 = V\{A_\sigma f_\pi^4 + C_2(1-a)^2 f_\pi^4 - B_\sigma(1-a)f_\pi^4 - bf_\pi^4\}$$

$$=V\{A_\sigma + C_2(1-a)^2 - B_\sigma(1-a) - b\}f_\pi^4 \tag{6.63}$$

となる．

核物質の Fermi ガス分布状態でのエネルギーは

$$\begin{aligned}
E &= \langle F|\mathcal{H}^*_{\mathrm{E}x\mathrm{LS}}|F\rangle \\
&= \langle F|\overline{\psi} i\vec{\gamma}\cdot\vec{\nabla}\psi + (M - g_\sigma\langle\sigma\rangle)\overline{\psi}\psi + g_\omega\langle\omega\rangle\overline{\psi}\gamma^0\psi|F\rangle \\
&\quad + V\{-A_\omega f_\pi^2\langle\omega\rangle^2 - B_\omega(\langle\sigma\rangle^2 - af_\pi^2)\langle\omega\rangle^2 + A_\sigma f_\pi^2\langle\sigma\rangle^2 \\
&\quad + C_2(\langle\sigma\rangle^2 - af_\pi^2)^2 + B_\sigma f_\pi\langle\sigma\rangle(\langle\sigma\rangle^2 - af_\pi^2) + bf_\pi^3\langle\sigma\rangle\} \\
&= V\Big\{\sum_{s,I}\int_0^{\vec{p}_{\mathrm{F}}}\frac{\mathrm{d}^3p}{(2\pi)^3}(\sqrt{p^2+M^{*2}} + g_\omega\langle\omega\rangle) \\
&\quad - A_\omega f_\pi^2\langle\omega\rangle^2 - B_\omega(\langle\sigma\rangle^2 - af_\pi^2)\langle\omega\rangle^2 + A_\sigma f_\pi^2\langle\sigma\rangle^2 \\
&\quad + C_2(\langle\sigma\rangle^2 - af_\pi^2)^2 + B_\sigma f_\pi\langle\sigma\rangle(\langle\sigma\rangle^2 - af_\pi^2) \\
&\quad + bf_\pi^3\langle\sigma\rangle\Big\}
\end{aligned} \tag{6.64}$$

となるが，ここで (6.15) の関係式 $g_\omega\rho_{\mathrm{B}} = 2A_\omega f_\pi^2\langle\omega\rangle + 2B_\omega(\langle\sigma\rangle^2 - af_\pi^2)\langle\omega\rangle$ を使うと

$$\begin{aligned}
E &= V\Big\{4\frac{4\pi}{(2\pi)^3}\int_0^{p_{\mathrm{F}}} p^2\sqrt{p^2+M^{*2}}\mathrm{d}p + g_\omega\rho_{\mathrm{B}}\langle\omega\rangle \\
&\quad - \frac{1}{2}\langle\omega\rangle g_\omega\rho_{\mathrm{B}} + A_\sigma f_\pi^2\langle\sigma\rangle^2 + C_2(\langle\sigma\rangle^2 - af_\pi^2)^2 \\
&\quad + B_\sigma f_\pi\langle\sigma\rangle(\langle\sigma\rangle^2 - af_\pi^2) + bf_\pi^3\langle\sigma\rangle\Big\} \\
&= V(\mathcal{E}_{\mathrm{N}} + \mathcal{E}_{\mathrm{S}} + \mathcal{E}_{\mathrm{V}})
\end{aligned} \tag{6.65}$$

となる．ただし

$$\begin{aligned}
\mathcal{E}_{\mathrm{N}} &= \frac{2}{\pi^2}\int_0^{p_{\mathrm{F}}} p^2\sqrt{p^2+M^{*2}}\mathrm{d}p \\
&= \frac{M^{*4}}{4\pi^2}\Big[\frac{p_{\mathrm{F}}}{M^*}\Big\{2\Big(\frac{p_{\mathrm{F}}}{M^*}\Big)^2 + 1\Big\}\sqrt{1+\Big(\frac{p_{\mathrm{F}}}{M^*}\Big)^2} \\
&\quad - \log\Big\{\frac{p_{\mathrm{F}}}{M^*} + \sqrt{1+\Big(\frac{p_{\mathrm{F}}}{M^*}\Big)^2}\Big\}\Big]
\end{aligned} \tag{6.66}$$

$$\begin{aligned}\mathcal{E}_{\mathrm{S}} &= A_\sigma f_\pi^2 \langle\sigma\rangle^2 + C_2(\langle\sigma\rangle^2 - af_\pi^2)^2 \\ &\qquad + B_\sigma f_\pi \langle\sigma\rangle(\langle\sigma\rangle^2 - af_\pi^2) + bf_\pi^3\langle\sigma\rangle \end{aligned} \tag{6.67}$$

$$\mathcal{E}_{\mathrm{V}} = g_\omega \rho_{\mathrm{B}} \langle\omega\rangle - \frac{1}{2}\langle\omega\rangle g_\omega \rho_{\mathrm{B}} = \frac{1}{2}\langle\omega\rangle g_\omega \rho_{\mathrm{B}} \tag{6.68}$$

である．核子密度 0 での定数項 E_0 を引いて，$A/V = \rho_{\mathrm{B}}$ を使い核子あたりのエネルギーを求めると

$$\begin{aligned} E_{\mathrm{B}} &= \frac{E - E_0}{A} - M_{\mathrm{N}} = \frac{E - E_0}{V}\frac{1}{\rho_{\mathrm{B}}} - M_{\mathrm{N}} \\ &= \frac{\mathcal{E}_{\mathrm{N}}}{\rho_{\mathrm{B}}} + \frac{\mathcal{E}_{\mathrm{S}}}{\rho_{\mathrm{B}}} + \frac{1}{2}\langle\omega\rangle g_\omega - \frac{E_0}{V\rho_{\mathrm{B}}} - M_{\mathrm{N}} \end{aligned} \tag{6.69}$$

となる．

6.1.3　数値計算

数値計算では，核物質の性質として，飽和性（核子密度 $\rho_0 = 0.153\,\mathrm{fm}^{-3}$（Fermi 運動量 $p_0 = 259.15\,\mathrm{MeV/c}$）で最小のエネルギー $E_{\mathrm{B}} = -16.3\,\mathrm{MeV}$ を持つ）と非圧縮率 $K \sim 300\,\mathrm{MeV}$（250〜350 MeV）を再現するようにパラメータを決める．

実際の数値計算では，崩壊定数は $f_\pi = 93\,\mathrm{MeV}$，質量として

$$\begin{aligned} M_{\mathrm{N}} &= 938.9\,\mathrm{MeV} \\ m_\pi &= 139.6\,\mathrm{MeV} \\ m_\omega &= 781.94\,\mathrm{MeV} \end{aligned}$$

を使う．

最近では σ 中間子の質量も $f_0(500)$ として質量 $400 \sim 550\,\mathrm{MeV}$ のスカラー粒子とみなされている[8]．ただし幅が $400 \sim 700\,\mathrm{MeV}$ と大きく，まだ最終的に確定したとは言えないので，ここでの計算では σ 中間子の質量として

$$m_\sigma = 500 \sim 800\,\mathrm{MeV}$$

程度に動かして数値計算した．

まず式 (6.15) から

$$\langle\omega\rangle = \frac{g_\omega \rho_{\mathrm{B}}}{2A_\omega f_\pi^2 + 2B_\omega(\langle\sigma\rangle^2 - af_\pi^2)} \tag{6.70}$$

とし，これを式 (6.14) に代入して

$$\begin{aligned} & g_\sigma \rho_{\mathrm{S}} + 2B_\omega \langle\sigma\rangle \left\{ \frac{g_\omega \rho_{\mathrm{B}}}{2A_\omega f_\pi^2 + 2B_\omega(\langle\sigma\rangle^2 - af_\pi^2)} \right\}^2 \\ & \quad = 2A_\sigma f_\pi^2 \langle\sigma\rangle + 4C_2 \langle\sigma\rangle \left(\langle\sigma\rangle^2 - af_\pi^2\right) \\ & \qquad + B_\sigma f_\pi (\langle\sigma\rangle^2 - af_\pi^2) + 2B_\sigma f_\pi \langle\sigma\rangle^2 + bf_\pi^3 \end{aligned} \tag{6.71}$$

から $\langle\sigma\rangle$ を求める．すなわち

$$\begin{aligned} & -\frac{g_\sigma \rho_{\mathrm{S}}}{f_\pi^3} - 2B_\omega \frac{\langle\sigma\rangle}{f_\pi} \frac{\langle\omega\rangle^2}{f_\pi^2} + 2A_\sigma \frac{\langle\sigma\rangle}{f_\pi} + 4C_2 \frac{\langle\sigma\rangle}{f_\pi} \left(\frac{\langle\sigma\rangle^2}{f_\pi^2} - a \right) \\ & + B_\sigma \left(3\frac{\langle\sigma\rangle^2}{f_\pi^2} - a \right) + b = 0 \end{aligned} \tag{6.72}$$

を満たすを $\langle\sigma\rangle$ 探す．

複数個の解が存在する場合には，それらの解のうち $\langle\sigma\rangle$ のポテンシャルとみなせる

$$\begin{aligned} U(\langle\sigma\rangle) = & - g_\sigma \langle\sigma\rangle \langle\overline{\psi}\psi\rangle - B_\omega \langle\omega\rangle^2 (\langle\sigma\rangle^2 - af_\pi^2) \\ & + A_\sigma f_\pi^2 \langle\sigma\rangle^2 + C_2 (\langle\sigma\rangle^2 - af_\pi^2)^2 \\ & + B_\sigma f_\pi \langle\sigma\rangle (\langle\sigma\rangle^2 - af_\pi^2) + bf_\pi^3 \langle\sigma\rangle \end{aligned} \tag{6.73}$$

を最小にする $\langle\sigma\rangle$ を解とする．

6 つのパラメータ g_σ，g_ω，B_ω，B_σ，a，b を動かして数値計算する．導入された定数のうち

$$M = M_{\mathrm{N}} - g_\sigma f_\pi \tag{6.74}$$

$$A_\omega = \frac{1}{2}\left(\frac{m_\omega}{f_\pi}\right)^2 - B_\omega(1-a) \tag{6.75}$$

$$C_2 = \frac{m_\sigma^2}{8f_\pi^2} + \frac{3+a}{8}B_\sigma - \frac{1}{8}b \tag{6.76}$$

$$A_\sigma = -\frac{1-a}{4}\frac{m_\sigma^2}{f_\pi^2} + \frac{3+a^2}{4}B_\sigma + \frac{3-a}{4}b \tag{6.77}$$

$$A_\pi = -\frac{1-a}{4}\frac{m_\sigma^2}{f_\pi^2} + \frac{1}{2}\frac{m_\pi^2}{f_\pi^2} + \frac{(1+a)^2}{4}B_\sigma + \frac{1-a}{4}b \tag{6.78}$$

はこれらの 6 つのパラメータから決まる．

パラメータが多くあるため，いくつかのパラメータセットで望ましい解が得られる．

核子の質量項のない場合，すなわち $M = 0$ とすると式 (6.41) から $g_\sigma = M_{\rm N}/f_\pi = 10.0959$ が決まり，独立なパラメータは 5 つになり，$m_\sigma = 500$，600，700，800 MeV それぞれに対して核物質の飽和性と非圧縮率 K を再現するパラメータセットが求まる．計算結果は表 6.1~6.5 に示されている．

これらの結果は後に考察するように同じ値の B_σ で $aB_\sigma - b$ が同じ値を持てば，異なる a に対しても b を変えることによって同一の結果を与える（表 6.1，6.2 参

表 6.1　$m_\sigma = 500\,\text{MeV}$，$M = 0\,(g_\sigma = 10.0959)$，$a = 0.8$

B_σ	b	g_ω	B_ω	K(MeV)
20	101	13.3636	−27.1352	303.23
	102	13.3361	−27.5437	299.23
25	111	13.4093	−29.2653	303.07
	112	13.3809	−29.6590	299.11

表 6.2　$m_\sigma = 500\,\text{MeV}$，$M = 0\,(g_\sigma = 10.0959)$，$a = 1.0$

B_σ	b	g_ω	B_ω	K(MeV)
20	105	13.3636	−27.1352	303.23
	106	13.3361	−27.5437	299.23
25	116	13.4093	−29.2653	303.07
	117	13.3809	−29.6590	299.11

表 6.3　$m_\sigma = 600\,\text{MeV}$，$M = 0\,(g_\sigma = 10.0959)$，$a = 0.8$

B_σ	b	g_ω	B_ω	K(MeV)
15	80	10.2570	2.8240	337.74
	90	10.0870	0.4140	304.59
	98	9.9567	−1.3927	283.96
20	90	10.2615	1.9030	336.02
	100	10.0906	−0.4676	302.98
	110	9.9270	−2.6630	278.06

表 6.4　$m_\sigma = 700\,\mathrm{MeV}$，$M = 0\,(g_\sigma = 10.0959)$，$a = 0.8$

B_σ	b	g_ω	B_ω	K(MeV)
40	160	7.5805	14.1082	307.62
	170	7.4674	13.4968	293.49

表 6.5　$m_\sigma = 800\,\mathrm{MeV}$，$M = 0\,(g_\sigma = 10.0959)$，$a = 0.8$

B_σ	b	g_ω	B_ω	K(MeV)	p_{C}(MeV/c)
50	263	5.1406	39.7138	304.17	371
60	280	5.1465	39.5480	303.85	372
	290	5.0732	40.2652	298.68	377

照）．以下，$m_\sigma = 600 \sim 800\,\mathrm{MeV}$ の結果においても，異なる a に関しても，B_σ および $aB_\sigma - b$ が同じであれば，g_ω，B_ω は同じ値となり，同一の結果を与える．

$m_\sigma = 600\,\mathrm{MeV}$ の結果は，B_ω の値が正の値から負の値に変化しているので，この付近で $M = 0$ かつ $B_\omega = 0$ となる解が存在することを示唆している．

$m_\sigma = 800\,\mathrm{MeV}$ の場合には，核子密度が p_{C} より高くなると m_π^{*2} が負となるが，正規核子密度（$p_0 = 259.15\,\mathrm{MeV/c}$）で m_π^{*2} が負となることはない．

例として $m_\sigma = 500\,\mathrm{MeV}$ の場合に $M = 0\,(g_\sigma = 10.0959)$，$a = 0.8$，$B_\sigma = 20$，$b = 102$，$g_\omega = 13.3361$，$B_\omega = -27.5437$ の計算結果を図 6.1〜6.3 に図示する．このとき他の定数は $A_\omega = 40.856$，$C_2 = 0.363$，$A_\sigma = 72.655$，$A_\pi = 20.981$ となる．各グラフの横軸は核子の Fermi 運動量 p_{F} で，核子密度 ρ_{B} とは

$$p_{\mathrm{F}} = \left(\frac{3}{2}\pi^2 \rho_{\mathrm{B}}\right)^{1/3}$$

の関係がある．正規核子密度は Fermi 運動量では $p_0 = 259.15\,\mathrm{MeV/c}$ となる．

核子の有効質量は核子密度とともに小さくなり，正規核子密度では $M^* = 632\,\mathrm{MeV}$ と予想されている値をほぼ再現している．中間子の有効質量は逆にすべて核子密度とともに大きくなる傾向がある．中間子の古典場 $\langle\sigma\rangle$，$\langle\omega\rangle$ の値は f_π で割った無次元の量として表示してある．ともに核子密度とともに大きくなる．

$B_\sigma = 0$ の場合には，m_σ の小さな場合には飽和性を満たせても非圧縮率が $K > 300\,\mathrm{MeV}$ となってしまい，解が見つけられなかった．$m_\sigma = 800\,\mathrm{MeV}$ の場合には飽和性を満たし，$K \sim 300\,\mathrm{MeV}$ となる解が得られた（表 6.6）．ただし，

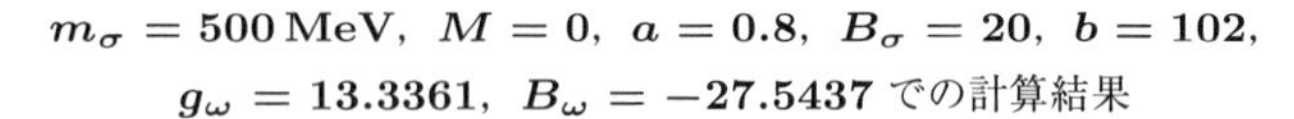

$m_\sigma = 500\,\mathrm{MeV}$, $M = 0$, $a = 0.8$, $B_\sigma = 20$, $b = 102$,
$g_\omega = 13.3361$, $B_\omega = -27.5437$ での計算結果

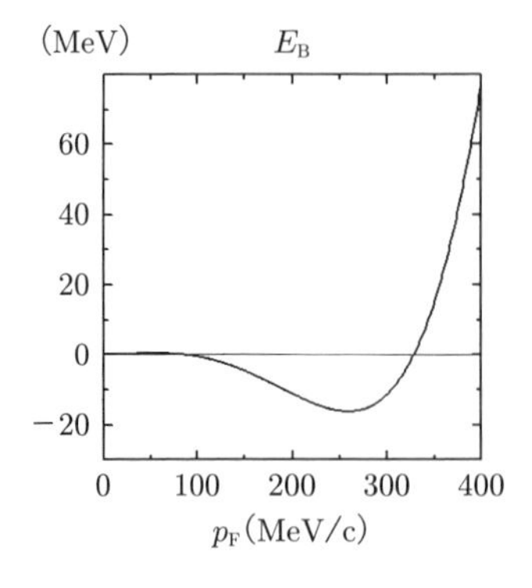

図 6.1　核子あたりのエネルギー

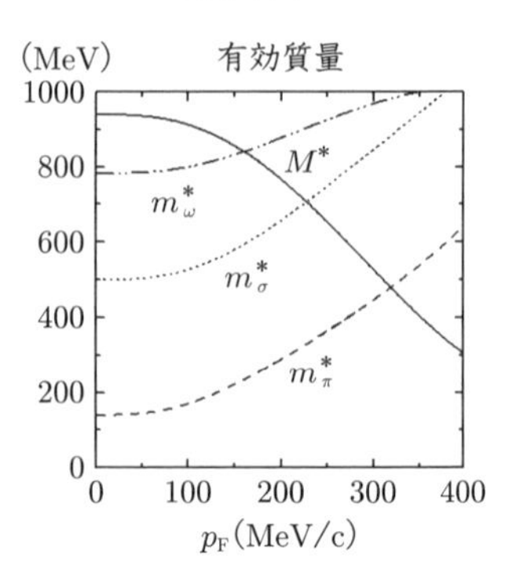

図 6.2　有効質量

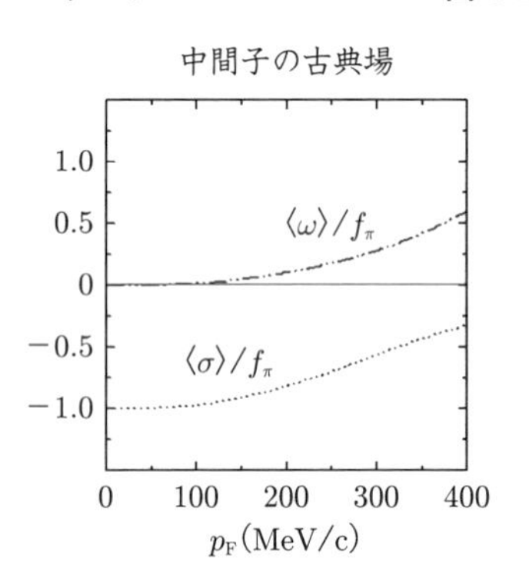

図 6.3　古典場$/f_\pi$

この場合には正規核子密度以下の核子密度で $m_\pi^{*2} < 0$ となってしまい，これより高密度では π 中間子の 2 乗の値は負となる．m_π^{*2} の値が 0 となる核子密度 p_C も表 6.6 に示されている．すべてのパラメータセットに対して $p_C < p_0$ となっている．$B_\sigma = 0$ の場合には a 依存性はない．すなわち a の値を変えても同じ結果が得られる．

さらに導入されたベクトル中間子とカイラルループ項との相互作用項のない場合（$B_\omega = 0$）についても検討した．$m_\sigma = 500\,\mathrm{MeV}$ に対して，いくつかのパラメータセットで $K \sim 300\,\mathrm{MeV}$ となり，飽和性を満たす解が得られた．結果は表 6.7, 6.8 に示してある．B_σ と $aB_\sigma - b$ が等しければ同じパラメータとなるが，ここで

表 6.6　$m_\sigma = 800\,\mathrm{MeV}$，$B_\sigma = 0$，$a = 0.8$

b	B_ω	g_σ	g_ω	K(MeV)	p_{C}(MeV/c)
10	160	7.1740	0.9605	308.27	162
	170	7.1336	0.7843	291.50	163
20	160	7.2284	0.9782	308.83	171
	170	7.1866	0.8027	292.37	172
50	160	7.3867	1.0305	309.85	215
	170	7.3404	0.8548	294.42	215
73	160	7.5038	1.0683	310.05	242
	170	7.4522	0.8911	295.48	241

表 6.7　$m_\sigma = 500\,\mathrm{MeV}$，$B_\omega = 0$，$a = 0.8$

b	B_σ	g_σ	g_ω	K(MeV)
80	22	8.1306	9.5991	307.81
	21	8.1013	9.4730	298.31
100	33	7.9128	9.1643	302.71
	32	7.8951	9.0620	294.45
120	45	7.7534	8.9021	305.38
	44	7.7435	8.8145	297.56

表 6.8　$m_\sigma = 500\,\mathrm{MeV}$，$B_\omega = 0$，$a = 1.0$

b	B_σ	g_σ	g_ω	K(MeV)
55	6.6	8.4892	10.2191	302.37
60	10	8.4651	10.2489	313.89
	9	8.4058	10.0567	301.12
	8	8.3503	9.8752	289.99
65	12	8.3608	10.0130	306.88
	11	8.3097	9.8380	295.45

は $a = 0.8$ と $a = 1.0$ に対し，異なる B_σ，$aB_\sigma - b$ の値となる結果を示してある．$p_{\mathrm{F}} \leq 400\,\mathrm{MeV/c}$ の範囲で $m_\pi^{*2} < 0$ となることはない．

$m_\sigma = 500\,\mathrm{MeV}$ での $B_\omega = 0$ となる例として $a = 0.8$，$b = 100$，$B_\sigma = 33$，$g_\sigma = 7.9128$，$g_\omega = 9.1643$ の場合の結果を図示する (図 6.4~6.6)．このとき $K = 302.71\,\mathrm{MeV}$ となった．他の定数は $A_\omega = 35.347$，$C_2 = 6.788$，$A_\sigma = 83.585$，$A_\pi = 31.411$ となる．

$\boldsymbol{m_\sigma = 500\,\mathrm{MeV},\ B_\omega = 0,\ a = 0.8,\ b = 100,\ B_\sigma = 33,}$
$\boldsymbol{g_\sigma = 7.9128,\ g_\omega = 9.1643}$ での計算結果

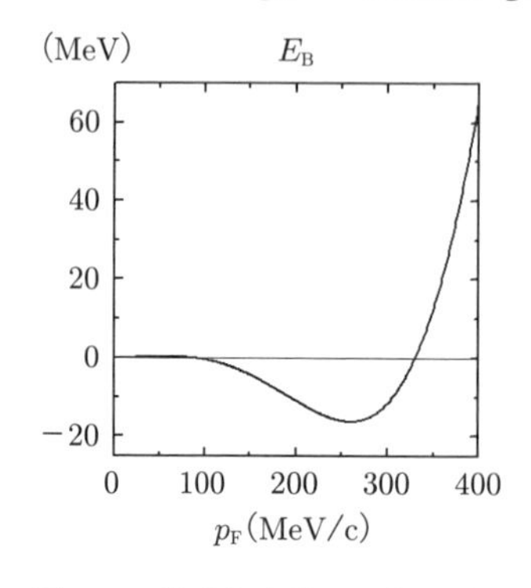

図 6.4 核子あたりのエネルギー

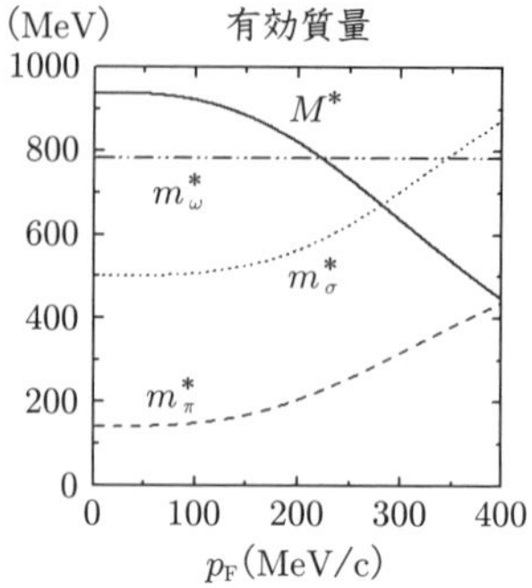

図 6.5 有効質量

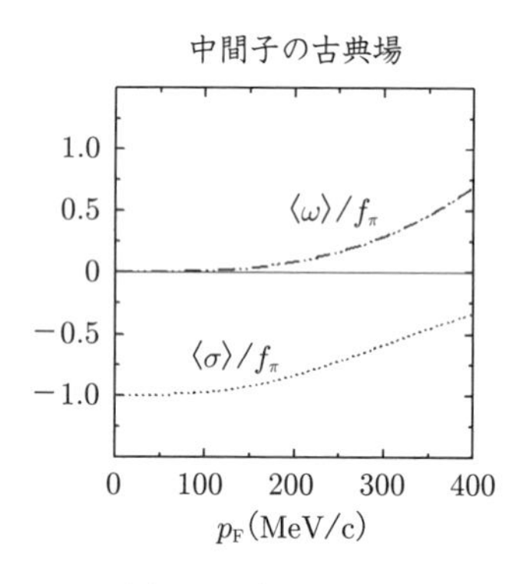

図 6.6 古典場/f_π

m_ω^* は核子密度による変化はないが，他の粒子の有効質量や古典場の値については $M=0$ とした場合と同じような傾向がみられ，核子の有効質量 M^* は核子密度とともに小さくなり，スカラー系中間子の有効質量は逆に大きくなる．核子の有効質量は正規核子密度で $M^* = 716\,\mathrm{MeV}$ となる．

同様に $m_\sigma = 600\,\mathrm{MeV}$ に対しても，いくつかのパラメータセットで $K \sim 300\,\mathrm{MeV}$ となり，飽和性を満たす解が得られた（表 6.9）．$m_\sigma = 500\,\mathrm{MeV}$ の場合と同様，$p_{\mathrm{F}} < 400\,\mathrm{MeV/c}$ の範囲で m_π^{*2} が負となることはなかった．

非圧縮率の違いを見るために図 6.7 に $m_\sigma = 500\,\mathrm{MeV}$，$a = 0.8$，$B_\omega = 0$，$b = 100$ に対し，B_σ を動かして異なる K の場合を計算した結果を示す．実線は

表 6.9　$m_\sigma = 600\,\mathrm{MeV}$，$B_\omega = 0$，$a = 0.8$

B_σ	b	g_σ	g_ω	$K(\mathrm{MeV})$
30	115	9.9610	9.9359	311.60
	120	9.8337	9.6209	295.03
40	130	9.8860	9.8885	320.90
	135	9.7688	9.5849	303.14
	140	9.6698	9.3164	288.87

非圧縮率の違い

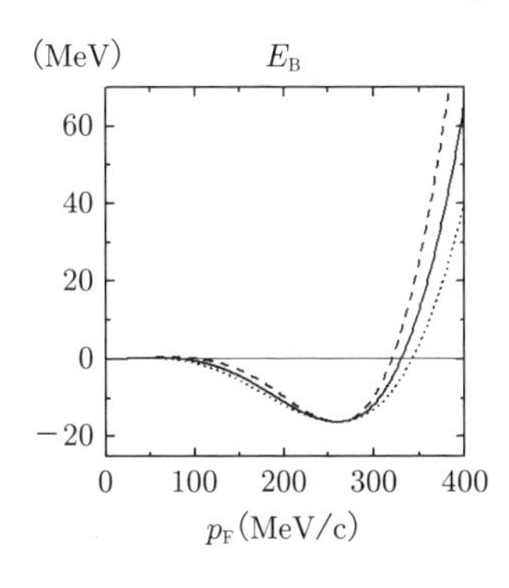

図 6.7　$m_\sigma = 500$ MeV

図 6.8　$m_\sigma = 600$ MeV

$K = 302.71\,\mathrm{MeV}$（$B_\sigma = 33$），破線は $K = 420.84\,\mathrm{MeV}$（$B_\sigma = 42$），点線は $K = 228.43\,\mathrm{MeV}$（$B_\sigma = 19$）の場合である．同様に $m_\sigma = 600\,\mathrm{MeV}$，$a = 0.8$，$B_\omega = 0$，$B_\sigma = 40$ に対し，b を動かして異なる K の場合を計算した（図 6.8）．実線は $K = 303.14\,\mathrm{MeV}$（$b = 135$），破線は $K = 628.11\,\mathrm{MeV}$（$b = 100$），点線は $K = 226.14\,\mathrm{MeV}$（$b = 150$）の場合である．

$m_\sigma = 800\,\mathrm{MeV}$ に対してもいくつかのパラメータセットで $K \sim 300\,\mathrm{MeV}$ となり，飽和性を満たす解が得られた（表 6.10）．$p_\mathrm{F} < 400\,\mathrm{MeV/c}$ では m_π^{*2} が負となることはなかった．

$B_\omega = 0$ でかつ $M = 0$ とすると，$m_\sigma = 500\,\mathrm{MeV}$ では飽和性を満たすことはできるが非圧縮率が大きすぎる．予想通り $m_\sigma \geq 600\,\mathrm{MeV}$ に対しては解が見つかる．$m_\sigma = 600\,\mathrm{MeV}$（表 6.11），$m_\sigma = 800\,\mathrm{MeV}$（表 6.12）に対する計算結果を示す．これらの解は $p_\mathrm{F} < 400\,\mathrm{MeV/c}$ で m_π^{*2} が負となることはなかった．

中間子の質量項として導入された項の係数を等しく取り $A_\pi = A_\sigma$ としてカイ

表 6.10　$m_\sigma = 800\,\mathrm{MeV}$，$B_\omega = 0$，$a = 0.8$

B_σ	b	g_σ	g_ω	K(MeV)
30	170	13.8097	10.5918	321.04
	180	13.5800	10.2240	303.66
	187	13.4403	9.9941	293.70
40	190	13.6732	10.4133	316.91
	200	13.4630	10.0691	300.58
	210	13.2830	9.7651	287.37
50	210	13.5472	10.2468	312.96
	220	13.3558	9.9251	297.71
	230	13.1917	9.6399	285.24
60	230	13.4327	10.0931	309.41
	240	13.2574	9.7909	295.02

表 6.11　$m_\sigma = 600\,\mathrm{MeV}$，$B_\omega = 0$，$M = 0$，$a = 0.8$

b	B_σ	g_ω	K(MeV)
100	21.58	10.1436	312.11
90	13.65	10.0435	297.10

表 6.12　$m_\sigma = 800\,\mathrm{MeV}$，$B_\omega = 0$，$M = 0$，$a = 0.8$

b	B_σ	g_ω	K(MeV)
3200	1796.63	6.73	305.63
3300	1849.28	6.65	298.46

ラル不変となるように直すと，式 (6.21)，(6.22) より

$$m_\sigma^{*2} - m_\pi^{*2} = 8\,C_2\langle\sigma\rangle^2 + 4B_\sigma f_\pi\langle\sigma\rangle \tag{6.79}$$

となり，真空中では

$$m_\sigma^2 - m_\pi^2 = (8\,C_2 - 4B_\sigma)f_\pi^2 \tag{6.80}$$

となる．式 (6.43) より真空中での π 中間子の質量は

$$m_\pi^2 = \{B_\sigma(1-a) + b\}f_\pi^2 \tag{6.81}$$

となるので B_σ をパラメータとして

表 6.13　$m_\sigma = 500\,\text{MeV}$, $A_\sigma = A_\pi$, $a = 0.8$

B_σ	B_ω	g_σ	g_ω	K(MeV)	p_{C}(MeV/c)
-6	104	4.4929	0.9442	307.81	216
$(b = 3.45)$	106	4.4841	0.8874	302.37	216
	107	4.4801	0.8598	299.68	217
	108	4.4761	0.8323	297.04	217
-5	105	4.4618	0.9013	304.50	211
$(b = 3.25)$	106	4.4578	0.8733	301.75	211
	107	4.4537	0.8454	299.04	211
	108	4.4501	0.8183	296.34	211

$$b = \frac{m_\pi^2}{f_\pi^2} - B_\sigma(1-a)$$
$$C_2 = \frac{m_\sigma^2 - m_\pi^2}{8f_\pi^2} + \frac{B_\sigma}{2}$$

が決まってしまう．

この場合 $m_\sigma = 500\,\text{MeV}$ に対し解は求まるが，p_{C} の値が正規核子密度以下となり，正規核子密度領域では $m_\pi^{*2} < 0$ となる．a 依存性はなく，a を変化させても結果に変化はない．

$m_\pi^{*2} < 0$ となる例として $m_\sigma = 500\,\text{MeV}$, $A_\sigma = A_\pi = -4.206$, $a = 0.8$, $B_\sigma = -5$, $B_\omega = 107$, $g_\sigma = 4.4537$, $g_\omega = 0.8454$ の場合の結果を図示する（図 6.9〜6.11）．このとき $K = 299.04\,\text{MeV}$ となった．$p_{\text{F}} \geq 211\,\text{MeV/c}$ で $m_\pi^{*2} < 0$ となる．他の定数は，$b = 3.25$, $A_\omega = 13.947$, $C_2 = 0.831$ であった．見てすぐわかる今までの $m_\pi^{*2} > 0$ の場合の計算結果との大きな違いは中間子の有効質量である．π 中間子の質量は $p_{\text{C}} = 211\,\text{MeV/c}$ で 0 となり，他の中間子の有効質量も核子密度とともに小さくなっている．ω 中間子の有効質量は p_{C} 周辺で急激に変化し，それ以上の核子密度領域では徐々に大きくなる．核子の有効質量は核子密度による大きな変化はなく大きな値が維持されている．

$m_\sigma = 800\,\text{MeV}$ に対しても同様に $B_\sigma \leq 7$ の範囲で解が求まる（表 6.14）．これらの解はすべて p_{C} の値が正規核子密度以下で，正規核子密度領域では $m_\pi^{*2} < 0$ となっている．特に，$A_\sigma = A_\pi$ でなおかつ $B_\sigma = 0$ となる解が存在する．

$\boldsymbol{m_\sigma = 500\,\mathrm{MeV},\ A_\sigma = A_\pi = -4.206,\ a = 0.8,\ B_\sigma = -5,\ B_\omega = 107,}$
$\boldsymbol{g_\sigma = 4.4537,\ g_\omega = 0.8454}$ での計算結果

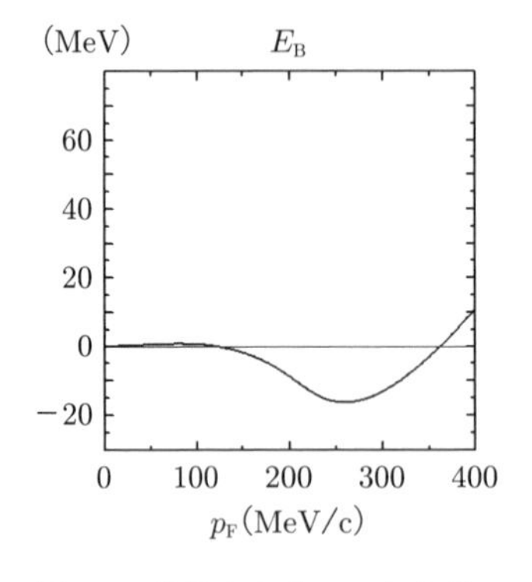

図 6.9　核子あたりのエネルギー

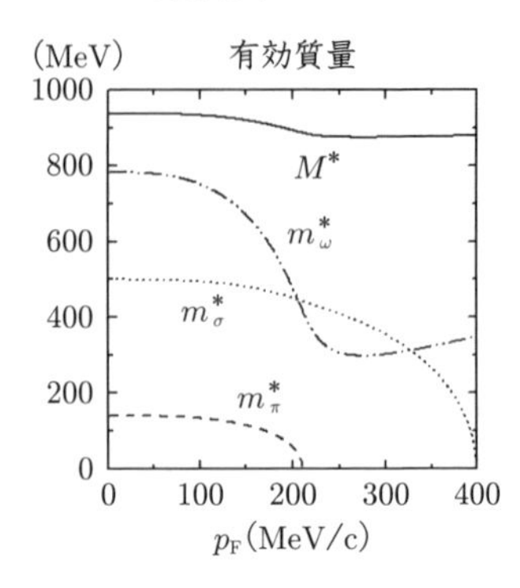

図 6.10　有効質量

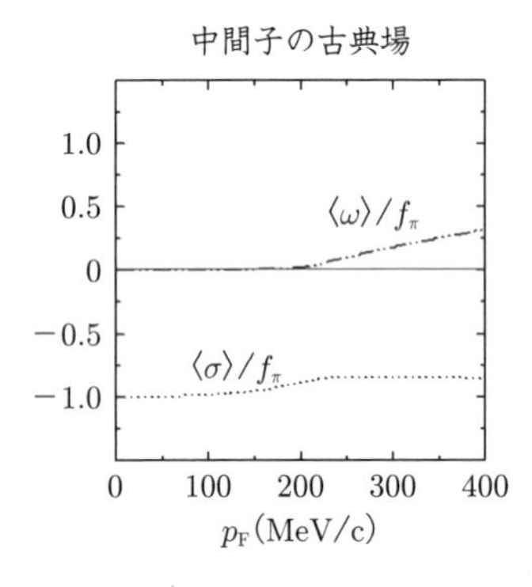

図 6.11　古典場/f_π

表 6.14　$m_\sigma = 800\,\mathrm{MeV}$，$A_\sigma = A_\pi$，$a = 0.8$

B_σ	B_ω	g_σ	g_ω	K(MeV)	$p_{\rm C}$(MeV/c)
7	163	7.1186	0.8913	302.52	157
	164	7.1148	0.8737	300.80	157
	165	7.1108	0.8561	299.09	157
0	163	7.1185	0.8913	302.52	157
	164	7.1147	0.8737	300.80	157
	165	7.1109	0.9562	299.09	157
−10	164	7.2205	0.9099	302.28	173
	165	7.2162	0.8922	300.64	174
	166	7.2119	0.8746	299.00	174

6.2 π 中間子対凝縮を考慮した場合

$m_\pi^{*2} < 0$ となる領域では π 中間子の質量項 $\frac{1}{2}m_\pi^{*2}\boldsymbol{\pi}^2$ がエネルギーを小さくする方向に働くので，π 中間子の古典場が存在した方が有利になると考えられる．そこで時間・空間一様な π 中間子の古典場（平均場）の存在を考える．パリティの保存から，Fermi ガス分布状態の核物質の基底状態では $\langle\boldsymbol{\pi}\rangle = 0$ と考えられるが，擬スカラーの π 中間子 2 つが対となりスカラー状態を作る場合を想定して古典場 $\langle\boldsymbol{\pi}^2\rangle$ を考える．

C_2 の項には $\boldsymbol{\pi}^4$ が存在するが，この項はカイラルループ相互作用として働くので，$\langle\boldsymbol{\pi}^2\rangle$ の 2 乗と考える．また σ 中間子，ω 中間子に対しては今までと同じく

$$\sigma \ \rightarrow \ \langle\sigma\rangle \tag{6.82}$$

$$\omega^\mu \ \rightarrow \ \langle\omega\rangle\delta_{\mu 0} \tag{6.83}$$

と仮定する．

π 中間子対の古典場の存在を考慮した場合の中間子の運動方程式 (6.4)，(6.6) は

$$\begin{aligned} & g_\sigma\langle\overline{\psi}\psi\rangle + 2B_\omega\langle\sigma\rangle\langle\omega\rangle^2 - 2A_\sigma f_\pi^2\langle\sigma\rangle - 4C_2\langle\sigma\rangle(\langle\sigma\rangle^2 + \langle\boldsymbol{\pi}^2\rangle - af_\pi^2) \\ & - B_\sigma f_\pi(\langle\sigma\rangle^2 + \langle\boldsymbol{\pi}^2\rangle - af_\pi^2) - 2B_\sigma f_\pi\langle\sigma\rangle^2 - bf_\pi^3 \ = \ 0 \end{aligned} \tag{6.84}$$

$$\begin{aligned} & g_\omega\langle\overline{\psi}\gamma^0\psi\rangle - \ 2A_\omega f_\pi^2\langle\omega\rangle - 2B_\omega(\langle\sigma\rangle^2 + \langle\boldsymbol{\pi}^2\rangle - af_\pi^2)\langle\omega\rangle \\ & = \ 0 \end{aligned} \tag{6.85}$$

となる．核子分布に対しても平均操作を仮定した．

π 中間子の運動方程式 (6.5) はすべての項が 0 となってしまうので，π 中間子の古典場に対してはハミルトニアン密度 (6.10) に対し，平均場近似を適用し，そのハミルトニアン密度が π 中間子対の古典場に対して最小となるという条件を付ける．平均場近似したハミルトニアン密度は

$$\begin{aligned} \langle\mathcal{H}_{\mathrm{ExLS}}\rangle \ = & \langle\overline{\psi}i\vec{\gamma}\cdot\vec{\nabla}\psi\rangle + (M - g_\sigma\langle\sigma\rangle)\langle\overline{\psi}\psi\rangle + g_\omega\langle\overline{\psi}\gamma^0\psi\rangle\langle\omega\rangle \\ & - A_\omega f_\pi^2\langle\omega\rangle^2 - B_\omega(\langle\sigma\rangle^2 + \langle\boldsymbol{\pi}^2\rangle - af_\pi^2)\langle\omega\rangle^2 \end{aligned}$$

$$+ A_\sigma f_\pi^2 \langle\sigma\rangle^2 + A_\pi f_\pi^2 \langle\boldsymbol{\pi}^2\rangle + C_2(\langle\sigma\rangle^2 + \langle\boldsymbol{\pi}^2\rangle - af_\pi^2)^2$$
$$+ B_\sigma f_\pi \langle\sigma\rangle(\langle\sigma\rangle^2 + \langle\boldsymbol{\pi}^2\rangle - af_\pi^2) + bf_\pi^3\langle\sigma\rangle \tag{6.86}$$

となるから

$$\frac{\partial\langle\mathcal{H}_{\mathrm{E}x\mathrm{LS}}\rangle}{\partial\langle\boldsymbol{\pi}^2\rangle} = -B_\omega\langle\omega\rangle^2 + A_\pi f_\pi^2 + 2C_2(\langle\sigma\rangle^2 + \langle\boldsymbol{\pi}^2\rangle - af_\pi^2)$$
$$+ B_\sigma f_\pi\langle\sigma\rangle = 0 \tag{6.87}$$

となる．中間子場 $\langle\sigma\rangle$，$\langle\omega\rangle$ に対しても同じ処理を行えば式 (6.84)，(6.85) と同じ式が求まる．このように π 中間子対の古典場 $\langle\boldsymbol{\pi}^2\rangle$ の存在する状態を π 中間子対凝縮状態と呼ぶ．

6.2.1　有効質量

次に有効質量の計算のため，中間子場を古典場とそのゆらぎを使って

$$\sigma \longrightarrow \langle\sigma\rangle + \tilde{\sigma} \tag{6.88}$$
$$\boldsymbol{\pi} \longrightarrow \tilde{\boldsymbol{\pi}} \tag{6.89}$$
$$\boldsymbol{\pi}^2 \longrightarrow \langle\boldsymbol{\pi}^2\rangle + \tilde{\boldsymbol{\pi}}^2 \tag{6.90}$$
$$\omega_\mu \longrightarrow \langle\omega\rangle\delta_{\mu 0} + \tilde{\omega}_\mu \tag{6.91}$$

と書き，ラグランジアン密度 (6.1) に代入して整理すると

$$\begin{aligned}\mathcal{L}_{\mathrm{E}x\mathrm{LS}} =& \overline{\psi}i\gamma^\mu\partial_\mu\psi - (M - g_\sigma\langle\sigma\rangle)\overline{\psi}\psi - g_\omega\overline{\psi}\gamma^0\langle\omega\rangle\psi \\ &+ g_\sigma\overline{\psi}(\tilde{\sigma} + i\gamma_5\boldsymbol{\tau}\cdot\tilde{\boldsymbol{\pi}})\psi - g_\omega\overline{\psi}\gamma^\mu\tilde{\omega}_\mu\psi + \frac{1}{2}(\partial_\mu\tilde{\sigma})^2 \\ &+ \frac{1}{2}(\partial_\mu\tilde{\boldsymbol{\pi}})^2 - \frac{1}{4}\tilde{F}_{\mu\nu}\tilde{F}^{\mu\nu} + A_\omega f_\pi^2(\langle\omega\rangle\delta_{\mu 0} + \tilde{\omega}_\mu)^2 \\ &+ B_\omega\{(\langle\sigma\rangle + \tilde{\sigma})^2 + \langle\boldsymbol{\pi}^2\rangle + \tilde{\boldsymbol{\pi}}^2 - af_\pi^2\}(\langle\omega\rangle\delta_{\mu 0} + \tilde{\omega}_\mu)^2 \\ &- A_\sigma f_\pi^2(\langle\sigma\rangle + \tilde{\sigma})^2 - A_\pi f_\pi^2(\langle\boldsymbol{\pi}^2\rangle + \tilde{\boldsymbol{\pi}}^2) \\ &- C_2[\{(\langle\sigma\rangle + \tilde{\sigma})^2 - af_\pi^2\}^2 + 2\{(\langle\sigma\rangle + \tilde{\sigma})^2 - af_\pi^2\} \\ &\quad\times(\langle\boldsymbol{\pi}^2\rangle + \tilde{\boldsymbol{\pi}}^2) + (\langle\boldsymbol{\pi}^2\rangle + \tilde{\boldsymbol{\pi}}^2)^2]\end{aligned}$$

$$
\begin{aligned}
&- B_\sigma f_\pi(\langle\sigma\rangle + \tilde{\sigma})\{(\langle\sigma\rangle + \tilde{\sigma})^2 + \langle\boldsymbol{\pi}^2\rangle + \tilde{\boldsymbol{\pi}}^2 - af_\pi^2\} \\
&- bf_\pi^3(\langle\sigma\rangle + \tilde{\sigma}) \\
=& \overline{\psi} i\gamma^\mu \partial_\mu \psi - (M - g_\sigma\langle\sigma\rangle)\overline{\psi}\psi - g_\omega\langle\omega\rangle\overline{\psi}\gamma^0\psi \\
&+ g_\sigma\overline{\psi}(\tilde{\sigma} + i\gamma_5\boldsymbol{\tau}\cdot\tilde{\boldsymbol{\pi}})\psi - g_\omega\overline{\psi}\gamma^\mu\tilde{\omega}_\mu\psi + \frac{1}{2}(\partial_\mu\tilde{\sigma})^2 \\
&+ \frac{1}{2}(\partial_\mu\tilde{\boldsymbol{\pi}})^2 - \frac{1}{4}\tilde{F}_{\mu\nu}\tilde{F}^{\mu\nu} + A_\omega f_\pi^2\langle\omega\rangle^2 \\
&+ B_\omega(\langle\sigma\rangle^2 + \langle\boldsymbol{\pi}^2\rangle - af_\pi^2)\langle\omega\rangle^2 - A_\sigma f_\pi^2\langle\sigma\rangle^2 - A_\pi f_\pi^2\langle\boldsymbol{\pi}^2\rangle \\
&- C_2\{(\langle\sigma\rangle^2 - af_\pi^2)^2 + 2(\langle\sigma\rangle^2 - af_\pi^2)\langle\boldsymbol{\pi}^2\rangle + \langle\boldsymbol{\pi}^2\rangle^2\} \\
&- B_\sigma f_\pi(\langle\sigma\rangle^3 + \langle\sigma\rangle\langle\boldsymbol{\pi}^2\rangle - af_\pi^2\langle\sigma\rangle) - bf_\pi^3(\langle\sigma\rangle \\
&+ 2\{A_\omega f_\pi^2 + B_\omega(\langle\sigma\rangle^2 + \langle\boldsymbol{\pi}^2\rangle - af_\pi^2)\}\langle\omega\rangle\tilde{\omega}_0 \\
&+ [\,2B_\omega\langle\sigma\rangle\langle\omega\rangle^2 - 2A_\sigma f_\pi^2\langle\sigma\rangle \\
&\quad - C_2\{4\langle\sigma\rangle(\langle\sigma\rangle^2 - af_\pi^2) + 4\langle\sigma\rangle\langle\boldsymbol{\pi}^2\rangle\} \\
&\quad - B_\sigma f_\pi(3\langle\sigma\rangle^2 + \langle\boldsymbol{\pi}^2\rangle - af_\pi^2) - bf_\pi^3\,]\,\tilde{\sigma} \\
&+ \{A_\omega f_\pi^2 + B_\omega(\langle\sigma\rangle^2 + \langle\boldsymbol{\pi}^2\rangle - af_\pi^2)\}\,\tilde{\omega}_\mu^2 \\
&\quad + 4B_\omega\langle\sigma\rangle\langle\omega\rangle\tilde{\sigma}\,\tilde{\omega}_0 \\
&+ [\,B_\omega\langle\omega\rangle^2 - A_\sigma f_\pi^2 - C_2\{2(2\langle\sigma\rangle^2 + \langle\sigma\rangle^2 - af_\pi^2) \\
&\quad + 2\langle\boldsymbol{\pi}^2\rangle\} - 3B_\sigma f_\pi\langle\sigma\rangle\,]\,\tilde{\sigma}^2 \\
&+ [\,B_\omega\langle\omega\rangle^2 - A_\pi f_\pi^2 - C_2\{2(\langle\sigma\rangle^2 - af_\pi^2) \\
&\quad + 2\langle\boldsymbol{\pi}^2\rangle\} - B_\sigma f_\pi\langle\sigma\rangle\,]\,\tilde{\boldsymbol{\pi}}^2 \\
&+ 2B_\omega\langle\omega\rangle\tilde{\omega}_0(\tilde{\sigma}^2 + \tilde{\boldsymbol{\pi}}^2) + 2B_\omega\langle\sigma\rangle\tilde{\sigma}\,\tilde{\omega}_\mu^2 \\
&+ B_\omega(\tilde{\sigma}^2 + \tilde{\boldsymbol{\pi}}^2)\,\tilde{\omega}_\mu^2 \\
&- C_2\{4\langle\sigma\rangle\tilde{\sigma}^3 + 4\langle\sigma\rangle\tilde{\sigma}\tilde{\boldsymbol{\pi}}^2 + \tilde{\sigma}^4 + 2\tilde{\sigma}^2\tilde{\boldsymbol{\pi}}^2 + \tilde{\boldsymbol{\pi}}^4\} \\
&- B_\sigma f_\pi(\tilde{\sigma}^3 + \tilde{\sigma}\tilde{\boldsymbol{\pi}}^2)
\end{aligned}
\tag{6.92}
$$

となる.

核子の有効質量は $\overline{\psi}\psi$ の係数から

$$M^* = M - g_\sigma\langle\sigma\rangle \tag{6.93}$$

と決められる．

中間子の有効質量はゆらぎの 2 乗項の係数から

$$\begin{aligned}\sigma\ :\ m_\sigma^{*2} =& -2B_\omega\langle\omega\rangle^2 + 2A_\sigma f_\pi^2 + 2C_2\{2(3\langle\sigma\rangle^2 - af_\pi^2) \\ &+ 2\langle\boldsymbol{\pi}^2\rangle\} + 6B_\sigma f_\pi\langle\sigma\rangle \qquad (6.94)\\ =& 2f_\pi^2\Big\{ -B_\omega\frac{\langle\omega\rangle^2}{f_\pi^2} + A_\sigma + 2C_2\left(3\frac{\langle\sigma\rangle^2}{f_\pi^2} + \frac{\langle\boldsymbol{\pi}^2\rangle}{f_\pi^2} - a\right) \\ &+ 3B_\sigma\frac{\langle\sigma\rangle}{f_\pi}\Big\} \qquad (6.95)\\ \boldsymbol{\pi}\ :\ m_\pi^{*2} =& -2B_\omega\langle\omega\rangle^2 + 2A_\pi f_\pi^2 + 2C_2\{2(\langle\sigma\rangle^2 - af_\pi^2) \\ &+ 2\langle\boldsymbol{\pi}^2\rangle\} + 2B_\sigma f_\pi\langle\sigma\rangle \qquad (6.96)\\ =& 2f_\pi^2\Big\{ -B_\omega\frac{\langle\omega\rangle^2}{f_\pi^2} + A_\pi + 2C_2\left(\frac{\langle\sigma\rangle^2}{f_\pi^2} + \frac{\langle\boldsymbol{\pi}^2\rangle}{f_\pi^2} - a\right) \\ &+ B_\sigma\frac{\langle\sigma\rangle}{f_\pi}\Big\} \qquad (6.97)\\ \omega\ :\ m_\omega^{*2} =& 2A_\omega f_\pi^2 + 2B_\omega(\langle\sigma\rangle^2 + \langle\boldsymbol{\pi}^2\rangle - af_\pi^2) \qquad (6.98)\\ =& 2f_\pi^2\Big\{A_\omega + B_\omega\left(\frac{\langle\sigma\rangle^2}{f_\pi^2} + \frac{\langle\boldsymbol{\pi}^2\rangle}{f_\pi^2} - a\right)\Big\} \qquad (6.99)\end{aligned}$$

と定義される．

式 (6.84) を使うと (6.94) は

$$\begin{aligned}m_\sigma^{*2} =& 8C_2\langle\sigma\rangle^2 + \{g_\sigma\langle\overline{\psi}\psi\rangle - B_\sigma f_\pi(\langle\sigma\rangle^2 + \langle\boldsymbol{\pi}^2\rangle - af_\pi^2) \\ &+ 4B_\sigma f_\pi\langle\sigma\rangle^2 - bf_\pi^3\}/\langle\sigma\rangle\end{aligned} \tag{6.100}$$

となり，また式 (6.87) の条件から (6.96) は 0 となる．

$$m_\pi^{*2} = 0 \tag{6.101}$$

第 5 章で議論したように，$m_\pi^{*2} = 0$ となるのは $\langle\boldsymbol{\pi}^2\rangle$ の存在を仮定した結果である．核子密度 0 では $m_\pi \neq 0$ となるはずで，$m_\pi^{*2} = 0$ は成り立たない．このことは核子密度 0 の領域では $\langle\boldsymbol{\pi}^2\rangle$ は存在せず，前節で議論した σ 中間子凝縮状態になっていると考えられる．それ故，前節で核子密度 0 に対して決められた定数はそのまま π 中間子対凝縮状態での計算にも使われる．

ω 中間子に対しては，式 (6.85) を使うと式 (6.98) は

$$m_\omega^{*2} = g_\omega \langle \overline{\psi} \gamma^0 \psi \rangle / \langle \omega \rangle \tag{6.102}$$

となり，前節の式 (6.31) と同じ結果になる．

6.2.2 エネルギー

中間子に対し平均場近似を施したハミルトニアン密度は

$$\begin{aligned} \mathcal{H}^*_{\mathrm{E}x\mathrm{LS}} =& \overline{\psi} i \vec{\gamma} \cdot \vec{\nabla} \psi + (M - g_\sigma \langle \sigma \rangle) \overline{\psi} \psi + g_\omega \langle \omega \rangle \overline{\psi} \gamma^0 \psi \\ & - A_\omega f_\pi^2 \langle \omega \rangle^2 - B_\omega (\langle \sigma \rangle^2 + \langle \boldsymbol{\pi}^2 \rangle - a f_\pi^2) \langle \omega \rangle^2 \\ & + A_\sigma f_\pi^2 \langle \sigma \rangle^2 + A_\pi f_\pi^2 \langle \boldsymbol{\pi}^2 \rangle + C_2 (\langle \sigma \rangle^2 + \langle \boldsymbol{\pi}^2 \rangle - a f_\pi^2)^2 \\ & + B_\sigma f_\pi \langle \sigma \rangle (\langle \sigma \rangle^2 + \langle \boldsymbol{\pi}^2 \rangle - a f_\pi^2) + b f_\pi^3 \langle \sigma \rangle \end{aligned} \tag{6.103}$$

となり，質量 $M - g_\sigma \langle \sigma \rangle$ でエネルギーが $g_\omega \langle \omega \rangle$ だけ大きくなった自由粒子のハミルトニアン密度である．故に，核子は自由粒子であり，Fermi ガス分布をするものと考えられる．

核物質の Fermi ガス分布状態でのエネルギーは

$$\begin{aligned} E =& \langle F | \mathcal{H}^*_{\mathrm{E}x\mathrm{LS}} | F \rangle \\ =& \langle F | \overline{\psi} i \vec{\gamma} \cdot \vec{\nabla} \psi + (M - g_\sigma \langle \sigma \rangle) \overline{\psi} \psi + g_\omega \langle \omega \rangle \overline{\psi} \gamma^0 \psi | F \rangle \\ & + V \{ - A_\omega f_\pi^2 \langle \omega \rangle^2 - B_\omega (\langle \sigma \rangle^2 + \langle \boldsymbol{\pi}^2 \rangle - a f_\pi^2) \langle \omega \rangle^2 \\ & + A_\sigma f_\pi^2 \langle \sigma \rangle^2 + A_\pi f_\pi^2 \langle \boldsymbol{\pi}^2 \rangle + C_2 (\langle \sigma \rangle^2 + \langle \boldsymbol{\pi}^2 \rangle - a f_\pi^2)^2 \\ & + B_\sigma f_\pi \langle \sigma \rangle (\langle \sigma \rangle^2 + \langle \boldsymbol{\pi}^2 \rangle - a f_\pi^2) + b f_\pi^3 \langle \sigma \rangle \} \\ =& V \Big\{ \sum_{s,I} \int_0^{\vec{p}_\mathrm{F}} \frac{\mathrm{d}^3 p}{(2\pi)^3} (\sqrt{p^2 + M^{*2}} + g_\omega \langle \omega \rangle) \\ & - A_\omega f_\pi^2 \langle \omega \rangle^2 - B_\omega (\langle \sigma \rangle^2 + \langle \boldsymbol{\pi}^2 \rangle - a f_\pi^2) \langle \omega \rangle^2 \\ & + A_\sigma f_\pi^2 \langle \sigma \rangle^2 + A_\pi f_\pi^2 \langle \boldsymbol{\pi}^2 \rangle + C_2 (\langle \sigma \rangle^2 + \langle \boldsymbol{\pi}^2 \rangle - a f_\pi^2)^2 \end{aligned}$$

$$+ B_\sigma f_\pi \langle\sigma\rangle(\langle\sigma\rangle^2 + \langle\boldsymbol{\pi}^2\rangle - a f_\pi^2) + b f_\pi^3 \langle\sigma\rangle\Big\}$$

となり，これに式 (6.85) を使えば

$$\begin{aligned} E =& V\Big\{4\frac{4\pi}{(2\pi)^3}\int_0^{p_\mathrm{F}} p^2\sqrt{p^2+M^{*2}}\mathrm{d}p + g_\omega \rho_\mathrm{B}\langle\omega\rangle - \frac{1}{2}\langle\omega\rangle g_\omega\rho_\mathrm{B} \\ &+ A_\sigma f_\pi^2\langle\sigma\rangle^2 + A_\pi f_\pi^2\langle\boldsymbol{\pi}^2\rangle + C_2(\langle\sigma\rangle^2+\langle\boldsymbol{\pi}^2\rangle - a f_\pi^2)^2 \\ &+ B_\sigma f_\pi\langle\sigma\rangle(\langle\sigma\rangle^2+\langle\boldsymbol{\pi}^2\rangle - a f_\pi^2) + b f_\pi^3\langle\sigma\rangle\Big\} \\ =& V(\mathcal{E}_\mathrm{N} + \mathcal{E}_\mathrm{S} + \mathcal{E}_\mathrm{V}) \end{aligned} \tag{6.104}$$

となる．ただし

$$\begin{aligned} \mathcal{E}_\mathrm{N} =& \frac{2}{\pi^2}\int_0^{p_\mathrm{F}} p^2\sqrt{p^2+M^{*2}}\mathrm{d}p \\ =& \frac{M^{*4}}{4\pi^2}\left[\frac{p_\mathrm{F}}{M^*}\left\{2\left(\frac{p_\mathrm{F}}{M^*}\right)^2+1\right\}\sqrt{1+\left(\frac{p_\mathrm{F}}{M^*}\right)^2}\right. \\ &\left. -\log\left\{\frac{p_\mathrm{F}}{M^*}+\sqrt{1+\left(\frac{p_\mathrm{F}}{M^*}\right)^2}\right\}\right] \end{aligned} \tag{6.105}$$

$$\begin{aligned} \mathcal{E}_\mathrm{S} =& A_\sigma f_\pi^2\langle\sigma\rangle^2 + A_\pi f_\pi^2\langle\boldsymbol{\pi}^2\rangle + C_2(\langle\sigma\rangle^2+\langle\boldsymbol{\pi}^2\rangle - a f_\pi^2)^2 \\ &+ B_\sigma f_\pi\langle\sigma\rangle(\langle\sigma\rangle^2+\langle\boldsymbol{\pi}^2\rangle - a f_\pi^2) + b f_\pi^3\langle\sigma\rangle \end{aligned} \tag{6.106}$$

$$\mathcal{E}_\mathrm{V} = g_\omega\rho_\mathrm{B}\langle\omega\rangle - \frac{1}{2}\langle\omega\rangle g_\omega\rho_\mathrm{B} = \frac{1}{2}\langle\omega\rangle g_\omega\rho_\mathrm{B} \tag{6.107}$$

である．核子密度 0 で残る定数項 E_0 と核子質量 M_N を引いて，$A/V = \rho_\mathrm{B}$ を使って核子あたりのエネルギーに直すと

$$\begin{aligned} E_\mathrm{B} =& \frac{E-E_0}{A} - M_\mathrm{N} = \frac{E-E_0}{V}\frac{1}{\rho_\mathrm{B}} - M_\mathrm{N} \\ =& \frac{\mathcal{E}_\mathrm{N}}{\rho_\mathrm{B}} + \frac{\mathcal{E}_\mathrm{S}}{\rho_\mathrm{B}} + \frac{1}{2}\langle\omega\rangle g_\omega - \frac{E_0}{V\rho_\mathrm{B}} - M_\mathrm{N} \end{aligned} \tag{6.108}$$

となる．ただし

$$E_0 = V\{A_\sigma + C_2(1-a)^2 - B_\sigma(1-a) - b\} f_\pi^4 \tag{6.109}$$

である．

6.2.3　数値計算

核物質の性質として，正規核子密度 $\rho_0 = 0.153\,\mathrm{fm}^{-3}$（$p_{_0} = 259.15\,\mathrm{MeV/c}$）で最小のエネルギー $E_\mathrm{B} = -16.3\,\mathrm{MeV}$，非圧縮率 $K \sim 300\,\mathrm{MeV}$（250〜350 MeV）となるようにパラメータを決定する．

実際に数値計算の結果，π 中間子の有効質量の 2 乗が負となる領域では π 中間子対の古典場が存在した方がエネルギー的に有利になることがわかる．

定数はすべて核子密度 0 の状態で決めたものを使う．

π 中間子対凝縮状態での中間子の運動方程式 (6.85) は

$$
\begin{aligned}
g_\omega \frac{\rho_\mathrm{B}}{f_\pi^3} &= \left[2B_\omega\left\{\left(\frac{\langle\sigma\rangle}{f_\pi}\right)^2 + \frac{\langle\boldsymbol{\pi}^2\rangle}{f_\pi^2} - a\right\} + 2A_\omega\right]\frac{\langle\omega\rangle}{f_\pi} \\
\therefore\ \frac{\langle\omega\rangle}{f_\pi} &= g_\omega\frac{\rho_\mathrm{B}}{f_\pi^3} \Big/ \left[2B_\omega\left\{\left(\frac{\langle\sigma\rangle}{f_\pi}\right)^2 + \frac{\langle\boldsymbol{\pi}^2\rangle}{f_\pi^2} - a\right\}\right. \\
&\qquad \left. + 2A_\omega\right]
\end{aligned} \tag{6.110}
$$

式 (6.84) は

$$
\begin{aligned}
&g_\sigma\frac{\rho_\mathrm{S}}{f_\pi^3} + 2B_\omega\frac{\langle\sigma\rangle}{f_\pi}\left(\frac{\langle\omega\rangle}{f_\pi}\right)^2 - 2A_\sigma\frac{\langle\sigma\rangle}{f_\pi} \\
&\quad = 4C_2\frac{\langle\sigma\rangle}{f_\pi}\left\{\left(\frac{\langle\sigma\rangle}{f_\pi}\right)^2 + \frac{\langle\boldsymbol{\pi}^2\rangle}{f_\pi^2} - a\right\} \\
&\qquad + B_\sigma\left\{\left(\frac{\langle\sigma\rangle}{f_\pi}\right)^2 + \frac{\langle\boldsymbol{\pi}^2\rangle}{f_\pi^2} - a\right\} + 2B_\sigma\left(\frac{\langle\sigma\rangle}{f_\pi}\right)^2 + b
\end{aligned} \tag{6.111}
$$

式 (6.87) は

$$
B_\omega\left(\frac{\langle\omega\rangle}{f_\pi}\right)^2 - A_\pi = 2C_2\left\{\left(\frac{\langle\sigma\rangle}{f_\pi}\right)^2 + \frac{\langle\boldsymbol{\pi}^2\rangle}{f_\pi^2} - a\right\} + B_\sigma\frac{\langle\sigma\rangle}{f_\pi} \tag{6.112}
$$

と書き直せるが，数値計算では，ある核子密度に対し式 (6.110)，(6.111)，(6.112) を連立して中間子の古典場 $\langle\sigma\rangle$，$\langle\boldsymbol{\pi}^2\rangle$，$\langle\omega\rangle$ を決める．すなわち，まず $\langle\sigma\rangle$ を変化させながら，ある特定の $\langle\sigma\rangle$ に対して式 (6.112) を使って $\langle\boldsymbol{\pi}^2\rangle$ を決める．このときの $\langle\omega\rangle$ は式 (6.110) でそのつど計算する．求めた $\langle\boldsymbol{\pi}^2\rangle$ を使って式 (6.111) を満たすような $\langle\sigma\rangle$ を決める．この計算を $\langle\sigma\rangle$ の値が収束するまで繰り返す．

$\langle\sigma\rangle$，$\langle\boldsymbol{\pi}^2\rangle$ に複数の解が存在するときはそれぞれ以下のポテンシャル (6.113) および (6.114) を最小にする解を採用する．

中間子の平均場 $\langle\sigma\rangle$ に対するポテンシャルとしては間接的に $\langle\boldsymbol{\pi}^2\rangle$，$\langle\omega\rangle$，$\rho_{\mathrm{S}}$ が $\langle\sigma\rangle$ の関数であることを考慮して

$$
\begin{aligned}
U\Big(\frac{\langle\sigma\rangle}{f_\pi}\Big) =& \Big(\frac{M}{f_\pi} - g_\sigma\frac{\langle\sigma\rangle}{f_\pi}\Big)\frac{\langle\overline{\psi}\psi\rangle}{f_\pi^3} + g_\omega\frac{\langle\overline{\psi}\gamma^0\psi\rangle}{f_\pi^3}\frac{\langle\omega\rangle}{f_\pi} \\
&- B_\omega\Big\{\Big(\frac{\langle\sigma\rangle}{f_\pi}\Big)^2 + \frac{\langle\boldsymbol{\pi}^2\rangle}{f_\pi^2} - a\Big\}\Big(\frac{\langle\omega\rangle}{f_\pi}\Big)^2 - A_\omega\Big(\frac{\langle\omega\rangle}{f_\pi}\Big)^2 \\
&+ A_\sigma\Big(\frac{\langle\sigma\rangle}{f_\pi}\Big)^2 + A_\pi\frac{\langle\boldsymbol{\pi}^2\rangle}{f_\pi^2} + C_2\Big\{\Big(\frac{\langle\sigma\rangle}{f_\pi}\Big)^2 + \frac{\langle\boldsymbol{\pi}^2\rangle}{f_\pi^2} - a\Big\}^2 \\
&+ B_\sigma\frac{\langle\sigma\rangle}{f_\pi}\Big\{\Big(\frac{\langle\sigma\rangle}{f_\pi}\Big)^2 + \frac{\langle\boldsymbol{\pi}^2\rangle}{f_\pi^2} - a\Big\} + b\frac{\langle\sigma\rangle}{f_\pi}
\end{aligned}
\tag{6.113}
$$

と考える．

$\langle\boldsymbol{\pi}^2\rangle$ に対するポテンシャルは $\langle\sigma\rangle$ を固定して，$\langle\omega\rangle$ の依存性は考慮して

$$
\begin{aligned}
U\Big(\frac{\langle\boldsymbol{\pi}^2\rangle}{f_\pi^2}\Big) =& g_\omega\frac{\langle\overline{\psi}\gamma^0\psi\rangle}{f_\pi^3}\frac{\langle\omega\rangle}{f_\pi} - B_\omega\Big\{\Big(\frac{\langle\sigma\rangle}{f_\pi}\Big)^2 + \frac{\langle\boldsymbol{\pi}^2\rangle}{f_\pi^2} - a\Big\}\Big(\frac{\langle\omega\rangle}{f_\pi}\Big)^2 \\
&- A_\omega\Big(\frac{\langle\omega\rangle}{f_\pi}\Big)^2 + A_\pi\frac{\langle\boldsymbol{\pi}^2\rangle}{f_\pi^2} \\
&+ C_2\Big[2\Big\{\Big(\frac{\langle\sigma\rangle}{f_\pi}\Big)^2 - a\Big\}\frac{\langle\boldsymbol{\pi}^2\rangle}{f_\pi^2} + \Big(\frac{\langle\boldsymbol{\pi}^2\rangle}{f_\pi^2}\Big)^2\Big] \\
&+ B_\sigma\frac{\langle\sigma\rangle}{f_\pi}\frac{\langle\boldsymbol{\pi}^2\rangle}{f_\pi^2}
\end{aligned}
\tag{6.114}
$$

とする．

以下，正規核子密度付近で π 中間子対凝縮が起きている（$\langle\boldsymbol{\pi}^2\rangle \neq 0$）という条件で核物質の飽和性と非圧縮率を再現するパラメータセットについて議論する．

核子の質量項がない場合（$M = 0$，$g_\sigma = 10.0959$）の $m_\sigma = 500\,\mathrm{MeV}$ に対する数値計算結果を表 6.15，6.16 に示す．p_{C} は π 中間子対の古典場 $\langle\boldsymbol{\pi}^2\rangle$ が 0 でない解を持つ最小の核子密度に相当する Fermi 運動量の値である．後に議論するように，同じ値の B_σ に対し，$aB_\sigma - b$ が同じ値を持つ場合には，g_ω，B_ω に対し同じ値で，E_{B}，K などの計算結果が同じ値になる．

表 6.15，6.16 の $B_\sigma = 10$ のデータはまさにそうなっていることがわかる．

$m_\sigma = 600\,\mathrm{MeV}$（表 6.17，6.18，6.19），$m_\sigma = 800\,\mathrm{MeV}$（表 6.20）に対しても正規核子密度 $\rho_0 = 0.153\,\mathrm{fm}^{-3}$（$p_0 = 259.15\,\mathrm{MeV/c}$）で最小のエネルギー

表 6.15 $m_\sigma = 500\,\mathrm{MeV}$，$g_\sigma = 10.0959$，$a = 0.8$

B_σ	b	g_ω	B_ω	K(MeV)	p_C(MeV/c)
10.0	24.0	13.2560	40.4394	305.64	148
	24.1	13.2312	40.3438	301.39	148
	24.2	13.2064	40.2522	297.09	148
10.5	23.2	13.4219	43.4305	305.28	144
	23.3	13.3962	43.3222	300.78	145
	23.4	13.3707	43.2131	296.42	145

表 6.16 $m_\sigma = 500\,\mathrm{MeV}$，$g_\sigma = 10.0959$，$a = 1.0$

B_σ	b	g_ω	B_ω	K(MeV)	p_C(MeV/c)
10.0	26.0	13.2560	40.4394	305.64	148
	26.1	13.2312	40.3438	301.39	148
	26.2	13.2064	40.2522	297.09	148
11.0	24.7	13.5691	46.4200	303.12	142
	24.8	13.5426	46.2987	298.36	142
12.0	23.6	13.8544	52.5560	302.98	137
	23.7	13.8263	52.4072	297.60	137

表 6.17 $m_\sigma = 600\,\mathrm{MeV}$，$g_\sigma = 10.0959$，$a = 1.0$

B_σ	b	g_ω	B_ω	K(MeV)	p_C(MeV/c)
14.0	29.0	12.5909	49.7936	301.10	139
	29.1	12.5697	49.6622	300.13	139
	29.2	12.5491	49.5288	299.28	139
14.1	28.2	12.7567	51.3792	302.09	141
	28.3	12.7351	51.2390	300.88	141
	28.4	12.7136	51.1000	299.70	141
	28.5	12.6921	50.9649	298.47	141

$E_\mathrm{B} = -16.3\,\mathrm{MeV}$，非圧縮率 $K \sim 300\,\mathrm{MeV}$ となるような解は存在する．$m_\sigma = 600\,\mathrm{MeV}$ に対しては $a = 1.0$，$a = 0.8$ と $a = 0.4$ で B_σ と $aB_\sigma - b$ が異なる値となる解を示してある．

図 6.12～6.14 に $m_\sigma = 500\,\mathrm{MeV}$，$M = 0\,(g_\sigma = 10.0959)$，$a = 0.8$，$b = 24.1$，$B_\sigma = 10$，$g_\omega = 13.2312$，$B_\omega = 40.3438$ の場合の結果を図示する．このとき $K = 301.39\,\mathrm{MeV}$ となり，$p_\mathrm{C} = 148\,\mathrm{MeV/c}$ である．他の定数は $A_\omega = 27.278$,

表 6.18　$m_\sigma = 600\,\mathrm{MeV}$，$g_\sigma = 10.0959$，$a = 0.8$

B_σ	b	g_ω	B_ω	K(MeV)	p_C(MeV/c)
8.1	47.4	10.2418	13.4509	298.60	231
	47.5	10.2705	13.0187	302.34	233
8.0	47.4	10.2633	13.0641	296.98	233
	47.5	10.2911	12.6502	300.20	235
	47.6	10.3166	12.2709	302.61	236
7.9	47.5	10.3131	12.2721	297.90	237
	47.6	10.3379	11.9079	299.89	238
	47.7	10.3622	11.5560	301.35	240
	47.8	10.3843	11.2351	302.27	242

表 6.19　$m_\sigma = 600\,\mathrm{MeV}$，$g_\sigma = 10.0959$，$a = 0.4$

B_σ	b	g_ω	B_ω	K(MeV)	p_C(MeV/c)
8.5	43.9	10.1292	15.5129	295.99	223
	44.0	10.1686	14.9048	304.10	225
	44.1	10.2005	14.4042	309.89	226
9.0	43.7	10.0568	17.2453	298.97	216
	43.8	10.1094	16.4208	312.18	218
	44.0	10.1744	15.3516	326.23	220

表 6.20　$m_\sigma = 800\,\mathrm{MeV}$，$g_\sigma = 10.0959$，$a = 0.8$

b	B_σ	g_ω	B_ω	K(MeV)	p_C(MeV/c)
23.5	20.9	12.8610	75.6343	303.59	131
	21.0	12.8540	76.1060	296.91	131
24.0	20.9	12.7532	74.4680	303.18	133
	21.0	12.7461	74.9440	296.39	133

$A_\sigma = 20.910$，$A_\pi = 8.986$，$C_2 = 5.351$ であった．$p_\mathrm{F} \geq p_\mathrm{C}$ での曲線は π 中間子対凝縮を仮定した計算である．これより核子密度の小さな領域では π 中間子対凝縮がない（σ 中間子凝縮状態）とした計算である．E_B に関しては，比較のため p_C より少し高い核子密度まで σ 中間子凝縮状態での計算結果を表示してある．この 2 つの計算は $p_\mathrm{F} = p_\mathrm{C}$ で同じ値となる．$p_\mathrm{F} > 320\,\mathrm{MeV/c}$ では π 中間子対凝縮状態での解が求まらなくなる．また π 中間子対凝縮状態では $\langle \boldsymbol{\pi}^2 \rangle > 0$ の値を持つ．

$B_\sigma = 0$ となる解を探すと，$m_\sigma = 500\,\mathrm{MeV}$ では $K \sim 300\,\mathrm{MeV}$ となる解は

$\boldsymbol{m_\sigma = 500\,\mathrm{MeV}}$，$\boldsymbol{M = 0\,(g_\sigma = 10.0959)}$，$\boldsymbol{a = 0.8}$，$\boldsymbol{b = 24.1}$，$\boldsymbol{B_\sigma = 10}$，
$\boldsymbol{g_\omega = 13.2312}$，$\boldsymbol{B_\omega = 40.3438}$ での計算結果

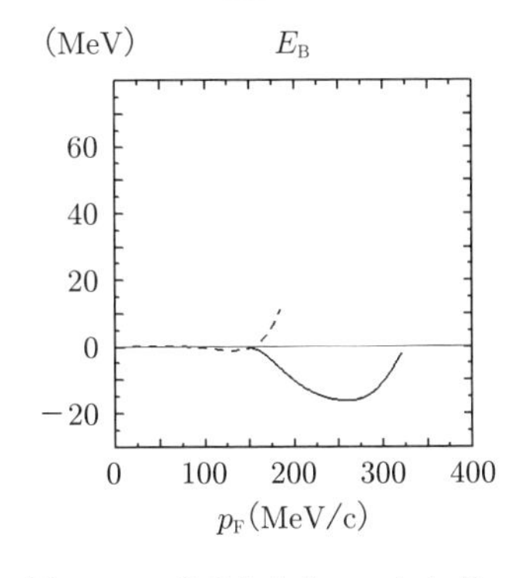

図 6.12　核子あたりのエネルギー

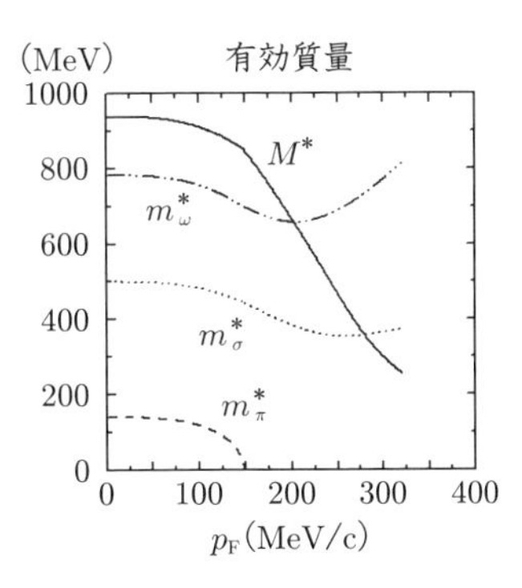

図 6.13　有効質量

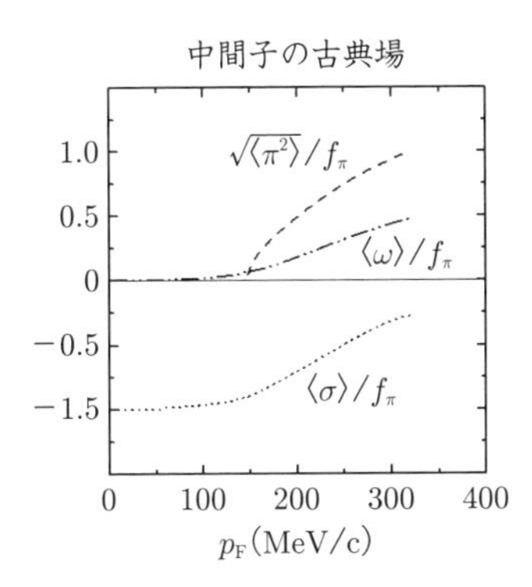

図 6.14　古典場$/f_\pi$

表 6.21　$m_\sigma = 500\,\mathrm{MeV}$，$B_\sigma = 0$，$a = 0.8$

b	B_ω	g_σ	g_ω	K(MeV)	p_C(MeV/c)
26.0	8.26	12.14244	15.85470	296.60	233
	8.27	12.15122	15.86611	303.05	233
	8.30	12.17710	15.89966	322.05	233

見つかるが，p_C が正規密度 p_0 に非常に近くなる（表 6.21）．$m_\sigma \geq 600\,\mathrm{MeV}$ では正規核子密度 $\rho_0 = 0.153\,\mathrm{fm}^{-3}$（$p_0 = 259.15\,\mathrm{MeV/c}$）で最小のエネルギー $E_\mathrm{B} = -16.3\,\mathrm{MeV}$，$K \sim 300\,\mathrm{MeV}$ となるような解を見つけられない．

結果は a によらないが，a の値を変えると B_ω，g_σ，g_ω に同じ値を使っても A_ω，

表 6.22　$m_\sigma = 500\,\mathrm{MeV}$，$B_\sigma = 0$，$K = 296.60\,\mathrm{MeV}$

a	A_ω	C_2	A_σ	A_π
1.0	35.347	0.363	3.000	1.127
0.8	33.695	0.363	12.855	0.981
0.4	30.391	0.363	12.564	0.691

表 6.23　$m_\sigma = 500\,\mathrm{MeV}$，$B_\sigma = 0$，$K = 303.05\,\mathrm{MeV}$

a	A_ω	C_2	A_σ	A_π
1.0	35.347	0.363	3.000	1.127
0.8	33.693	0.363	12.855	0.981
0.4	30.385	0.363	12.564	0.691

表 6.24　$m_\sigma = 500\,\mathrm{MeV}$，$a = 0.4$

B_σ	g_σ	b	g_ω	B_ω	K(MeV)	p_C(MeV/c)
10	8	28.0	9.3127	25.9678	307.47	186
		28.1	9.2809	26.2011	299.00	187
		28.2	9.2499	26.4259	290.82	187
	12	25.8	14.2680	42.1925	303.36	152
		25.9	14.2463	42.1158	297.32	152
20	12	15.6	15.2372	89.6300	303.89	116
		15.7	15.2112	89.3988	297.56	116

A_σ, A_π の値は異なる．C_2 は a に依存しないので同じ値になる．$m_\sigma = 500\,\mathrm{MeV}$ の場合の $K = 296.60\,\mathrm{MeV}$ での計算値を表 6.22 に，$K = 303.05\,\mathrm{MeV}$ での計算値を表 6.23 に示す．

$B_\omega = 0$ および $A_\pi = A_\sigma$ とした場合を検討したが，飽和性と非圧縮率の両方を再現できる解は見つからなかった．

$M = 0$ とした場合には $g_\sigma \sim 10$ となるので，他の例として $g_\sigma = 8$ および 12 となるパラメータセットを探した．$m_\sigma = 500\,\mathrm{MeV}$ の場合には，$a = 0.4$ に対しては表 6.24 のように，また $a = 0.8$ に対しては表 6.25 に表示されるように，飽和性と非圧縮率を再現できるパラメータが存在する．同じ B_σ で a を変化させたとき，$aB_\sigma - b$ を同一となるように b を選べば，同じ解が得られる．

例として $m_\sigma = 500\,\mathrm{MeV}$，$g_\sigma = 8$，$a = 0.4$，$b = 28.1$，$B_\sigma = 10$，$g_\omega = 9.2809$，$B_\omega = 26.2011$ の場合の結果を図 6.15〜6.17 に図示する．このとき $K =$

表 6.25 $m_\sigma = 500\,\mathrm{MeV}$, $a = 0.8$

B_σ	g_σ	b	g_ω	B_ω	K(MeV)	p_{C}(MeV/c)
10	8	32.0	9.3127	25.9678	307.47	186
		32.1	9.2809	26.2011	299.00	187
		32.2	9.2499	26.4259	290.82	187
	12	29.8	14.2680	42.1925	303.36	152
		29.9	14.2463	42.1158	297.32	152
15	12	26.5	14.77225	64.8938	303.58	129
		26.6	14.7484	64.7458	297.73	129
20	12	23.6	15.2372	89.6300	303.89	116
		23.7	15.2112	89.3988	297.56	116

$m_\sigma = 500\,\mathrm{MeV}$, $g_\sigma = 8$, $a = 0.4$, $b = 28.1$, $B_\sigma = 10$, $g_\omega = 9.2809$, $B_\omega = 26.2011$ での計算結果

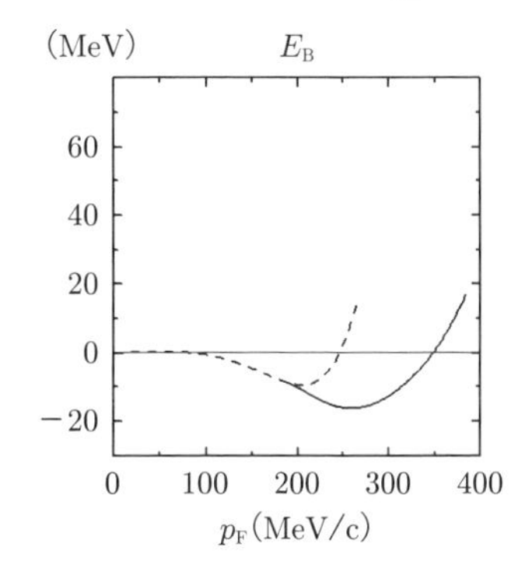

図 6.15 核子あたりのエネルギー

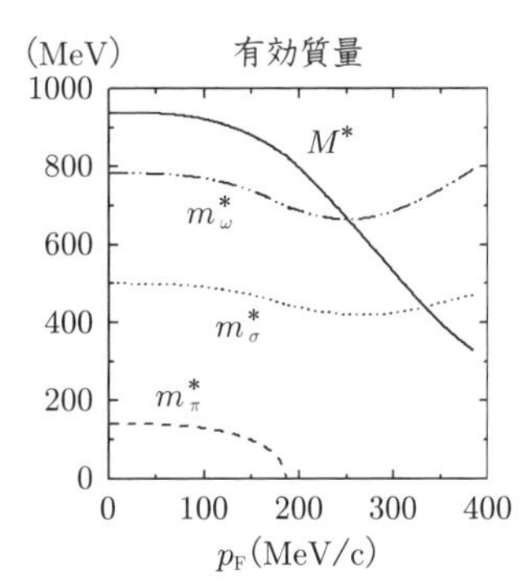

図 6.16 有効質量

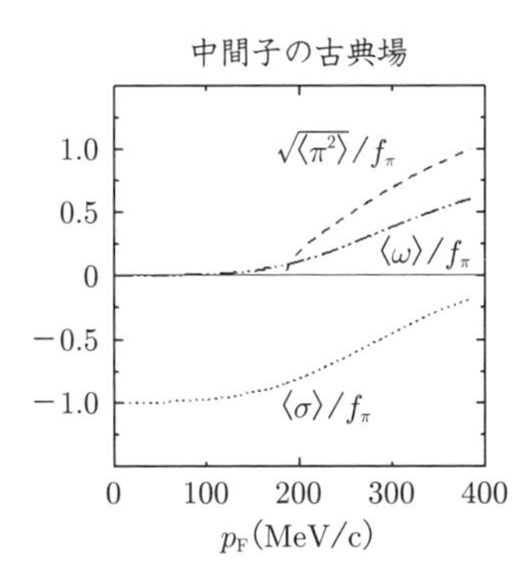

図 6.17 古典場/f_π

表 6.26　$m_\sigma = 600\,\mathrm{MeV}$, $a = 0.4$, $g_\sigma = 8$

B_σ	b	g_ω	B_ω	$K(\mathrm{MeV})$	$p_\mathrm{C}(\mathrm{MeV/c})$
20	33.0	7.87230	48.0700	298.00	156
	33.1	7.8713	47.7906	301.28	156
18	25.5	8.8254	48.7955	299.66	149
	25.6	8.8183	48.5635	302.89	150

299.00 MeV となった．$\langle \boldsymbol{\pi}^2 \rangle = 0$ となる σ 中間子凝縮状態を仮定すると，$p_\mathrm{F} \geq 187\,\mathrm{MeV/c}$ で $m_\pi^{*2} < 0$ となる．他の定数は $A_\omega = 19.626$, $A_\sigma = 21.829$, $A_\pi = 5.906$, $C_2 = 4.351$ であった．このパラメータセットでは $187\,\mathrm{MeV/c} \leq p_\mathrm{F} \leq 384\,\mathrm{MeV/c}$ の範囲で解が求まり，$p_\mathrm{F} \geq 385\mathrm{MeV/c}$ では解が求まらなくなる．

$m_\sigma = 600\,\mathrm{MeV}$, $a = 0.4$, $g_\sigma = 8$ に対しても飽和性と，非圧縮率を満たすパラメータセットは見つかる（表 6.26）．

6.3　まとめ

拡張された線形 σ モデルでは π 中間子凝縮を考慮しない σ 中間子凝縮状態でも，π 中間子対凝縮状態を考慮した計算でも飽和性と非圧縮率を同時に満たすパラメータセットが複数存在した．特に g_σ を動かせるように導入された核子の質量項 M は必ずしも必要ではないことがわかった．

a を変化させながら数値計算をすると，特有の a 依存性の存在が判明したので，以下，この点について議論する．

まず，$a = 1$ の場合は，途中の計算に $a - 1$ が分母となるケースがあったため，別扱いしたが，結果は $a \neq 1$ として計算したものに $a = 1$ を代入したものと，$a = 1$ を前提として求めたものと同じになる．すなわち，結果としては $a = 1$ を別扱いする必要はない．

エネルギーの計算で，a に依存するのは $\mathcal{E}_\mathrm{S}$ だけである．σ 中間子凝縮状態で $\mathcal{E}_\mathrm{S}$ (6.67) から核子密度 0 で残る定数項

$$\mathcal{E}_0 = \{A_\sigma + C_2(1-a)^2 - B_\sigma(1-a) - b\} f_\pi^4 \tag{6.115}$$

を取り除くと

$$\begin{aligned}\mathcal{E}_{\mathrm{S}}-\mathcal{E}_0 &= A_\sigma(f_\pi^2\langle\sigma\rangle^2-f_\pi^4)+C_2\{(\langle\sigma\rangle^2-af_\pi^2)^2-(1-a)^2f_\pi^4\}\\ &\quad +B_\sigma f_\pi\{\langle\sigma\rangle(\langle\sigma\rangle^2-af_\pi^2)+(1-a)f_\pi^3\}\\ &\quad +bf_\pi^3(\langle\sigma\rangle+f_\pi)\end{aligned} \tag{6.116}$$

となる．A_σ，C_2 に式 (6.77)，(6.76) を代入して，整理すると

$$\begin{aligned}\mathcal{E}_{\mathrm{S}}-\mathcal{E}_0 &= -\frac{1}{4}m_\sigma^2(\langle\sigma\rangle^2-f_\pi^2)+\frac{m_\sigma^2}{8f_\pi^2}(\langle\sigma\rangle^4-f_\pi^4)\\ &\quad +B_\sigma\Big\{\frac{3}{4}f_\pi^2(\langle\sigma\rangle^2-f_\pi^2)+\frac{3}{8}(\langle\sigma\rangle^4-f_\pi^4)\\ &\qquad +f_\pi(\langle\sigma\rangle^3+f_\pi^3)\Big\}\\ &\quad +aB_\sigma\Big\{\frac{1}{8}(\langle\sigma\rangle^4-f_\pi^4)-\frac{3}{4}f_\pi^2(\langle\sigma\rangle^2-f_\pi^2)\\ &\qquad -f_\pi^3(\langle\sigma\rangle-f_\pi)\Big\}\\ &\quad +b\Big\{\frac{3}{4}bf_\pi^2(\langle\sigma\rangle^2-f_\pi^2)-\frac{1}{8}(\langle\sigma\rangle^4-f_\pi^4)\\ &\qquad +f_\pi^3(\langle\sigma\rangle+f_\pi)\Big\}\end{aligned}$$

となる．a のかかる項は第 4 行目の aB_σ の項のみである．すなわち $B_\sigma=0$ と取れば a 依存性はなくなる．a を変化させても同じパラメータセットで同じエネルギーが求まる．C_2 (6.76) は $B_\sigma=0$ で a 依存性がなくなるから a を変化させても変わらないが，A_ω (6.75)，A_σ (6.77)，A_π (6.78) には a 依存性が残るので，a を変化させるとこれらの値は変化する．

さらにこの式は

$$\begin{aligned}\mathcal{E}_{\mathrm{S}}-\mathcal{E}_0 &= -\frac{1}{4}m_\sigma^2(\langle\sigma\rangle^2-f_\pi^2)+\frac{m_\sigma^2}{8f_\pi^2}(\langle\sigma\rangle^4-f_\pi^4)\\ &\quad +B_\sigma\Big\{\frac{3}{4}f_\pi^2(\langle\sigma\rangle^2-f_\pi^2)+\frac{3}{8}(\langle\sigma\rangle^4-f_\pi^4)\\ &\qquad +f_\pi(\langle\sigma\rangle^3+f_\pi^3)\Big\}\\ &\quad +(aB_\sigma-b)\Big\{\frac{1}{8}(\langle\sigma\rangle^4-f_\pi^4)-\frac{3}{4}f_\pi^2(\langle\sigma\rangle^2-f_\pi^2)\\ &\qquad -f_\pi^3(\langle\sigma\rangle-f_\pi)\Big\}\end{aligned}$$

とまとめられるので，B_σ が同じ値ならば，$aB_\sigma-b$ が同じ値になるよう a，b を

選べばエネルギーは変化しないことがわかる．

$A_\pi = A_\sigma$ の場合には

$$b = \frac{m_\pi^2}{f_\pi^2} - B_\sigma(1-a)$$

の関係が求まるので，

$$b - aB_\sigma = \frac{m_\pi^2}{f_\pi^2} - B_\sigma = \text{一定}$$

の形となり，B_σ をパラメータとしている場合には a を変化させても b が自動的に上式を満たすように変化し，結果的に a 依存性はなくなる．

π 中間子対凝縮のある場合にも同じ議論が成り立つ．

核子あたりのエネルギーで変数 a に依存するのは $\mathcal{E}_{\rm S}$ の項のみであり，核子密度 0 で残る項を取り除いたスカラー系中間子のエネルギー項は

$$\begin{aligned}
\mathcal{E}_{\rm S} - \mathcal{E}_0 &= A_\sigma f_\pi^2(\langle\sigma\rangle^2 - f_\pi^2) + A_\pi f_\pi^2\langle\boldsymbol{\pi}^2\rangle \\
&\quad + C_2\{(\langle\sigma\rangle^2 + \langle\boldsymbol{\pi}^2\rangle - af_\pi^2)^2 - (1-a)^2 f_\pi^4\} \\
&\quad + B_\sigma f_\pi\{\langle\sigma\rangle(\langle\sigma\rangle^2 + \langle\boldsymbol{\pi}^2\rangle - af_\pi^2) + (1-a)f_\pi^3\} \\
&\quad + bf_\pi^3(\langle\sigma\rangle + f_\pi) \\
&= -\frac{1}{4}m_\sigma^2(\langle\sigma\rangle^2 + \langle\boldsymbol{\pi}^2\rangle - f_\pi^2) \\
&\quad + \frac{m_\sigma^2}{8f_\pi^2}\{(\langle\sigma\rangle^2 + \langle\boldsymbol{\pi}^2\rangle)^2 - f_\pi^4\} + \frac{1}{2}m_\pi^2\langle\boldsymbol{\pi}^2\rangle \\
&\quad + B_\sigma a\Big[\frac{1}{8}\{(\langle\sigma\rangle^2 + \langle\boldsymbol{\pi}^2\rangle)^2 - f_\pi^4\} \\
&\qquad - \frac{1}{4}f_\pi^2(3\langle\sigma\rangle^2 + \langle\boldsymbol{\pi}^2\rangle - 3f_\pi^2) - f_\pi^3(\langle\sigma\rangle + f_\pi)\Big] \\
&\quad + B_\sigma\Big[\frac{3}{8}\{(\langle\sigma\rangle^2 + \langle\boldsymbol{\pi}^2\rangle)^2 - f_\pi^4\} \\
&\qquad + \frac{1}{4}f_\pi^2(3\langle\sigma\rangle^2 + \langle\boldsymbol{\pi}^2\rangle - 3f_\pi^2) \\
&\qquad + f_\pi\langle\sigma\rangle(\langle\sigma\rangle^2 + \langle\boldsymbol{\pi}^2\rangle) + f_\pi^4\Big] \\
&\quad + b\Big[-\frac{1}{8}\{(\langle\sigma\rangle^2 + \langle\boldsymbol{\pi}^2\rangle)^2 - f_\pi^4\} \\
&\qquad + \frac{1}{4}f_\pi^2(3\langle\sigma\rangle^2 + \langle\boldsymbol{\pi}^2\rangle - 3f_\pi^2) + f_\pi^3(\langle\sigma\rangle + f_\pi)\Big]
\end{aligned}$$

となり，σ 中間子凝縮状態の議論と同様に，a の付く項は $B_\sigma a$ の項だけであり，$B_\sigma = 0$ の場合には a 依存性はなくなる．さらに

$$\begin{aligned}
\mathcal{E}_{\mathrm{S}} - \mathcal{E}_0 = &-\frac{1}{4}m_\sigma^2(\langle\sigma\rangle^2 + \langle\boldsymbol{\pi}^2\rangle - f_\pi^2) \\
&+ \frac{m_\sigma^2}{8f_\pi^2}\{(\langle\sigma\rangle^2 + \langle\boldsymbol{\pi}^2\rangle)^2 - f_\pi^4\} + \frac{1}{2}m_\pi^2\langle\boldsymbol{\pi}^2\rangle \\
&+ B_\sigma\Big[\frac{3}{8}\{(\langle\sigma\rangle^2 + \langle\boldsymbol{\pi}^2\rangle)^2 - f_\pi^4\} \\
&\quad + \frac{1}{4}f_\pi^2(3\langle\sigma\rangle^2 + \langle\boldsymbol{\pi}^2\rangle - 3f_\pi^2) \\
&\quad + f_\pi\langle\sigma\rangle(\langle\sigma\rangle^2 + \langle\boldsymbol{\pi}^2\rangle) + f_\pi^4\Big] \\
&+ (B_\sigma a - b)\Big[\frac{1}{8}\{(\langle\sigma\rangle^2 + \langle\boldsymbol{\pi}^2\rangle)^2 - f_\pi^4\} \\
&\quad - \frac{1}{4}f_\pi^2(3\langle\sigma\rangle^2 + \langle\boldsymbol{\pi}^2\rangle - 3f_\pi^2) - f_\pi^3(\langle\sigma\rangle + f_\pi)\Big]
\end{aligned}$$

と書き直せば，B_σ ならびに $B_\sigma a - b$ が同じ値を取るなら，a，b の個々の値が異なっても同じパラメータセットで同じ解が求まる．

第 4 章のまとめで π 中間子対凝縮状態では π 中間子の有効質量が 0 となる理由について議論した．その議論は第 5 章，第 6 章でも有効である．

線形 σ モデルの π 中間子対凝縮状態での計算で核物質の飽和性や非圧縮率の再現がうまくいかない原因の 1 つにスカラー密度 ρ_{S} が一定の値となり，核子密度に依存しなくなることがある．すなわち

$$g_\sigma\rho_{\mathrm{S}} = bf_\pi^3 \tag{6.117}$$

という条件が付く問題である．この条件は σ 中間子の運動方程式を平均場近似したときに残る項である．この左辺は核子とスカラー系中間子との相互作用

$$g_\sigma\overline{\psi}(\sigma + i\gamma_5\boldsymbol{\tau}\cdot\boldsymbol{\pi})\psi \tag{6.118}$$

から出る項であり，右辺はカイラル対称性を満たさない σ の線形項

$$bf_\pi^3\sigma \tag{6.119}$$

から求まる項である．ともにラグランジアン密度では σ の係数に相当する．

スカラー系中間子をカイラル対称性を満たすようにラグランジアン密度に導入するにはカイラルループ項 $(\sigma^2+\boldsymbol{\pi}^2-af_\pi^2)$ の関数の形になる．π 中間子対凝縮状態で平均場近似を適用すると古典場 $\langle\sigma\rangle$ の係数となるのは

$$2\langle\sigma\rangle f(\langle\sigma\rangle^2+\langle\boldsymbol{\pi}^2\rangle-af_\pi^2) \tag{6.120}$$

の形となる．$f(\langle\sigma\rangle^2+\langle\boldsymbol{\pi}^2\rangle-af_\pi^2)$ は平均場近似のカイラルループ項の関数であることを表す．この関数形が $\langle\boldsymbol{\pi}^2\rangle$ の極小条件

$$\frac{\partial\langle\mathcal{H}\rangle}{\partial\langle\boldsymbol{\pi}^2\rangle}=0 \tag{6.121}$$

から求まる条件と同じ形になることは明らかであろう．この条件から $f(\langle\sigma\rangle^2+\langle\boldsymbol{\pi}^2\rangle-af_\pi^2)$ が 0 となり，$g_\sigma\rho_{\mathrm{S}}$ の右辺には σ の線形項 bf_π^3 のみが残り，ρ_{S} は一定となる．

第 6 章ではこの条件を回避するためカイラル対称性を満たさない σ 中間子とカイラルループとの相互作用

$$B_\sigma f_\pi\sigma(\sigma^2+\boldsymbol{\pi}^2-af_\pi^2) \tag{6.122}$$

と σ 中間子の質量項をカイラル対称性を満たさない形で導入し，スカラー密度 ρ_{S} が一定とならないようにした．

ベクトル中間子 ω の運動方程式に平均場近似を適用すると（σ 中間子凝縮状態でも，π 中間子対凝縮状態でも）核子との相互作用項と ω 中間子の質量項しか残らない．その結果，ω 中間子の古典場 $\langle\omega\rangle$ は

$$g_\omega\rho_{\mathrm{B}}=m_\omega^2\langle\omega\rangle \tag{6.123}$$

の形となり，核子密度に比例する．この条件は核物質の計算に特別不利に働くことはないが，第 6 章ではこの条件を緩和するため ω 中間子とカイラルループとの相互作用

$$B_\omega(\sigma^2+\boldsymbol{\pi}^2-af_\pi^2)\omega_\mu\omega^\mu \tag{6.124}$$

を導入した．σ 中間子凝縮状態ではこの項を 0 にしても核物質の性質を再現することができたが，π 中間子対凝縮状態ではこの項はスカラー密度 ρ_{S} の計算にも寄与するため，$B_\omega=0$ としたときには核物質の性質を再現するパラメータを求めることができなかった．

第 III 部

非線形σモデルとその拡張

7 非線形 σ モデル

前章で議論したように，Gell-Mann & Lévy の線形 σ モデル[6] にベクトル中間子の寄与，中間子場の質量項，σ 中間子および ω 中間子とカイラルループ項との相互作用を加えた拡張されたモデル[31] を使って σ 中間子凝縮状態，または π 中間子対凝縮状態を仮定して，核物質の飽和性や非圧縮率を再現することができた．

これまでの議論でスカラー中間子として想定された σ 中間子は，従来は必ずしも実験的に確定したものとは考えられていなかった．そのため，σ 中間子の質量はデータを合わせるためにパラメータとして扱われることもあった．π-π 散乱のデータの新しい解析[7] などから最近では σ 中間子は $f_0(500)$ として質量 $400 \sim 550\,\mathrm{MeV}$ のスカラー粒子として確定したものとみなされている[8]．ただし幅が $400 \sim 700\,\mathrm{MeV}$ と大きい．スカラー中間子に関する詳しい議論は素粒子論研究[33] にまとめられている．

π 中間子とそのカイラルパートナーである σ 中間子の存在を前提とした線形 σ モデルに対して，σ 中間子の自由度を消して π 中間子の自由度だけで（σ 中間子は π 中間子の複合とみなされる）記述する非線形 σ モデルが提案されている[9]．この章ではまず非線形 σ モデルを解説し，同じアイデアを核物質の計算に適用することを考える．σ 中間子の自由度は π 中間子で書き換えられているので，数値計算は π 中間子対凝縮状態を仮定して行われる．

7.1 非線形 σ モデル

カイラル変換（付録 D）

$$U = \exp\left(i\gamma_5 \frac{\boldsymbol{\tau}}{2} \cdot \boldsymbol{\phi}\right) \tag{7.1}$$

を考える．ただし，γ_5 は Dirac の γ 行列であり，$\boldsymbol{\tau}$ はアイソスピン空間での Pauli 行列であり，$\boldsymbol{\phi}$ はカイラル回転の角度に相当するパラメータである．U を展開すると

$$
\begin{aligned}
U &= \exp\left(i\gamma_5 \frac{\boldsymbol{\tau}}{2}\cdot\boldsymbol{\phi}\right) \\
&= 1 + i\gamma_5\frac{\boldsymbol{\tau}}{2}\cdot\boldsymbol{\phi} + \frac{1}{2!}\left(i\gamma_5\frac{\boldsymbol{\tau}}{2}\cdot\boldsymbol{\phi}\right)^2 + \frac{1}{3!}\left(i\gamma_5\frac{\boldsymbol{\tau}}{2}\cdot\boldsymbol{\phi}\right)^3 \\
&\qquad + \frac{1}{4!}\left(i\gamma_5\frac{\boldsymbol{\tau}}{2}\cdot\boldsymbol{\phi}\right)^4 + \frac{1}{5!}\left(i\gamma_5\frac{\boldsymbol{\tau}}{2}\cdot\boldsymbol{\phi}\right)^5 + \cdots\cdots
\end{aligned} \tag{7.2}
$$

となるが，ここで

$$
\begin{aligned}
(\gamma_5)^2 &= 1 \\
\left(\frac{\boldsymbol{\tau}}{2}\cdot\boldsymbol{\phi}\right)^2 &= \boldsymbol{\phi}^2 + i\frac{\boldsymbol{\tau}}{2}\cdot(\boldsymbol{\phi}\times\boldsymbol{\phi}) = \boldsymbol{\phi}^2
\end{aligned} \tag{7.3}
$$

を使うとこの展開は

$$
\begin{aligned}
U &= 1 + i\gamma_5\frac{\boldsymbol{\tau}}{2}\cdot\boldsymbol{\phi} - \frac{1}{2!}\boldsymbol{\phi}^2 - \frac{1}{3!}i\gamma_5\left(\frac{\boldsymbol{\tau}}{2}\cdot\boldsymbol{\phi}\right)\boldsymbol{\phi}^2 \\
&\qquad + \frac{1}{4!}\boldsymbol{\phi}^4 + \frac{1}{5!}i\gamma_5\left(\frac{\boldsymbol{\tau}}{2}\cdot\boldsymbol{\phi}\right)\boldsymbol{\phi}^4 + \cdots\cdots \\
&= 1 + i\gamma_5\frac{\boldsymbol{\tau}}{2}\cdot\hat{\boldsymbol{\phi}}\,\phi - \frac{1}{2!}\phi^2 - \frac{1}{3!}i\gamma_5\frac{\boldsymbol{\tau}}{2}\cdot\hat{\boldsymbol{\phi}}\,\phi^3 \\
&\qquad + \frac{1}{4!}\phi^4 + \frac{1}{5!}i\gamma_5\frac{\boldsymbol{\tau}}{2}\cdot\hat{\boldsymbol{\phi}}\,\phi^5 + \cdots\cdots \\
&= \cos\phi + i\gamma_5\frac{\boldsymbol{\tau}}{2}\cdot\hat{\boldsymbol{\phi}}\sin\phi
\end{aligned} \tag{7.4}
$$

とまとめられる．ただし

$$
\phi = |\boldsymbol{\phi}|, \quad \hat{\boldsymbol{\phi}} = \frac{\boldsymbol{\phi}}{\phi}
$$

とおいた．次に

$$
\sigma = a\cos\phi \tag{7.5}
$$

$$
\boldsymbol{\pi} = a\hat{\boldsymbol{\phi}}\sin\phi \tag{7.6}
$$

と書けばカイラル変換は

$$
U = \frac{1}{a}\left(\sigma + i\gamma_5\frac{\boldsymbol{\tau}}{2}\cdot\boldsymbol{\pi}\right) \tag{7.7}
$$

と書ける．a はカイラル回転の半径に相当する定数である．当然のことながら

$$
\sigma^2 + \boldsymbol{\pi}^2 = a^2 \tag{7.8}
$$

となる．

次に，ラグランジアン密度

$$\mathcal{L}_0 = \frac{a^2}{4}\mathrm{Tr}\left(\partial_\mu U \partial^\mu U^\dagger\right) = \frac{a^2}{4}\mathrm{Tr}\left(\partial_\mu U \partial_\nu U^\dagger g^{\mu\nu}\right) \tag{7.9}$$

を導入する．

$$\partial_\mu U = \frac{1}{a}\left(\partial_\mu \sigma + i\gamma_5 \frac{\boldsymbol{\tau}}{2}\cdot\partial_\mu \boldsymbol{\pi}\right)$$
$$\partial_\nu U^\dagger = \frac{1}{a}\left(\partial_\nu \sigma - i\gamma_5 \frac{\boldsymbol{\tau}}{2}\cdot\partial_\nu \boldsymbol{\pi}\right)$$

であるから

$$\begin{aligned}\partial_\mu U \partial_\nu U^\dagger &= \frac{1}{a^2}\left(\partial_\mu \sigma + i\gamma_5 \frac{\boldsymbol{\tau}}{2}\cdot\partial_\mu \boldsymbol{\pi}\right)\left(\partial_\nu \sigma - i\gamma_5 \frac{\boldsymbol{\tau}}{2}\cdot\partial_\nu \boldsymbol{\pi}\right)\\ &= \frac{1}{a^2}\left(\partial_\mu\sigma\partial_\nu\sigma + \frac{\boldsymbol{\tau}}{2}\cdot\partial_\mu\boldsymbol{\pi}\,\frac{\boldsymbol{\tau}}{2}\cdot\partial_\nu\boldsymbol{\pi}\right)\\ &= \frac{1}{a^2}\left\{\partial_\mu\sigma\partial_\nu\sigma + \partial_\mu\boldsymbol{\pi}\cdot\partial_\nu\boldsymbol{\pi} + i\frac{\boldsymbol{\tau}}{2}\cdot\left(\partial_\mu\boldsymbol{\pi}\times\partial_\nu\boldsymbol{\pi}\right)\right\}\end{aligned}$$

となり

$$\mathrm{Tr}\left(\partial_\mu U \partial_\nu U^\dagger g^{\mu\nu}\right) = \frac{2}{a^2}\{(\partial_\mu\sigma)^2 + (\partial_\mu\boldsymbol{\pi})^2\}$$

と書ける．故に

$$\mathcal{L}_0 = \frac{a^2}{4}\mathrm{Tr}\left(\partial_\mu U \partial^\mu U^\dagger\right) = \frac{1}{2}(\partial_\mu\sigma)^2 + \frac{1}{2}(\partial_\mu\boldsymbol{\pi})^2 \tag{7.10}$$

となるが，これは粒子 σ と $\boldsymbol{\pi}$ の自由なラグランジアン密度に相当する．

条件 (7.8)

$$\sigma^2 + \boldsymbol{\pi}^2 = a^2 \tag{7.11}$$

の制限が付くから $\boldsymbol{\pi}$ を独立量とすると σ は独立量ではなく $\boldsymbol{\pi}$ の関数として

$$\sigma^2 = a^2\left(1 - \frac{\boldsymbol{\pi}^2}{a^2}\right) \tag{7.12}$$

$$\sigma = a\left(1 - \frac{\boldsymbol{\pi}^2}{a^2}\right)^{\frac{1}{2}} \tag{7.13}$$

$$= a\left\{1 - \frac{1}{2}\frac{\boldsymbol{\pi}^2}{a^2} - \frac{1}{8}\left(\frac{\boldsymbol{\pi}^2}{a^2}\right)^2 - \cdots\cdots\right\} \tag{7.14}$$

となる．条件 (7.8) 式を微分した

$$2\sigma\partial_\mu\sigma + 2\boldsymbol{\pi}\cdot\partial_\mu\boldsymbol{\pi} \;=\; 0 \tag{7.15}$$

より

$$\partial_\mu\sigma \;=\; -\frac{\boldsymbol{\pi}}{\sigma}\cdot\partial_\mu\boldsymbol{\pi} \tag{7.16}$$

となることを使ってラグランジアン密度 (7.10) は $\boldsymbol{\pi}$ の自由度だけで

$$\begin{aligned}\mathcal{L}_0 &= \frac{1}{2}(\partial_\mu\sigma)^2 + \frac{1}{2}(\partial_\mu\boldsymbol{\pi})^2\\ &= \frac{1}{2}\left\{\mp\frac{\boldsymbol{\pi}\cdot\partial_\mu\boldsymbol{\pi}}{a}\left(1-\frac{\boldsymbol{\pi}^2}{a^2}\right)^{-\frac{1}{2}}\right\}^2 + \frac{1}{2}(\partial_\mu\boldsymbol{\pi})^2\\ &= \frac{1}{2}(\partial_\mu\boldsymbol{\pi})^2 + \frac{1}{2a^2}(\boldsymbol{\pi}\cdot\partial_\mu\boldsymbol{\pi})^2 + \frac{\boldsymbol{\pi}^2}{2a^4}(\boldsymbol{\pi}\cdot\partial_\mu\boldsymbol{\pi})^2\\ &\quad + \cdots\cdots\end{aligned} \tag{7.17}$$

と書き換えられる．第 1 項は $\boldsymbol{\pi}$ の運動エネルギーに相当し，第 2 項以降がいわゆる $\boldsymbol{\pi}$ の非線形項である．

7.2 核子，ベクトル中間子の寄与を含む非線形 σ モデル

前節の π を π 中間子とみなし，このモデルを核物質の計算に適用することを考える．まず PCAC を再現するために自由ラグランジアン密度 (7.10) にカイラル対称性を破る σ の線形項を加える．ただし，σ の自由度は条件 (7.8) で π 中間子に書き換えられるものとする．核物質を議論するためには，さらに核子の自由度と斥力としてのベクトル中間子の寄与が必要である．核子とカイラル対称な π 中間子との相互作用も含める．非線形 σ モデルのラグランジアン密度として

$$\begin{aligned}\mathcal{L}_{\rm NLS} &= \overline{\psi}i\gamma^\mu\partial_\mu\psi - M\overline{\psi}\psi + g_\pi\overline{\psi}(\sigma + i\gamma_5\boldsymbol{\tau}\cdot\boldsymbol{\pi})\psi\\ &\qquad - g_\omega\overline{\psi}\gamma^\mu\omega_\mu\psi + \frac{1}{2}(\partial_\mu\sigma)^2 + \frac{1}{2}(\partial_\mu\boldsymbol{\pi})^2 - \frac{1}{4}F_{\mu\nu}F^{\mu\nu}\\ &\qquad + A_\omega f_\pi^2\omega_\mu\omega^\mu - bf_\pi^3\sigma\end{aligned} \tag{7.18}$$

を考える．$\boldsymbol{\pi}$ は擬スカラー・アイソベクトルの π 中間子場，ω^μ はベクトル・アイソスカラーの ω 中間子場を表す．ω 中間子のテンソル場は

$$F_{\mu\nu} = \partial_\mu \omega_\nu - \partial_\nu \omega_\mu \tag{7.19}$$

である．核子の質量は $M\overline{\psi}\psi$ の形で，ω 中間子の質量は $A_\omega f_\pi^2 \omega_\mu \omega^\mu$ の形で導入されているが，π 中間子の質量項はあからさまな形では入っていない．

このラグランジアン密度でカイラル対称性を満たさないのは核子の質量項 $M\overline{\psi}\psi$ と σ の線形項 $bf_\pi^3\sigma$ のみである．質量項の係数 M，A_ω および，相互作用の結合定数 g_π，g_ω，σ の線形項の係数 b は後に核データに合わせて決められる．σ の線形項は σ を式 (7.13) とみなして $\dfrac{\boldsymbol{\pi}^2}{a^2}$ で展開すると

$$\begin{aligned}
-bf_\pi^3\sigma \;&=\; -\, bf_\pi^3 a\left(1 - \frac{\boldsymbol{\pi}^2}{a^2}\right)^{\frac{1}{2}} \\
&=\; -\, abf_\pi^3\left\{1 - \frac{1}{2}\frac{\boldsymbol{\pi}^2}{a^2} - \frac{1}{8}\left(\frac{\boldsymbol{\pi}^2}{a^2}\right)^2 - \cdots\cdots\right\} \\
&=\; -\, abf_\pi^3 + \frac{1}{2}\frac{b}{a} f_\pi^3 \boldsymbol{\pi}^2 + \frac{1}{8} abf_\pi^3 \frac{(\boldsymbol{\pi}^2)^2}{a^2} + \cdots\cdots
\end{aligned} \tag{7.20}$$

となり，第 1 項は定数となるが，第 2 項に π 中間子の質量に寄与する項が現れる．

このラグランジアン密度には見かけ上，σ 粒子の自由度も現れているが，条件 (7.8)

$$\sigma^2 + \boldsymbol{\pi}^2 \;=\; a^2$$

を使って，π 中間子の自由度で置き換えられる．π 中間子と σ 粒子の質量をカイラル対称となるように

$$A_\pi f_\pi^2 (\boldsymbol{\pi}^2 + \sigma^2)$$

の形で導入してもこの条件からこの項は定数となってしまう．カイラルループ $(\sigma^2 + \boldsymbol{\pi}^2)$ の高次項などがあっても，やはりこの条件から定数になるのでラグランジアン密度から除いておく．

核子に関する Dirac 方程式は

$$i\gamma^\mu \partial_\mu \psi - M\psi + g_\pi(\sigma + i\gamma_5 \boldsymbol{\tau}\cdot\boldsymbol{\pi})\psi - g_\omega \gamma^\mu \omega_\mu \psi \;=\; 0 \tag{7.21}$$

$$- i\partial_\mu\overline{\psi}\gamma^\mu - M\overline{\psi} + \overline{\psi}g_\pi(\sigma + i\gamma_5\boldsymbol{\tau}\cdot\boldsymbol{\pi}) - g_\omega\overline{\psi}\gamma^\mu\omega_\mu = 0 \tag{7.22}$$

である．

π 中間子に関わる Klein-Gordon 方程式を求めるには条件 (7.16) を使って

$$\begin{aligned}\frac{\delta\mathcal{L}_{\rm NLS}}{\delta\boldsymbol{\pi}} &= g_\pi\overline{\psi}\Big(\frac{\delta}{\delta\boldsymbol{\pi}}\sigma + i\gamma_5\boldsymbol{\tau}\Big)\psi + \frac{1}{2}2\partial_\mu\sigma\left(\frac{\delta}{\delta\boldsymbol{\pi}}\partial^\mu\sigma\right) - bf_\pi^3\frac{\delta}{\delta\boldsymbol{\pi}}\sigma\\ &= g_\pi\overline{\psi}\Big(-\frac{\boldsymbol{\pi}}{\sigma} + i\gamma_5\boldsymbol{\tau}\Big)\psi + \frac{\boldsymbol{\pi}\cdot\partial_\mu\boldsymbol{\pi}}{\sigma^2}\partial^\mu\boldsymbol{\pi} + \frac{(\boldsymbol{\pi}\cdot\partial_\mu\boldsymbol{\pi})^2}{\sigma^4}\boldsymbol{\pi}\\ &\quad + bf_\pi^3\frac{\boldsymbol{\pi}}{\sigma}\end{aligned}$$

および

$$\begin{aligned}\partial_\mu\frac{\delta\mathcal{L}_{\rm NLS}}{\delta(\partial_\mu\boldsymbol{\pi})} &= \partial_\mu\Big\{\frac{1}{2}2\Big(\frac{\delta}{\delta(\partial_\mu\boldsymbol{\pi})}\partial_\nu\sigma\Big)(\partial^\nu\sigma) + \frac{1}{2}2\partial^\mu\boldsymbol{\pi}\Big\}\\ &= \frac{\boldsymbol{\pi}\cdot\partial_\mu\boldsymbol{\pi}}{\sigma^2}\partial^\mu\boldsymbol{\pi} + \frac{(\partial_\mu\boldsymbol{\pi})^2}{\sigma^2}\boldsymbol{\pi} + \frac{\boldsymbol{\pi}\cdot\partial_\mu\partial^\mu\boldsymbol{\pi}}{\sigma^2}\boldsymbol{\pi}\\ &\quad + 2\frac{(\boldsymbol{\pi}\cdot\partial_\mu\boldsymbol{\pi})^2}{\sigma^4}\boldsymbol{\pi} + \partial_\mu\partial^\mu\boldsymbol{\pi}\end{aligned}$$

となるので，Klein-Gordon 方程式は

$$\begin{aligned}&\Big(\frac{\boldsymbol{\pi}\cdot\partial^\mu\boldsymbol{\pi}}{\sigma^2}\Big)^2\boldsymbol{\pi} + \frac{(\partial_\mu\boldsymbol{\pi})^2}{\sigma^2}\boldsymbol{\pi} + \frac{\boldsymbol{\pi}\cdot\partial_\mu\partial^\mu\boldsymbol{\pi}}{\sigma^2}\boldsymbol{\pi} + \partial_\mu\partial^\mu\boldsymbol{\pi}\\ &= g_\pi\overline{\psi}\Big(-\frac{\boldsymbol{\pi}}{\sigma} + i\gamma_5\boldsymbol{\tau}\Big)\psi + bf_\pi^3\frac{\boldsymbol{\pi}}{\sigma}\end{aligned} \tag{7.23}$$

となる．

ω 中間子に対する Proca 方程式は

$$\partial_\mu F^{\mu\nu} = g_\omega\overline{\psi}\gamma^\nu\psi - 2A_\omega f_\pi^2\,\omega^\nu \tag{7.24}$$

となる．

ハミルトニアン密度は

$$\begin{aligned}\mathcal{H}_{\rm NLS} &= \psi^\dagger\boldsymbol{\alpha}\cdot\boldsymbol{p}\psi + M\overline{\psi}\psi - g_\pi\overline{\psi}(\sigma + i\boldsymbol{\tau}\cdot\boldsymbol{\pi}\gamma_5)\psi\\ &\quad + g_\omega\overline{\psi}\gamma^\mu\omega_\mu\psi + \frac{1}{2}(\partial_0\sigma)^2 + \frac{1}{2}(\boldsymbol{\nabla}\sigma)^2\\ &\quad + \frac{1}{2}(\partial_0\boldsymbol{\pi})^2 + \frac{1}{2}(\boldsymbol{\nabla}\boldsymbol{\pi})^2 + \frac{1}{2}(\partial_0\omega_\mu)^2 + \frac{1}{2}(\boldsymbol{\nabla}\omega_\mu)^2\end{aligned}$$

$$- A_\omega f_\pi^2 \omega_\mu \omega^\mu + b f_\pi^3 \sigma \tag{7.25}$$

である．

7.2.1　ベクトルカレント

アイソスピン空間での回転に対応するベクトルカレントの保存を確認する．ベクトルカレントは

$$\boldsymbol{\mathcal{J}}^\mu = \overline{\psi}\gamma^\mu \frac{\boldsymbol{\tau}}{2}\psi + \boldsymbol{\pi} \times \partial^\mu \boldsymbol{\pi} \tag{7.26}$$

で定義されるから，その発散は

$$\begin{aligned} \partial_\mu \boldsymbol{\mathcal{J}}^\mu &= (\partial_\mu \overline{\psi})\gamma^\mu \frac{\boldsymbol{\tau}}{2}\psi + \overline{\psi}\gamma^\mu \frac{\boldsymbol{\tau}}{2}(\partial_\mu \psi) \\ &\quad + \partial_\mu \boldsymbol{\pi} \times \partial^\mu \boldsymbol{\pi} + \boldsymbol{\pi} \times \partial_\mu \partial^\mu \boldsymbol{\pi} \end{aligned} \tag{7.27}$$

となる．Klein-Goldon 方程式 (7.23) を使って変形すると，$\partial_\mu \partial^\mu \boldsymbol{\pi}$ に対応する項で $\boldsymbol{\pi}$ に比例する項はベクトル積のため 0 となるから

$$\begin{aligned} \partial_\mu \boldsymbol{\mathcal{J}}^\mu &= \frac{1}{i}\overline{\psi}\{-M + g_\pi(\sigma + i\boldsymbol{\tau}\cdot\boldsymbol{\pi}\gamma_5) - g_\omega \gamma^\mu \omega_\mu\}\frac{\boldsymbol{\tau}}{2}\psi \\ &\quad + \frac{1}{-i}\overline{\psi}\frac{\boldsymbol{\tau}}{2}\{-M + g_\pi(\sigma + i\boldsymbol{\tau}\cdot\boldsymbol{\pi}\gamma_5) - g_\omega \gamma^\mu \omega_\mu\}\psi \\ &\quad + \boldsymbol{\pi} \times g_\pi \overline{\psi} i\gamma_5 \boldsymbol{\tau}\psi \\ &= g_\pi \overline{\psi}(i\boldsymbol{\tau}\cdot\boldsymbol{\pi}\frac{\boldsymbol{\tau}}{2} - \frac{\boldsymbol{\tau}}{2}\boldsymbol{\tau}\cdot\boldsymbol{\pi})\gamma_5\psi + g_\pi \overline{\psi} i\gamma_5 \boldsymbol{\pi} \times \boldsymbol{\tau}\psi \\ &= g_\pi \overline{\psi}\frac{1}{2}(\boldsymbol{\pi} + i\boldsymbol{\tau}\times\boldsymbol{\pi} - \boldsymbol{\pi} - i\boldsymbol{\pi}\times\boldsymbol{\tau})\gamma_5\psi \\ &\quad + g_\pi \overline{\psi} i\gamma_5 \boldsymbol{\pi} \times \boldsymbol{\tau}\psi \\ &= 0 \end{aligned} \tag{7.28}$$

となり，確かに保存していることが確認できる．

7.2.2　軸性ベクトルカレント

カイラル回転に対応する軸性ベクトルカレントは

$$\boldsymbol{\mathcal{J}}_{\mathrm{A}}^{\mu} = \overline{\psi}\gamma^{\mu}\gamma_5\frac{\boldsymbol{\tau}}{2}\psi + \sigma\partial^{\mu}\boldsymbol{\pi} - \boldsymbol{\pi}\partial^{\mu}\sigma \tag{7.29}$$

となるから，その発散は

$$\begin{aligned}\partial_{\mu}\boldsymbol{\mathcal{J}}_{\mathrm{A}}^{\mu} &= (\partial_{\mu}\overline{\psi})\gamma^{\mu}\gamma_5\frac{\boldsymbol{\tau}}{2}\psi + \overline{\psi}\gamma^{\mu}\gamma_5\frac{\boldsymbol{\tau}}{2}(\partial_{\mu}\psi)\\ &\quad + (\partial_{\mu}\sigma)\partial^{\mu}\boldsymbol{\pi} + \sigma\partial_{\mu}\partial^{\mu}\boldsymbol{\pi} - (\partial_{\mu}\boldsymbol{\pi})\partial^{\mu}\sigma - \boldsymbol{\pi}\partial_{\mu}\partial^{\mu}\sigma\\ &= (\partial_{\mu}\overline{\psi})\gamma^{\mu}\gamma_5\frac{\boldsymbol{\tau}}{2}\psi - \overline{\psi}\gamma_5\frac{\boldsymbol{\tau}}{2}\gamma^{\mu}(\partial_{\mu}\psi)\\ &\quad + \sigma\partial_{\mu}\partial^{\mu}\boldsymbol{\pi} - \boldsymbol{\pi}\partial_{\mu}\partial^{\mu}\sigma\end{aligned} \tag{7.30}$$

である．

このうち，核子に関わる部分は Dirac 方程式 (7.21)，(7.22) を使って

$$\begin{aligned}&(\partial_{\mu}\overline{\psi})\gamma^{\mu}\gamma_5\frac{\boldsymbol{\tau}}{2}\psi - \overline{\psi}\gamma_5\frac{\boldsymbol{\tau}}{2}\gamma^{\mu}(\partial_{\mu}\psi)\\ &= \frac{1}{i}\overline{\psi}\{-M + g_{\pi}(\sigma + i\boldsymbol{\tau}\cdot\boldsymbol{\pi}\gamma_5) - g_{\omega}\gamma^{\mu}\omega_{\mu}\}\gamma_5\frac{\boldsymbol{\tau}}{2}\psi\\ &\quad - \overline{\psi}\gamma_5\frac{\boldsymbol{\tau}}{2}\frac{1}{-i}\{-M + g_{\pi}(\sigma + i\boldsymbol{\tau}\cdot\boldsymbol{\pi}\gamma_5) - g_{\omega}\gamma^{\mu}\omega_{\mu}\}\psi\\ &= \overline{\psi}iM\gamma_5\boldsymbol{\tau}\psi + \overline{\psi}g_{\pi}\Big\{-i\sigma\gamma_5\boldsymbol{\tau} + \frac{1}{2}(\boldsymbol{\tau}\cdot\boldsymbol{\pi}\;\boldsymbol{\tau} + \boldsymbol{\tau}\;\boldsymbol{\tau}\cdot\boldsymbol{\pi})\Big\}\psi\end{aligned}$$

となり，さらに $\boldsymbol{\tau}\cdot\boldsymbol{\pi}\boldsymbol{\tau}\cdot\boldsymbol{\epsilon} = \boldsymbol{\pi}\cdot\boldsymbol{\epsilon} + i\boldsymbol{\tau}\cdot\boldsymbol{\pi}\times\boldsymbol{\epsilon}$ を使って（$\boldsymbol{\epsilon}$ は任意のアイソスピンベクトル）

$$\begin{aligned}&(\partial_{\mu}\overline{\psi})\gamma^{\mu}\gamma_5\frac{\boldsymbol{\tau}}{2}\psi - \overline{\psi}\gamma_5\frac{\boldsymbol{\tau}}{2}\gamma^{\mu}(\partial_{\mu}\psi)\\ &= \overline{\psi}iM\gamma_5\boldsymbol{\tau}\psi + \overline{\psi}g_{\pi}(-i\sigma\gamma_5\boldsymbol{\tau} + \boldsymbol{\pi})\psi\end{aligned} \tag{7.31}$$

となる．中間子に関わる部分は式 (7.16) から

$$\partial_{\mu}\partial^{\mu}\sigma = -\frac{1}{\sigma}\partial_{\mu}\boldsymbol{\pi}\cdot\partial^{\mu}\boldsymbol{\pi} - \frac{1}{\sigma^3}(\boldsymbol{\pi}\cdot\partial^{\mu}\boldsymbol{\pi})^2 - \frac{1}{\sigma}\boldsymbol{\pi}\cdot\partial_{\mu}\partial^{\mu}\boldsymbol{\pi}$$

となることを使って

$$\begin{aligned}&\sigma\partial_{\mu}\partial^{\mu}\boldsymbol{\pi} - \boldsymbol{\pi}\partial_{\mu}\partial^{\mu}\sigma\\ &= \sigma\partial_{\mu}\partial^{\mu}\boldsymbol{\pi} + \frac{\boldsymbol{\pi}}{\sigma}\partial_{\mu}\boldsymbol{\pi}\cdot\partial^{\mu}\boldsymbol{\pi} + \frac{\boldsymbol{\pi}}{\sigma^3}(\boldsymbol{\pi}\cdot\partial^{\mu}\boldsymbol{\pi})^2 + \frac{\boldsymbol{\pi}}{\sigma}\boldsymbol{\pi}\cdot\partial_{\mu}\partial^{\mu}\boldsymbol{\pi}\end{aligned}$$

となり，これに Klein-Gordon 方程式 (7.23) を使って

$$\sigma\partial_\mu\partial^\mu\boldsymbol{\pi} - \boldsymbol{\pi}\partial_\mu\partial^\mu\sigma = g_\pi\overline{\psi}(-\boldsymbol{\pi} + i\sigma\gamma_5\boldsymbol{\tau})\psi + bf_\pi^3\boldsymbol{\pi} \tag{7.32}$$

となる．

結局，軸性ベクトルカレントの発散は

$$\begin{aligned}\partial_\mu\boldsymbol{\mathcal{J}}_{\mathrm{A}}^\mu &= (\partial_\mu\overline{\psi})\gamma^\mu\gamma_5\frac{\boldsymbol{\tau}}{2}\psi - \overline{\psi}\gamma_5\frac{\boldsymbol{\tau}}{2}\gamma^\mu(\partial_\mu\psi) + \sigma\partial_\mu\partial^\mu\boldsymbol{\pi} - \boldsymbol{\pi}\partial_\mu\partial^\mu\sigma \\ &= M\overline{\psi}i\gamma_5\boldsymbol{\tau}\psi + bf_\pi^3\boldsymbol{\pi}\end{aligned} \tag{7.33}$$

となり，核子の質量項と σ の線形項がカイラル対称性を破る項として残ることがわかる．

荷電 π 中間子の崩壊 $\pi^+ \to \mu^+ + \nu_\mu$，$\pi^- \to \mu^- + \overline{\nu}_\mu$ に対するカレント

$$< 0|\partial_\mu\boldsymbol{\mathcal{J}}_{\mathrm{A}}^\mu(0)|\pi(k) >= k_\mu k^\mu f_\pi = m_\pi^2 f_\pi$$

と式 (7.33) を比べると

$$bf_\pi^3 = f_\pi m_\pi^2$$

となることがわかり

$$b = \frac{m_\pi^2}{f_\pi^2} \tag{7.34}$$

が求まる．m_π，f_π はそれぞれ荷電 π 中間子の質量と崩壊定数を表す．

7.3　π 中間子対凝縮状態

σ の自由度を消し，π 中間子の自由度で書き換えたので，π 中間子対が古典場として存在する時間・空間一様な平均場近似を考える．

$$\boldsymbol{\pi} \longrightarrow \langle\boldsymbol{\pi}\rangle = 0 \qquad\qquad \boldsymbol{\pi}^2 \longrightarrow \langle\boldsymbol{\pi}^2\rangle \tag{7.35}$$

$$\omega_\mu \longrightarrow \langle\omega\rangle\delta_{\mu 0} \tag{7.36}$$

とおき，見かけ上の σ は π 中間子の古典場を使って

$$\sigma = a\sqrt{1-\frac{\boldsymbol{\pi}^2}{a^2}} \longrightarrow \langle\sigma\rangle = a\sqrt{1-\frac{\langle\boldsymbol{\pi}^2\rangle}{a^2}} \tag{7.37}$$

とする.

ハミルトニアン密度 (7.25) に対して平均場近似を施した (核子分布に関しても平均操作を行ったものと考える)

$$\begin{aligned}\langle\mathcal{H}_{\mathrm{NLS}}\rangle =& \langle\psi^\dagger\boldsymbol{\alpha}\cdot\boldsymbol{p}\psi\rangle + (M - g_\pi\langle\sigma\rangle)\langle\overline{\psi}\psi\rangle + g_\omega\langle\omega\rangle\langle\overline{\psi}\gamma^0\psi\rangle \\ &- A_\omega f_\pi^2\langle\omega\rangle^2 + bf_\pi^3\langle\sigma\rangle\end{aligned} \tag{7.38}$$

が $\langle\boldsymbol{\pi}^2\rangle$ に対して極小となることを要求すると

$$\begin{aligned}\frac{\partial\langle\mathcal{H}_{\mathrm{NLS}}\rangle}{\partial\langle\boldsymbol{\pi}^2\rangle} =& -g_\pi\frac{\partial\langle\sigma\rangle}{\partial\langle\boldsymbol{\pi}^2\rangle}\langle\overline{\psi}\psi\rangle + bf_\pi^3\frac{\partial\langle\sigma\rangle}{\partial\langle\boldsymbol{\pi}^2\rangle} \\ =& g_\pi\frac{1}{2\langle\sigma\rangle}\langle\overline{\psi}\psi\rangle - bf_\pi^3\frac{1}{2\langle\sigma\rangle} \\ =& 0\end{aligned} \tag{7.39}$$

となる. すなわち

$$bf_\pi^3 = g_\pi\langle\overline{\psi}\psi\rangle \tag{7.40}$$

となり, スカラー密度 $\rho_{\mathrm{S}} = \langle\overline{\psi}\psi\rangle$ が核子密度に依存せず, 一定となる. この条件は線形 σ モデルにおいても出てきた条件であるが, 核子密度 0 では成り立たない. 核子密度 0 となる領域では, この条件が成り立たないことが $\langle\boldsymbol{\pi}^2\rangle = 0$ となることを示している.

$\langle\omega\rangle$ に関しては, 運動方程式 (7.24) に平均場近似を適用して

$$g_\omega\langle\overline{\psi}\gamma^0\psi\rangle = 2A_\omega f_\pi^2\langle\omega\rangle \tag{7.41}$$

となり, この式から $\langle\omega\rangle$ が

$$\langle\omega\rangle = \frac{g_\omega}{2A_\omega}\frac{\rho_{\mathrm{B}}}{f_\pi^2} \tag{7.42}$$

と決まる.

7.3.1 有効質量

粒子の有効質量を求めるため，中間子場をその古典場とゆらぎを使って

$$\boldsymbol{\pi} \longrightarrow \tilde{\boldsymbol{\pi}} \qquad\qquad \boldsymbol{\pi}^2 \longrightarrow \langle \boldsymbol{\pi}^2 \rangle + \tilde{\boldsymbol{\pi}}^2 \tag{7.43}$$

$$\omega_\mu \longrightarrow \langle \omega \rangle \delta_{\mu 0} + \tilde{\omega}_\mu \tag{7.44}$$

と書き直す．σ に関しては展開して

$$\begin{aligned}
\sigma = a\sqrt{1-\frac{\boldsymbol{\pi}^2}{a^2}} \longrightarrow \langle \sigma \rangle + \tilde{\sigma} \\
&= a\sqrt{1-\frac{\langle \boldsymbol{\pi}^2 \rangle}{a^2}-\frac{\tilde{\boldsymbol{\pi}}^2}{a^2}} \\
&= a\sqrt{1-\frac{\langle \boldsymbol{\pi}^2 \rangle}{a^2}}\Big\{1-\frac{\tilde{\boldsymbol{\pi}}^2}{2(a^2-\langle \boldsymbol{\pi}^2 \rangle)} \\
&\qquad -\frac{\tilde{\boldsymbol{\pi}}^4}{8(a^2-\langle \boldsymbol{\pi}^2 \rangle)^2}-\cdots\cdots\Big\} \\
&= \langle \sigma \rangle - \frac{\tilde{\boldsymbol{\pi}}^2}{2\langle \sigma \rangle} - \frac{\tilde{\boldsymbol{\pi}}^4}{8\langle \sigma \rangle^3} - \cdots\cdots
\end{aligned} \tag{7.45}$$

とする．ただし

$$\langle \sigma \rangle = a\sqrt{1-\frac{\langle \boldsymbol{\pi}^2 \rangle}{a^2}}$$

である．また

$$\partial_\mu \sigma = -\frac{\boldsymbol{\pi}\cdot\partial_\mu \boldsymbol{\pi}}{\sigma}$$

から

$$\begin{aligned}
\partial_\mu \tilde{\sigma} &= -\frac{\tilde{\boldsymbol{\pi}}\cdot\partial_\mu \tilde{\boldsymbol{\pi}}}{\sqrt{a^2-\langle \boldsymbol{\pi}^2 \rangle-\tilde{\boldsymbol{\pi}}^2}} \\
&= -\frac{\tilde{\boldsymbol{\pi}}\cdot\partial_\mu \tilde{\boldsymbol{\pi}}}{\sqrt{a^2-\langle \boldsymbol{\pi}^2 \rangle}}\Big\{1+\frac{\tilde{\boldsymbol{\pi}}^2}{2(a^2-\langle \boldsymbol{\pi}^2 \rangle)}+\frac{3\tilde{\boldsymbol{\pi}}^4}{8(a^2-\langle \boldsymbol{\pi}^2 \rangle)^2} \\
&\qquad +\cdots\cdots\Big\} \\
&= -\frac{\tilde{\boldsymbol{\pi}}\cdot\partial_\mu \tilde{\boldsymbol{\pi}}}{\langle \sigma \rangle}\Big(1+\frac{\tilde{\boldsymbol{\pi}}^2}{2\langle \sigma \rangle^2}+\frac{3\tilde{\boldsymbol{\pi}}^4}{8\langle \sigma \rangle^4}+\cdots\cdots\Big)
\end{aligned}$$

となるので

$$(\partial_\mu \tilde{\sigma})^2 = \frac{(\tilde{\boldsymbol{\pi}} \cdot \partial_\mu \tilde{\boldsymbol{\pi}})^2}{\langle\sigma\rangle^2}\left(1 + \frac{\tilde{\boldsymbol{\pi}}^2}{\langle\sigma\rangle^2} + \frac{\tilde{\boldsymbol{\pi}}^4}{\langle\sigma\rangle^4} + \cdots\cdots\right)$$

である．

以上の結果をラグランジアン密度 (7.18) に代入して

$$\begin{aligned}
\mathcal{L}_{\mathrm{NLS}} =& \overline{\psi} i\gamma^\mu \partial_\mu \psi - M\overline{\psi}\psi \\
&+ g_\pi \overline{\psi}\left(\langle\sigma\rangle - \frac{\tilde{\boldsymbol{\pi}}^2}{2\langle\sigma\rangle} - \frac{\tilde{\boldsymbol{\pi}}^4}{8\langle\sigma\rangle^3} - \cdots\cdots + i\gamma_5 \boldsymbol{\tau}\cdot\tilde{\boldsymbol{\pi}}\right)\psi \\
&- g_\omega \overline{\psi}\gamma^\mu(\langle\omega\rangle\delta_{\mu 0} + \tilde{\omega}_\mu)\psi \\
&+ \frac{1}{2}\frac{(\tilde{\boldsymbol{\pi}} \cdot \partial_\mu \tilde{\boldsymbol{\pi}})^2}{\langle\sigma\rangle^2}\left(1 + \frac{\tilde{\boldsymbol{\pi}}^2}{\langle\sigma\rangle^2} + \frac{\tilde{\boldsymbol{\pi}}^4}{\langle\sigma\rangle^4} + \cdots\cdots\right) \\
&+ \frac{1}{2}(\partial_\mu \tilde{\boldsymbol{\pi}})^2 - \frac{1}{4}\tilde{F}_{\mu\nu}\tilde{F}^{\mu\nu} + A_\omega f_\pi^2\left(\langle\omega\rangle\delta_{\mu 0} + \tilde{\omega}_\mu\right)^2 \\
&- b f_\pi^3\left(\langle\sigma\rangle - \frac{\tilde{\boldsymbol{\pi}}^2}{2\langle\sigma\rangle} - \frac{\tilde{\boldsymbol{\pi}}^4}{8\langle\sigma\rangle^3} - \cdots\cdots\right) \\
=& \overline{\psi} i\gamma^\mu \partial_\mu \psi - M\overline{\psi}\psi \\
&+ g_\pi\langle\sigma\rangle\overline{\psi}\psi - g_\pi\overline{\psi}\left(\frac{\tilde{\boldsymbol{\pi}}^2}{2\langle\sigma\rangle} + \frac{\tilde{\boldsymbol{\pi}}^4}{8\langle\sigma\rangle^3} + \cdots\cdots\right)\psi \\
&+ g_\pi \overline{\psi} i\gamma_5 \boldsymbol{\tau}\psi \cdot \tilde{\boldsymbol{\pi}}\psi \\
&- g_\omega \overline{\psi}\gamma^\mu \tilde{\omega}_\mu \psi - g_\omega\langle\omega\rangle\overline{\psi}\gamma^0\psi \\
&+ \frac{1}{2}\frac{(\tilde{\boldsymbol{\pi}} \cdot \partial_\mu \tilde{\boldsymbol{\pi}})^2}{\langle\sigma\rangle^2}\left(1 + \frac{\tilde{\boldsymbol{\pi}}^2}{\langle\sigma\rangle^2} + \frac{\tilde{\boldsymbol{\pi}}^4}{\langle\sigma\rangle^4} + \cdots\cdots\right) \\
&+ \frac{1}{2}(\partial_\mu \tilde{\boldsymbol{\pi}})^2 - \frac{1}{4}\tilde{F}_{\mu\nu}\tilde{F}^{\mu\nu} \\
&+ A_\omega f_\pi^2\langle\omega\rangle^2 + 2A_\omega f_\pi^2\langle\omega\rangle\tilde{\omega}_0 + A_\omega f_\pi^2\,\tilde{\omega}_\mu^2 \\
&- b f_\pi^3\langle\sigma\rangle + b f_\pi^3\frac{\tilde{\boldsymbol{\pi}}^2}{2\langle\sigma\rangle} + b f_\pi^3\frac{\tilde{\boldsymbol{\pi}}^4}{8\langle\sigma\rangle^3} + \cdots\cdots
\end{aligned}$$

となる．核子の有効質量は $\overline{\psi}\psi$ の係数から

$$M^* = M - g_\pi\langle\sigma\rangle \tag{7.46}$$

と定義される．

π 中間子の有効質量は $\frac{1}{2}\tilde{\boldsymbol{\pi}}^2$ の係数から

$$m_\pi^{*2} = -\frac{bf_\pi^3}{\langle\sigma\rangle} = -\frac{m_\pi^2 f_\pi}{\langle\sigma\rangle} \tag{7.47}$$

となる．核子密度 0 では $\langle\boldsymbol{\pi}^2\rangle = 0$ であるが，その場合でもこの式が有効であることは明らかであろう．これは式 (7.20) に示された σ の線形項から導かれる π 中間子の質量項に対応している．$\langle\boldsymbol{\pi}^2\rangle = 0$ では式 (7.37) から

$$\langle\sigma\rangle = a \tag{7.48}$$

となるので，真空中の π 中間子の質量は

$$m_\pi^2 = -\frac{m_\pi^2 f_\pi}{\langle\sigma\rangle_0} = -\frac{m_\pi^2 f_\pi}{a} \tag{7.49}$$

となる．すなわち見かけ上の σ 粒子の古典場の核子密度 0 での値は

$$\langle\sigma\rangle_0 = -f_\pi = a \tag{7.50}$$

となる．また，真空中の核子の質量もこれを使って

$$M_{\mathrm{N}} = M + g_\pi f_\pi \tag{7.51}$$

となる．

ω 中間子の有効質量は $\frac{1}{2}\tilde{\omega}_\mu^2$ の係数から

$$m_\omega^{*2} = 2A_\omega f_\pi^2 \tag{7.52}$$

と決まる．m_ω^{*2} は定数となり，核子密度に依存する変化はない．当然，真空中での ω 中間子の質量 m_ω に等しくなり

$$2A_\omega f_\pi^2 = m_\omega^2 \tag{7.53}$$

である．これから導入された ω 中間子の質量項の係数 A_ω は

$$A_\omega = \frac{m_\omega^2}{2f_\pi^2} \tag{7.54}$$

と決まる．

以上の結果は $\langle\boldsymbol{\pi}^2\rangle$ の値にかかわりなく決まるので，$\langle\boldsymbol{\pi}^2\rangle = 0$ でも $\langle\boldsymbol{\pi}^2\rangle \neq 0$ の場合でも有効である．

7.3.2 エネルギー

ハミルトニアン密度 (7.25) の中間子場に対し平均場近似を施すと

$$\mathcal{H}^*_{\mathrm{NLS}} = \psi^\dagger \boldsymbol{\alpha}\cdot\boldsymbol{p}\psi + (M - g_\pi\langle\sigma\rangle)\overline{\psi}\psi + g_\omega\langle\omega\rangle\overline{\psi}\gamma^0\psi - A_\omega f_\pi^2\langle\omega\rangle^2 + bf_\pi^3\langle\sigma\rangle \tag{7.55}$$

となり，これは有効質量量 $M - g_\pi\langle\sigma\rangle$ を持つ核子が自由運動しているハミルトニアン密度となるから，核子は Fermi ガス分布をしていると考えられる．エネルギーは Fermi ガス分布の核子状態でハミルトニアン密度 (7.55) の期待値を取り

$$\begin{aligned}
E &= \langle F|\mathcal{H}^*_{\mathrm{NLS}}|F\rangle \\
&= \langle F|\overline{\psi}i\vec{\gamma}\cdot\vec{\nabla}\psi + (M - g_\pi\langle\sigma\rangle)\overline{\psi}\psi + g_\omega\langle\omega\rangle\overline{\psi}\gamma^0\psi|F\rangle \\
&\quad + V\{-A_\omega f_\pi^2\langle\omega\rangle^2 + bf_\pi^3\langle\sigma\rangle\} \\
&= V\Big\{\sum_{s,I}\int_0^{\vec{p}_{\mathrm{F}}}\frac{\mathrm{d}^3p}{(2\pi)^3}\Big(\sqrt{p^2+M^{*2}} + g_\omega\langle\omega\rangle\Big) \\
&\quad - A_\omega f_\pi^2\langle\omega\rangle^2 + bf_\pi^3\langle\sigma\rangle\Big\} \\
&= V\Big\{4\frac{4\pi}{(2\pi)^3}\int_0^{p_{\mathrm{F}}} p^2\sqrt{p^2+M^{*2}}\mathrm{d}p + \frac{1}{2}g_\omega\rho_{\mathrm{B}}\langle\omega\rangle \\
&\quad + \frac{1}{2}g_\omega\rho_{\mathrm{B}}\langle\omega\rangle + bf_\pi^3\langle\sigma\rangle\Big\}
\end{aligned} \tag{7.56}$$

となる．真空（$\rho_{\mathrm{B}} = 0$，$p_{\mathrm{F}} = 0$）では $\langle\sigma\rangle_0 = -f_\pi$ だから，核子密度 0 で残る定数項は核子質量のほかには

$$E_0 = -Vbf_\pi^4 = -Vm_\pi^2 f_\pi^2 \tag{7.57}$$

である．定数項 E_0 と核子の質量 M_{N} を引き，$A/V = \rho_{\mathrm{B}}$ を使って核子あたりのエネルギーを求めると

$$\begin{aligned}
E_{\mathrm{B}} &= \frac{E - E_0}{A} - M_{\mathrm{N}} = \frac{E - E_0}{V}\frac{1}{\rho_{\mathrm{B}}} - M_{\mathrm{N}} \\
&= \frac{\mathcal{E}_{\mathrm{N}} + \mathcal{E}_\omega + \mathcal{E}_\pi}{\rho_{\mathrm{B}}} - M_{\mathrm{N}}
\end{aligned} \tag{7.58}$$

となる．ただし

$$\begin{aligned}
\mathcal{E}_{\mathrm{N}} &= \frac{2}{\pi^2}\int_0^{p_{\mathrm{F}}} p^2\sqrt{p^2+M^{*2}}\mathrm{d}p \,/\, \rho_{\mathrm{B}} \\
&= \frac{M^{*4}}{4\pi^2}\Bigg[\frac{p_{\mathrm{F}}}{M^*}\left\{2\left(\frac{p_{\mathrm{F}}}{M^*}\right)^2+1\right\}\sqrt{1+\left(\frac{p_{\mathrm{F}}}{M^*}\right)^2} \\
&\qquad -\log\left\{\frac{p_{\mathrm{F}}}{M^*}+\sqrt{1+\left(\frac{p_{\mathrm{F}}}{M^*}\right)^2}\right\}\Bigg]
\end{aligned} \tag{7.59}$$

$$\mathcal{E}_{\omega} = \frac{1}{2}\,g_{\omega}\langle\omega\rangle\rho_{\mathrm{B}} = \frac{1}{4}\,\frac{g_{\omega}^2}{A_{\omega}}\,\frac{\rho_{\mathrm{B}}^2}{f_{\pi}^2} \tag{7.60}$$

$$\mathcal{E}_{\pi} = bf_{\pi}^3(\langle\sigma\rangle+f_{\pi}) \tag{7.61}$$

である．

この結果は第 4 章で議論した線形 σ モデルでの計算と定数項 E_0 を除いて一致する．パラメータとして使われる定数 g_{π}，g_{ω}，A_{ω}，b，M の間には

$$A_{\omega} = \frac{m_{\omega}^2}{2f_{\pi}^2}$$

$$b = \frac{m_{\pi}^2}{f_{\pi}^2}$$

$$M = M_{\mathrm{N}} - g_{\pi}f_{\pi}$$

の関係が存在するから，パラメータは g_{π}，g_{ω} の 2 つとなる．パラメータ g_{π}，g_{ω} を動かして飽和性（正規核子密度で最小のエネルギー $E_{\mathrm{B}} = -16.3\,\mathrm{MeV}$）と非圧縮率を再現する解を探したが存在しなかった．飽和性と非圧縮率を同時に再現するめにはパラメータが少なすぎる．

7.4　まとめ

非線形 σ モデルに斥力としてのベクトル中間子の寄与を加え，核物質に適用して，飽和性と非圧縮率を計算した．自由に動かせるパラメータは g_{π}，g_{ω} の 2 つしかなく，正規核子密度，束縛エネルギー，非圧縮率の 3 つの物理量を合わせることはできなかった．

また，スカラー密度 ρ_{S} が一定でなければならないという条件も強い制限となる．ρ_{S} は核子密度 0（$p_{\mathrm{F}} = 0$）で 0 となる．ρ_{S} が一定であるという条件は常に

$\rho_{\mathrm{S}} = 0$ を意味することになり，式 (7.40) から $b = 0$ となり，式 (7.34) と矛盾することになる．このことは核子密度 0 付近では π 中間子対凝縮状態になっていない（$\langle \boldsymbol{\pi}^2 \rangle = 0$）ということを意味している．

次にはパラメータを増やすとともに，この条件を緩和できる項を加えて議論しなければならない．

8 π中間子質量項の導入

スカラー密度ρ_{s}が一定となる条件が付くのは軸性ベクトルカレントの発散において$\boldsymbol{\pi}$の付く項がσ粒子の線形項のみであることに起因する．それを防ぐために，カイラル対称性を破る形でπ中間子の質量項を加えてみる．新たな非線形σモデルのラグランジアン密度として

$$\begin{aligned}\mathcal{L}_{\mathrm{NLSP}} = &\overline{\psi}i\gamma^\mu\partial_\mu\psi - M\overline{\psi}\psi + g_\pi\overline{\psi}(\sigma + i\gamma_5\boldsymbol{\tau}\cdot\boldsymbol{\pi})\psi \\ &- g_\omega\overline{\psi}\gamma^\mu\omega_\mu\psi + \frac{1}{2}(\partial_\mu\sigma)^2 + \frac{1}{2}(\partial_\mu\boldsymbol{\pi})^2 - \frac{1}{4}F_{\mu\nu}F^{\mu\nu} \\ &- A_\pi f_\pi^2\boldsymbol{\pi}^2 + A_\omega f_\pi^2\omega_\mu\omega^\mu - bf_\pi^3\sigma \end{aligned} \tag{8.1}$$

を考える．A_πの項が新たに加えられたπ中間子の質量項である．

核子に関するDirac方程式は前章と同じで

$$i\gamma^\mu\partial_\mu\psi - M\psi + g_\pi(\sigma + i\gamma_5\boldsymbol{\tau}\cdot\boldsymbol{\pi})\psi - g_\omega\gamma^\mu\omega_\mu\psi = 0 \tag{8.2}$$

$$-i\partial_\mu\overline{\psi}\gamma^\mu - M\overline{\psi} + \overline{\psi}g_\pi(\sigma + i\gamma_5\boldsymbol{\tau}\cdot\boldsymbol{\pi}) - g_\omega\overline{\psi}\gamma^\mu\omega_\mu = 0 \tag{8.3}$$

となる．

π中間子に関わるKlein-Gordon方程式にはπ中間子の質量項が残り

$$\begin{aligned}&\left(\frac{\boldsymbol{\pi}\cdot\partial^\mu\boldsymbol{\pi}}{\sigma^2}\right)^2\boldsymbol{\pi} + \frac{(\partial_\mu\boldsymbol{\pi})^2}{\sigma^2}\boldsymbol{\pi} + \frac{\boldsymbol{\pi}\cdot\partial_\mu\partial^\mu\boldsymbol{\pi}}{\sigma^2}\boldsymbol{\pi} + \partial_\mu\partial^\mu\boldsymbol{\pi} \\ &= g_\pi\overline{\psi}\Big(-\frac{\boldsymbol{\pi}}{\sigma} + i\gamma_5\boldsymbol{\tau}\Big)\psi - 2A_\pi f_\pi^2\boldsymbol{\pi} + bf_\pi^3\frac{\boldsymbol{\pi}}{\sigma}\end{aligned} \tag{8.4}$$

となる．

ω中間子に対するProca方程式は変化なく

$$\partial_\mu F^{\mu\nu} = g_\omega\overline{\psi}\gamma^\nu\psi - 2A_\omega f_\pi^2\,\omega^\nu \tag{8.5}$$

である．

ハミルトニアン密度にはπ中間子の質量項が加わり

$$
\begin{aligned}
\mathcal{H}_{\mathrm{NLSP}} &= \psi^\dagger \boldsymbol{\alpha}\cdot\boldsymbol{p}\psi + M\overline{\psi}\psi - g_\pi\overline{\psi}(\sigma + i\boldsymbol{\tau}\cdot\boldsymbol{\pi}\gamma_5)\psi \\
&\quad + g_\omega\overline{\psi}\gamma^\mu\omega_\mu\psi + \frac{1}{2}(\partial_0\sigma)^2 + \frac{1}{2}(\boldsymbol{\nabla}\sigma)^2 + \frac{1}{2}(\partial_0\boldsymbol{\pi})^2 \\
&\quad + \frac{1}{2}(\boldsymbol{\nabla}\boldsymbol{\pi})^2 + A_\pi f_\pi^2\boldsymbol{\pi}^2 + \frac{1}{2}(\partial_0\omega_\mu)^2 + \frac{1}{2}(\boldsymbol{\nabla}\omega_\mu)^2 \\
&\quad - A_\omega f_\pi^2\omega_\mu\omega^\mu + bf_\pi^3\sigma
\end{aligned}
\tag{8.6}
$$

となる.

軸性ベクトルカレントの発散は前章と同様な計算の結果

$$
\begin{aligned}
\partial_\mu\boldsymbol{\mathcal{J}}_{\mathrm{A}}^\mu &= (\partial_\mu\overline{\psi})\gamma^\mu\gamma_5\frac{\boldsymbol{\tau}}{2}\psi - \overline{\psi}\gamma_5\frac{\boldsymbol{\tau}}{2}\gamma^\mu(\partial_\mu\psi) + \sigma\partial_\mu\partial^\mu\boldsymbol{\pi} - \boldsymbol{\pi}\partial_\mu\partial^\mu\sigma \\
&= M\overline{\psi}i\gamma_5\boldsymbol{\tau}\psi - 2A_\pi f_\pi^2\sigma\boldsymbol{\pi} + bf_\pi^3\boldsymbol{\pi}
\end{aligned}
\tag{8.7}
$$

となり，核子の質量項，σ の線形項のほかに π 中間子の質量項がカイラル対称性を破る項として残る.

式 (8.7) の σ を展開式 (7.14)

$$
\sigma = a\left\{1 - \frac{1}{2}\frac{\boldsymbol{\pi}^2}{a^2} - \frac{1}{8}\left(\frac{\boldsymbol{\pi}^2}{a^2}\right)^2 - \cdots\cdots\right\}
$$

を使って $\boldsymbol{\pi}$ に書き直し，荷電 π 中間子の崩壊に対するカレント

$$
<0|\partial_\mu\boldsymbol{\mathcal{J}}_{\mathrm{A}}^\mu(0)|\pi(k)> = k_\mu k^\mu f_\pi = m_\pi^2 f_\pi
$$

と式 (8.7) を比べると

$$
-2A_\pi f_\pi^2 a + bf_\pi^3 = f_\pi m_\pi^2
$$

となり

$$
m_\pi^2 = -2aA_\pi f_\pi + bf_\pi^2 \tag{8.8}
$$

が求まる．真空中での π 中間子の質量である.

8.1　π 中間子対凝縮状態

ここで時間・空間一様な平均場近似

$$\boldsymbol{\pi} \longrightarrow \langle \boldsymbol{\pi} \rangle = 0 \qquad \boldsymbol{\pi}^2 \longrightarrow \langle \boldsymbol{\pi}^2 \rangle \tag{8.9}$$

$$\omega_\mu \longrightarrow \langle \omega \rangle \delta_{\mu 0} \tag{8.10}$$

$$\sigma = a\sqrt{1 - \frac{\boldsymbol{\pi}^2}{a^2}} \longrightarrow \langle \sigma \rangle = a\sqrt{1 - \frac{\langle \boldsymbol{\pi}^2 \rangle}{a^2}} \tag{8.11}$$

を考える．

前章と同様にハミルトニアン密度 (8.6) に平均場近似を適用して，そのハミルトニアン密度が $\langle \boldsymbol{\pi}^2 \rangle$ に対して極小となることを要求すると

$$g_\pi \langle \overline{\psi} \psi \rangle \frac{1}{2\langle \sigma \rangle} + A_\pi f_\pi^2 - b f_\pi^3 \frac{1}{2\langle \sigma \rangle} = 0 \tag{8.12}$$

となり，この式から $\langle \sigma \rangle$ が

$$\langle \sigma \rangle = \frac{b}{2A_\pi} f_\pi - \frac{g_\pi}{2A_\pi} \frac{\rho_{\mathrm{S}}}{f_\pi^2} \tag{8.13}$$

と決まり，$\langle \boldsymbol{\pi}^2 \rangle$ が

$$\langle \boldsymbol{\pi}^2 \rangle = a^2 - \langle \sigma \rangle^2 \tag{8.14}$$

から決まる．スカラー密度 $\rho_{\mathrm{S}} = \langle \overline{\psi} \psi \rangle$ は定数とはならず，$\langle \sigma \rangle$ の関数となる．

$\langle \omega \rangle$ に関しては，運動方程式 (8.5) に平均場近似を適用して

$$g_\omega \langle \overline{\psi} \gamma^0 \psi \rangle = 2A_\omega f_\pi^2 \langle \omega \rangle \tag{8.15}$$

となり，この式から $\langle \omega \rangle$ が

$$\langle \omega \rangle = \frac{g_\omega}{2A_\omega} \frac{\rho_{\mathrm{B}}}{f_\pi^2} \tag{8.16}$$

と決まる．

粒子の有効質量に関しても前章と同様に中間子場をその古典場とそのゆらぎに分解し，ラグランジアン密度 (8.1) を書き直して求められる．核子の有効質量と ω 中間子の有効質量は変化なく，それぞれ

$$M^* = M - g_\pi \langle \sigma \rangle \tag{8.17}$$

$$m_\omega^{*2} = 2A_\omega f_\pi^2 \tag{8.18}$$

と決まる．m_ω^{*2} は定数となり，真空中での ω 中間子の質量 m_ω に等しくなり

$$2A_\omega f_\pi^2 = m_\omega^2 \tag{8.19}$$

となるから，導入された ω 中間子の質量項の係数 A_ω は

$$A_\omega = \frac{m_\omega^2}{2f_\pi^2} \tag{8.20}$$

と決まる．

π 中間子の有効質量は質量項からの寄与が残り

$$m_\pi^{*2} = 2A_\pi f_\pi^2 - \frac{bf_\pi^3}{\langle\sigma\rangle} \tag{8.21}$$

となる．

式 (8.13) は核子密度 0 では $\rho_{\mathrm{S}} = 0$ となるから

$$\langle\sigma\rangle_0 = \frac{b}{2A_\pi} f_\pi \tag{8.22}$$

が求まる．式 (8.21) を核子密度 0 に適用すると

$$m_\pi^2 = 2A_\pi f_\pi^2 - \frac{bf_\pi^3}{\langle\sigma\rangle_0} = 0 \tag{8.23}$$

となり，π 中間子の質量が 0 となる．このことは核子密度 0 では π 中間子対凝縮状態になっていないことを意味する．すなわち核子密度 0 の領域では $\langle\boldsymbol{\pi}^2\rangle = 0$ と考えられる．故に，式 (8.22) ではなく

$$\langle\sigma\rangle_0 = a \tag{8.24}$$

となるべきである．

有効質量の式は $\langle\boldsymbol{\pi}^2\rangle$ の有無にかかわらず同じ式が求まるので，式 (8.21) は核子密度 0 でも有効で

$$m_\pi^2 = 2A_\pi f_\pi^2 - \frac{bf_\pi^3}{a} \tag{8.25}$$

となる．式 (8.8) を使って b を消去すると

$$a(2A_\pi f_\pi^2 - m_\pi^2) = (m_\pi^2 + 2aA_\pi f_\pi) f_\pi \tag{8.26}$$

となり，整理すると

$$m_\pi^2(a+f_\pi)=0 \tag{8.27}$$

が求まる．π 中間子の質量は 0 ではないので，この式から

$$a=-f_\pi \tag{8.28}$$

が決まる．故に

$$\langle\sigma\rangle_0=-f_\pi \tag{8.29}$$

であり，カイラル回転の条件式は

$$\sigma^2+\boldsymbol{\pi}^2=f_\pi^2 \tag{8.30}$$

となる．この条件は前章と同じである．式 (8.25) から，導入された係数は

$$2A_\pi+b\ =\ \frac{m_\pi^2}{f_\pi^2} \tag{8.31}$$

となるように決めなければならない．また，真空中の核子の質量もこれを使って

$$M_{\rm N}\ =\ M+g_\pi f_\pi \tag{8.32}$$

となる．

8.2　エネルギー

ハミルトニアン密度 (8.6) の中間子場に対し平均場近似を適用すると

$$\begin{aligned}\mathcal{H}^*_{\rm NLSP}&=\psi^\dagger\boldsymbol{\alpha}\cdot\boldsymbol{p}\psi+(M-g_\pi\langle\sigma\rangle)\overline{\psi}\psi+g_\omega\langle\omega\rangle\overline{\psi}\gamma^0\psi\\&\qquad+A_\pi f_\pi^2\langle\boldsymbol{\pi}^2\rangle-A_\omega f_\pi^2\,\langle\omega\rangle^2+bf_\pi^3\langle\sigma\rangle\end{aligned} \tag{8.33}$$

となり，これは有効質量量 $M-g_\pi\langle\sigma\rangle$ を持つ核子が自由運動しているハミルトニアン密度となるから，核子は Fermi ガス分布をしていると考えられる．エネルギーは Fermi ガス分布の核子でハミルトニアン密度 (8.33) の期待値を取り

$$
\begin{aligned}
E &= \langle F|\mathcal{H}^{*}_{\mathrm{NLSP}}|F\rangle \\
&= \langle F|\overline{\psi} i\vec{\gamma}\cdot\vec{\nabla}\psi + (M - g_{\pi}\langle\sigma\rangle)\overline{\psi}\psi + g_{\omega}\langle\omega\rangle\overline{\psi}\gamma^{0}\psi|F\rangle \\
&\quad + V\{A_{\pi}f_{\pi}^{2}\langle\boldsymbol{\pi}^{2}\rangle - A_{\omega}f_{\pi}^{2}\langle\omega\rangle^{2} + bf_{\pi}^{3}\langle\sigma\rangle\} \\
&= V\Big\{\sum_{s,I}\int_{0}^{\vec{p}_{\mathrm{F}}}\frac{\mathrm{d}^{3}p}{(2\pi)^{3}}\Big(\sqrt{p^{2}+M^{*2}} + g_{\omega}\langle\omega\rangle\Big) \\
&\quad + A_{\pi}f_{\pi}^{2}\langle\boldsymbol{\pi}^{2}\rangle - A_{\omega}f_{\pi}^{2}\langle\omega\rangle^{2} + bf_{\pi}^{3}\langle\sigma\rangle\Big\} \\
&= V\Big\{4\frac{4\pi}{(2\pi)^{3}}\int_{0}^{p_{\mathrm{F}}}p^{2}\sqrt{p^{2}+M^{*2}}\mathrm{d}p + \frac{1}{2}g_{\omega}\rho_{\mathrm{B}}\langle\omega\rangle \\
&\quad + A_{\pi}f_{\pi}^{2}\langle\boldsymbol{\pi}^{2}\rangle + bf_{\pi}^{3}\langle\sigma\rangle\Big\}
\end{aligned}
\tag{8.34}
$$

となる．真空（$\rho_{\mathrm{B}} = 0$，$p_{\mathrm{F}} = 0$）では $\langle\boldsymbol{\pi}^{2}\rangle_{0} = 0$，$\langle\sigma\rangle_{0} = -f_{\pi}$ だから，核子密度 0 で残る定数項は核子質量のほかには

$$
E_{0} = -Vbf_{\pi}^{4} \tag{8.35}
$$

である．定数項 E_{0} と核子の質量 M_{N} を引き，$A/V = \rho_{\mathrm{B}}$ を使って核子あたりのエネルギーを求めると

$$
\begin{aligned}
E_{\mathrm{B}} &= \frac{E - E_{0}}{A} - M_{\mathrm{N}} = \frac{E - E_{0}}{V}\frac{1}{\rho_{\mathrm{B}}} - M_{\mathrm{N}} \\
&= \frac{\mathcal{E}_{\mathrm{N}} + \mathcal{E}_{\omega} + \mathcal{E}_{\pi}}{\rho_{\mathrm{B}}} - M_{\mathrm{N}}
\end{aligned}
\tag{8.36}
$$

となる．ただし

$$
\begin{aligned}
\mathcal{E}_{\mathrm{N}} &= \frac{2}{\pi^{2}}\int_{0}^{p_{\mathrm{F}}}p^{2}\sqrt{p^{2}+M^{*2}}\mathrm{d}p \\
&= \frac{M^{*4}}{4\pi^{2}}\Big[\frac{p_{\mathrm{F}}}{M^{*}}\Big\{2\Big(\frac{p_{\mathrm{F}}}{M^{*}}\Big)^{2} + 1\Big\}\sqrt{1 + \Big(\frac{p_{\mathrm{F}}}{M^{*}}\Big)^{2}} \\
&\qquad - \log\left|\frac{p_{\mathrm{F}}}{M^{*}} + \sqrt{1 + \Big(\frac{p_{\mathrm{F}}}{M^{*}}\Big)^{2}}\right|\ \Big] / \rho_{\mathrm{B}}
\end{aligned}
\tag{8.37}
$$

$$
\mathcal{E}_{\omega} = \frac{1}{2}g_{\omega}\langle\omega\rangle\rho_{\mathrm{B}} = \frac{1}{2}\frac{g_{\omega}^{2}}{A_{\omega}}\frac{\rho_{\mathrm{B}}^{2}}{f_{\pi}^{2}} \tag{8.38}
$$

$$
\mathcal{E}_{\pi} = A_{\pi}f_{\pi}^{2}\langle\boldsymbol{\pi}^{2}\rangle + bf_{\pi}^{3}(\langle\sigma\rangle + f_{\pi}) \tag{8.39}
$$

である．前節との違いは $\mathcal{E}_\pi$ に π 中間子の質量項が加わったことと，スカラー密度 ρ_{S} が定数でなく，式 (8.12) に示されるように $\langle\sigma\rangle$ の関数として決まることである．

8.3　数値計算

導入された定数 g_π，g_ω，A_π，A_ω，b，M の間には

$$A_\omega = \frac{m_\omega^2}{2f_\pi^2}$$

$$2A_\pi + b = \frac{m_\pi^2}{f_\pi^2}$$

$$M = M_{\mathrm{N}} - g_\pi f_\pi$$

の関係が存在するので，実際にはパラメータは g_π，g_ω とこの章で新たに導入された A_π の 3 つとなる．

また中間子の平均場は式 (8.12)，(8.21) から

$$2A_\pi f_\pi^2\langle\sigma\rangle - bf_\pi^3 = -g_\pi\langle\overline{\psi}\psi\rangle = m_\pi^{*2}\langle\sigma\rangle \tag{8.40}$$

が求まり，この式から $\langle\sigma\rangle$ が決まる．同じく式 (8.16)

$$\langle\omega\rangle = \frac{g_\omega}{2A_\omega}\frac{\rho_{\mathrm{B}}}{f_\pi^2} \tag{8.41}$$

から $\langle\omega\rangle$ が核子密度に比例して決まる．

ただし，真空中では π 中間子対凝縮状態にはなっていない．低核子密度領域では $\langle\boldsymbol{\pi}^2\rangle = 0$ と式 (8.41) を使って求める．その場合には

$$\langle\sigma\rangle = -\sqrt{f_\pi^2 - \langle\boldsymbol{\pi}^2\rangle} = -f_\pi$$

となり

$$M^* = M - g_\pi f_\pi = M_{\mathrm{N}}$$

$$m_\pi^{*2} = 2A_\pi f_\pi^2 + bf_\pi^2 = m_\pi^2$$

となる．

核物質のデータを正規核子密度 $\rho_0 = 0.153\ \mathrm{fm}^{-3}$（$p_{\mathrm{F}} = 259.15\ \mathrm{MeV/c}$）で最小のエネルギー $E_{\mathrm{B}} = -16.3\ \mathrm{MeV}$ を持ち，そこでの非圧縮率 $K \sim 300\ \mathrm{MeV}$（250~350 MeV）に合わせるように計算したが，適切な解は求められなかった．

8.4 まとめ

飽和性を満たすパラメータセットの例として，

$$
\begin{aligned}
g_\pi &= 25.45 \\
g_\omega &= 15.80 \\
A_\pi &= -15.50
\end{aligned}
$$

を使った計算結果を図 8.1-8.3 に示す．このモデルで計算した以前の論文[11]に

$g_\pi = 25.45$，$g_\omega = 15.80$，$A_\pi = -15.50$ での計算結果

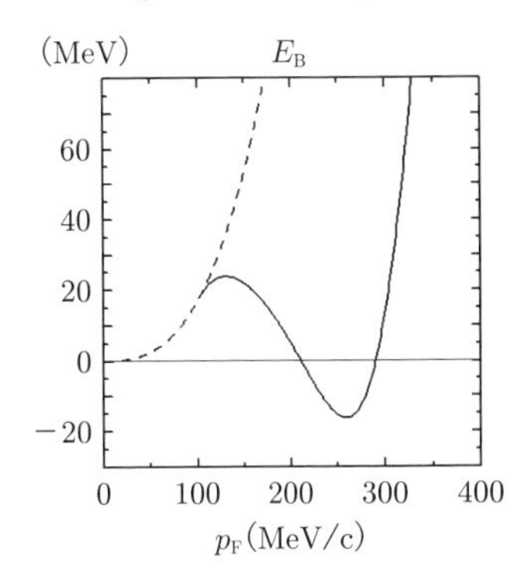

図 8.1　核子あたりのエネルギー

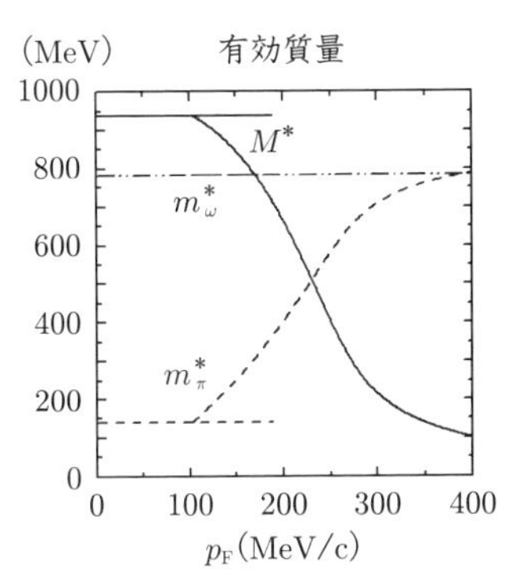

図 8.2　有効質量

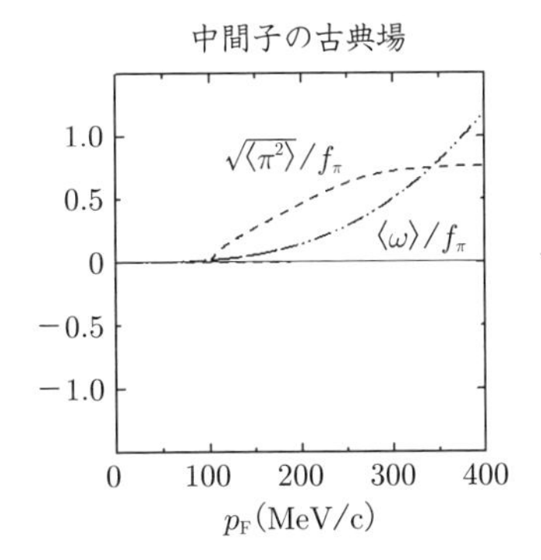

図 8.3　古典場$/f_\pi$

は非圧縮率の計算にミスがあり，このパラメータで計算した正しい非圧縮率は $K = 1742\,\mathrm{MeV}$ と大きな値となる．

$\langle \boldsymbol{\pi}^2 \rangle > 0$ となる解は $p_{\mathrm{F}} \geq 102\,\mathrm{MeV/c}$ の領域で求まる．この領域では確かに $\langle \boldsymbol{\pi}^2 \rangle = 0$ を仮定したエネルギーより小さなエネルギーが求まる（図 8.1）．実線は $\langle \boldsymbol{\pi}^2 \rangle > 0$ の解を持つ場合の核子あたりのエネルギーの計算値であり，低核子密度領域での破線は $\langle \boldsymbol{\pi}^2 \rangle = 0$ とした計算結果である．比較のため破線は $p_{\mathrm{F}} \geq 180\,\mathrm{MeV/c}$ 程度まで図示してある．

同じパラメータを使って有効質量を計算した結果が図 8.2 に示してある．$\langle \boldsymbol{\pi}^2 \rangle = 0$ の領域では各粒子の質量は変化しない．$\langle \boldsymbol{\pi}^2 \rangle > 0$ となる領域では ω 中間子の質量は変化ないが，核子の有効質量は核子密度とともに急激に小さくなり，π 中間子の質量は逆に大きくなる．これは $-\langle \sigma \rangle$ が小さくなるためであるが，線形 σ モデルの場合とは異なり，$\langle \boldsymbol{\pi}^2 \rangle$ の存在する理由は m_π^{*2} が 0 になるからではなく，より高次の項（非線形のために出てくる項）の影響であることがわかる．

中間子の古典場の計算結果は図 8.3 に示されている．$p_{\mathrm{F}} \geq 102\,\mathrm{MeV/c}$ の領域で $\langle \boldsymbol{\pi}^2 \rangle$ の値が核子密度とともに大きくなる．ω 中間子の古典場 $\langle \omega \rangle$ は $\langle \boldsymbol{\pi}^2 \rangle$ の存在にかかわらず，核子密度に比例する．

9　拡張された非線形σモデル

σ粒子の自由度を消去した非線形σモデルに核子の自由度とベクトル中間子の自由度およびπ中間子の質量項を加え，π中間子対凝縮の効果を考慮して核物質の計算を行ったが，核子あたりのエネルギー$E_{\mathrm{B}} = -16.3\,\mathrm{MeV}$は再現できても，非圧縮率$K \sim 300\,\mathrm{MeV}$を再現することはできなかった．この前章で議論したモデルを以後，非線形σモデルの拡張1と呼ぶ．

この章では，前章のモデルにベクトル中間子の高次（4次）の項とスカラー中間子-ベクトル中間子の相互作用を考慮することによって，非圧縮率と核子有効質量の再現を試みる[12]．正規核子密度において最小のエネルギー$E_{\mathrm{B}} = -16.3\,\mathrm{MeV}$を与え，非圧縮率として$K \sim 300\,\mathrm{MeV}$，核子有効質量が真空中の核子質量の0.8倍程度となるようないくつかのパラメータセットを求めることができた．これらのパラメータセットを使った計算では，正規核子密度付近ではπ中間子対が古典場となって存在した方が，π中間子の古典場が存在しない場合よりエネルギー的に有利であることが示される．

9.1　拡張非線形σモデル

非線形σモデルにベクトル中間子と核子の寄与を加え，それぞれの質量項を加えたラグランジアン密度（非線形σモデルの拡張1）にさらに，ω中間子の高次の項，ω中間子-σ粒子の相互作用項も考慮する（図9.1）．

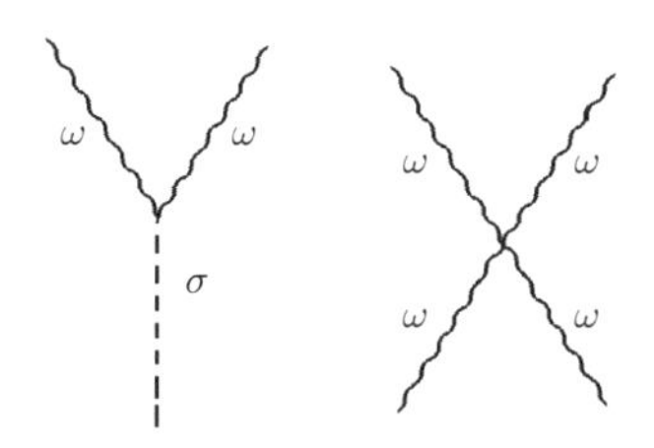

図9.1　σ-ωおよびω-ω相互作用

$$\begin{aligned}\mathcal{L}_{\mathrm{E}x\mathrm{NLS}} &= \overline{\psi} i\gamma^\mu \partial_\mu \psi - M\overline{\psi}\psi + g_\pi \overline{\psi}(\sigma + i\gamma_5 \boldsymbol{\tau}\cdot\boldsymbol{\pi})\psi \\ &\quad - g_\omega \overline{\psi}\gamma^\mu \omega_\mu \psi + \frac{1}{2}(\partial_\mu \sigma)^2 + \frac{1}{2}(\partial_\mu \boldsymbol{\pi})^2 - \frac{1}{4}F_{\mu\nu}F^{\mu\nu} \\ &\quad - A_\pi f_\pi^2 \boldsymbol{\pi}^2 + A_\omega f_\pi^2 \omega_\mu \omega^\mu - b f_\pi^3 \sigma \\ &\quad - B_\omega f_\pi \sigma \omega_\mu \omega^\mu + \frac{1}{4}C_\omega (\omega_\mu \omega^\mu)^2 \end{aligned} \tag{9.1}$$

核子，π 中間子，σ 粒子，ベクトル中間子（ω 中間子）はそれぞれ ψ，$\boldsymbol{\pi}$，σ，ω^μ で表される．また

$$F^{\mu\nu} = \partial^\mu \omega^\nu - \partial^\nu \omega^\mu \tag{9.2}$$

である．相互作用の定数や質量項の係数 g_π，g_ω，A_π，A_ω，b，B_ω，C_ω および核子質量項の係数 M は後に決定される．f_π は荷電 π 中間子の崩壊定数である．

σ 粒子の自由度はカイラル回転の条件

$$\sigma^2 + \boldsymbol{\pi}^2 = a^2 \tag{9.3}$$

を使って消去され，π 中間子の自由度だけで表現される．カイラル回転の半径 a は後に決められる．

核子に対する Dirac 方程式は

$$i\gamma^\mu \partial_\mu \psi - M\psi + g_\pi(\sigma + i\gamma_5 \boldsymbol{\tau}\cdot\boldsymbol{\pi})\psi - g_\omega \gamma^\mu \omega_\mu \psi = 0 \tag{9.4}$$

$$-i\partial_\mu \overline{\psi}\gamma^\mu - M\overline{\psi} + \overline{\psi} g_\pi(\sigma + i\gamma_5 \boldsymbol{\tau}\cdot\boldsymbol{\pi}) - g_\omega \overline{\psi}\gamma^\mu \omega_\mu = 0 \tag{9.5}$$

π 中間子に対する Klein-Gordon 方程式は式 (7.16) を使って

$$\begin{aligned}&\left(\frac{\boldsymbol{\pi}\cdot\partial^\mu \boldsymbol{\pi}}{\sigma^2}\right)^2 \boldsymbol{\pi} + \frac{(\partial_\mu \boldsymbol{\pi})^2}{\sigma^2}\boldsymbol{\pi} + \frac{\boldsymbol{\pi}\cdot\partial_\mu \partial^\mu \boldsymbol{\pi}}{\sigma^2}\boldsymbol{\pi} + \partial_\mu \partial^\mu \boldsymbol{\pi} \\ &= g_\pi \overline{\psi}\Big(-\frac{\boldsymbol{\pi}}{\sigma} + i\gamma_5 \boldsymbol{\tau}\Big)\psi - 2A_\pi f_\pi^2 \boldsymbol{\pi} \\ &\quad + (b f_\pi^3 + B_\omega f_\pi \omega_\mu \omega^\mu)\frac{\boldsymbol{\pi}}{\sigma} \end{aligned} \tag{9.6}$$

で与えられる．ω 中間子に対する Proca 方程式は

$$\partial_\mu F^{\mu\nu} = g_\omega \overline{\psi}\gamma^\nu \psi - 2A_\omega f_\pi^2 \omega^\nu + 2B_\omega f_\pi \sigma\, \omega^\nu$$

$$- C_\omega (\omega_\mu \omega^\mu)\,\omega^\nu \tag{9.7}$$

となる．

ベクトルカレント

$$\boldsymbol{\mathcal{J}}^\mu = \overline{\psi}\gamma^\mu \frac{\boldsymbol{\tau}}{2}\psi + \boldsymbol{\pi} \times \partial^\mu \boldsymbol{\pi} \tag{9.8}$$

の発散が 0 となることは簡単に証明できる．軸性ベクトルカレント

$$\boldsymbol{\mathcal{J}}_{\mathrm{A}}^\mu = \overline{\psi}\gamma^\mu \gamma_5 \frac{\boldsymbol{\tau}}{2}\psi + \sigma \partial^\mu \boldsymbol{\pi} - \boldsymbol{\pi}\partial^\mu \sigma \tag{9.9}$$

の発散は

$$\begin{aligned} \partial_\mu \boldsymbol{\mathcal{J}}_{\mathrm{A}}^\mu &= \overline{\psi} i M \gamma_5 \boldsymbol{\tau} \psi - 2A_\pi f_\pi^2 \sigma \boldsymbol{\pi} \\ &\quad + (b f_\pi^3 + B_\omega f_\pi \omega_\mu \omega^\mu)\boldsymbol{\pi} \end{aligned} \tag{9.10}$$

となり，核子の質量項，π 中間子の質量項，σ 粒子の一次の項と σ-ω 相互作用項の寄与が 0 とならずに残る．

ラグランジアン密度 (9.1) から導出されるハミルトニアン密度は

$$\begin{aligned} \mathcal{H}_{\mathrm{E}x\mathrm{NLS}} &= \psi^\dagger \boldsymbol{\alpha}\cdot\boldsymbol{p}\psi + M\overline{\psi}\psi - g_\pi \overline{\psi}(\sigma + i\boldsymbol{\tau}\cdot\boldsymbol{\pi}\gamma_5)\psi + g_\omega \overline{\psi}\gamma^\mu \omega_\mu \psi \\ &\quad + \frac{1}{2}(\partial_0 \sigma)^2 + \frac{1}{2}(\boldsymbol{\nabla}\sigma)^2 + \frac{1}{2}(\partial_0 \boldsymbol{\pi})^2 + \frac{1}{2}(\boldsymbol{\nabla}\boldsymbol{\pi})^2 \\ &\quad + \frac{1}{2}(\partial_0 \omega_\mu)^2 + \frac{1}{2}(\boldsymbol{\nabla}\omega_\mu)^2 + A_\pi f_\pi^2 \boldsymbol{\pi}^2 - A_\omega f_\pi^2 \omega_\mu \omega^\mu \\ &\quad + b f_\pi^3 \sigma + B_\omega f_\pi \sigma \omega_\mu \omega^\mu - \frac{1}{4}C_\omega (\omega_\mu \omega^\mu)^2 \end{aligned} \tag{9.11}$$

となる．

9.2 π 中間子対凝縮状態

核物質中での中間子に対し，時間・空間一定の平均場近似を考える．

$$\boldsymbol{\pi} \longrightarrow \langle \boldsymbol{\pi} \rangle = 0\,, \qquad \boldsymbol{\pi}^2 \longrightarrow \langle \boldsymbol{\pi}^2 \rangle \tag{9.12}$$

$$\omega_\mu \longrightarrow \langle \omega \rangle \delta_{\mu 0} \tag{9.13}$$

π 中間子はパリティが負であるので，1 つで古典場になるとは考えられないが，2 つの π 中間子が対となり，スカラーに組んだ成分が古典場 $\langle\boldsymbol{\pi}^2\rangle$ として存在する可能性を考える．σ 粒子の古典場は π 中間子対の古典場によって

$$\sigma = a\sqrt{1-\frac{\boldsymbol{\pi}^2}{a^2}} \longrightarrow \langle\sigma\rangle = a\sqrt{1-\frac{\langle\boldsymbol{\pi}^2\rangle}{a^2}} \tag{9.14}$$

と表現される．

平均場近似を適用したハミルトニアン密度 (9.11) は

$$\begin{aligned}\langle\mathcal{H}_{\mathrm{E}x\mathrm{NLS}}\rangle &= \langle\psi^\dagger\boldsymbol{\alpha}\cdot\boldsymbol{p}\psi\rangle + (M - g_\pi\langle\sigma\rangle)\langle\overline{\psi}\psi\rangle \\ &\quad + g_\omega\langle\omega\rangle\langle\overline{\psi}\gamma^0\psi\rangle + A_\pi f_\pi^2\langle\boldsymbol{\pi}^2\rangle - A_\omega f_\pi^2\langle\omega\rangle^2 \\ &\quad + bf_\pi^3\langle\sigma\rangle + B_\omega f_\pi\langle\sigma\rangle\langle\omega\rangle^2 - \frac{1}{4}C_\omega\langle\omega\rangle^4\end{aligned} \tag{9.15}$$

と書き換えられる．核子についても，核子分布に従った平均操作を行う．平均場近似したハミルトニアン密度 (9.15) が π 中間子対の古典場 $\langle\boldsymbol{\pi}^2\rangle$ に対して極小値を持つという条件から

$$g_\pi\langle\overline{\psi}\psi\rangle + 2A_\pi f_\pi^2\langle\sigma\rangle - bf_\pi^3 - B_\omega f_\pi\langle\omega\rangle^2 = 0 \tag{9.16}$$

が求まる．ここで

$$\frac{\partial\langle\sigma\rangle}{\partial\langle\boldsymbol{\pi}^2\rangle} = -\frac{1}{2\langle\sigma\rangle} \tag{9.17}$$

の関係式を使った．さらに，ω 中間子の古典場 $\langle\omega\rangle$ に対しても極値を持つという条件は

$$\begin{aligned}&g_\omega\langle\overline{\psi}\gamma^0\psi\rangle - 2A_\omega f_\pi^2\langle\omega\rangle + 2B_\omega f_\pi\langle\sigma\rangle\langle\omega\rangle - C_\omega\langle\omega\rangle^3 \\ &= 0\end{aligned} \tag{9.18}$$

となる．これは Proca 方程式 (9.7) に対して平均場近似を適用したものと同じである．方程式 (9.16) と (9.18) は連立して $\langle\sigma\rangle$ と $\langle\omega\rangle$ を決定し，式 (9.3) に平均場近似を適用した

$$\langle\boldsymbol{\pi}^2\rangle = a^2 - \langle\sigma\rangle^2 \tag{9.19}$$

より $\langle\boldsymbol{\pi}^2\rangle$ が求まる．

9.3 有効質量

中間子場をその古典場とゆらぎを使って

$$\boldsymbol{\pi} \longrightarrow \tilde{\boldsymbol{\pi}}, \qquad \boldsymbol{\pi}^2 \longrightarrow \langle \boldsymbol{\pi}^2 \rangle + \tilde{\boldsymbol{\pi}}^2 \tag{9.20}$$

$$\omega_\mu \longrightarrow \langle \omega \rangle \delta_{\mu 0} + \tilde{\omega}_\mu \tag{9.21}$$

と書く．σ 粒子場も

$$\begin{aligned}\sigma = a\sqrt{1-\frac{\boldsymbol{\pi}^2}{a^2}} &\longrightarrow \langle \sigma \rangle + \tilde{\sigma} \\ &= a\sqrt{1-\frac{\langle \boldsymbol{\pi}^2 \rangle}{a^2}-\frac{\tilde{\boldsymbol{\pi}}^2}{a^2}} \\ &= \langle \sigma \rangle - \frac{\tilde{\boldsymbol{\pi}}^2}{2\langle \sigma \rangle} - \frac{\tilde{\boldsymbol{\pi}}^4}{8\langle \sigma \rangle^3} - \cdots\cdots\end{aligned} \tag{9.22}$$

と書き下すと，ラグランジアン密度 (9.1) は

$$\begin{aligned}\mathcal{L}_{\mathrm{E}x\mathrm{NLS}} =& \overline{\psi} i \gamma^\mu \partial_\mu \psi - M \overline{\psi} \psi \\ &+ g_\pi \langle \sigma \rangle \overline{\psi} \psi - g_\pi \overline{\psi} \Big(\frac{\tilde{\boldsymbol{\pi}}^2}{2\langle \sigma \rangle} + \frac{\tilde{\boldsymbol{\pi}}^4}{8\langle \sigma \rangle^3} + \cdots\cdots \Big) \psi \\ &+ g_\pi \overline{\psi} i \gamma_5 \boldsymbol{\tau} \psi \cdot \tilde{\boldsymbol{\pi}} \psi - g_\omega \overline{\psi} \gamma^\mu \tilde{\omega}_\mu \psi - g_\omega \langle \omega \rangle \overline{\psi} \gamma^0 \psi \\ &+ \frac{1}{2} \frac{(\tilde{\boldsymbol{\pi}} \cdot \partial_\mu \tilde{\boldsymbol{\pi}})^2}{\langle \sigma \rangle^2} \Big(1 + \frac{\tilde{\boldsymbol{\pi}}^2}{\langle \sigma \rangle^2} + \frac{\tilde{\boldsymbol{\pi}}^4}{\langle \sigma \rangle^4} + \cdots\cdots \Big) \\ &+ \frac{1}{2} (\partial_\mu \tilde{\boldsymbol{\pi}})^2 - \frac{1}{4} \tilde{F}_{\mu\nu} \tilde{F}^{\mu\nu} - A_\pi f_\pi^2 \langle \boldsymbol{\pi}^2 \rangle - A_\pi f_\pi^2 \tilde{\boldsymbol{\pi}}^2 \\ &+ A_\omega f_\pi^2 \langle \omega \rangle^2 + 2 A_\omega f_\pi^2 \langle \omega \rangle \tilde{\omega}_0 + A_\omega f_\pi^2 \tilde{\omega}_\mu^2 \\ &- (b f_\pi^3 + B_\omega f_\pi \langle \omega \rangle^2 + 2 B_\omega f_\pi \langle \omega \rangle \tilde{\omega}_0 + B_\omega f_\pi \tilde{\omega}_\mu^2) \langle \sigma \rangle \\ &+ (b f_\pi^3 + B_\omega f_\pi \langle \omega \rangle^2 + 2 B_\omega f_\pi \langle \omega \rangle \tilde{\omega}_0 + B_\omega f_\pi \tilde{\omega}_\mu^2) \frac{\tilde{\boldsymbol{\pi}}^2}{2\langle \sigma \rangle} \\ &+ (b f_\pi^3 + B_\omega f_\pi \langle \omega \rangle^2 + 2 B_\omega f_\pi \langle \omega \rangle \tilde{\omega}_0 + B_\omega f_\pi \tilde{\omega}_\mu^2) \frac{\tilde{\boldsymbol{\pi}}^4}{8\langle \sigma \rangle^3} \\ &+ \cdots\cdots\end{aligned}$$

$$
+\frac{1}{4}C_\omega\langle\omega\rangle^4+C_\omega\langle\omega\rangle^2\tilde{\omega}_0^2+\frac{1}{4}C_\omega\left(\tilde{\omega}_\mu^2\right)^2+C_\omega\langle\omega\rangle^3\tilde{\omega}_0
+\frac{1}{2}C_\omega\langle\omega\rangle^2\tilde{\omega}_\mu^2+C_\omega\langle\omega\rangle\tilde{\omega}_0\tilde{\omega}_\mu^2 \tag{9.23}
$$

となる．この式から核子の有効質量は

$$
M^* = M - g_\pi\langle\sigma\rangle \tag{9.24}
$$

となることがわかる．π 中間子の有効質量の 2 乗は

$$
m_\pi^{*2} = 2A_\pi f_\pi^2 - \frac{bf_\pi^3}{\langle\sigma\rangle} - \frac{B_\omega f_\pi\langle\omega\rangle^2}{\langle\sigma\rangle} \tag{9.25}
$$

となる．ω 中間子の有効質量は ω の 4 次の項を考慮したために 2 つの成分に分かれ，空間成分に関しては

$$
m_{\vec{\omega}}^{*2} = 2A_\omega f_\pi^2 - 2B_\omega f_\pi\langle\sigma\rangle + C_\omega\langle\omega\rangle^2 \tag{9.26}
$$

となり，時間成分は

$$
m_{\omega_0}^{*2} = 2A_\omega f_\pi^2 - 2B_\omega f_\pi\langle\sigma\rangle + 3C_\omega\langle\omega\rangle^2 \tag{9.27}
$$

で与えられる．4 次の項の影響は第 3 項目の C_ω の項に現れる．ω 中間子の有効質量は核子密度 0（真空中）では空間成分 (9.26) と時間成分 (9.27) はともに，真空中の ω 中間子の質量と等しくならなければならない．このことから核子密度 0 では $\langle\omega\rangle = 0$ となることが要求される．故に，真空中の ω 中間子の質量の 2 乗は

$$
m_\omega^2 = 2A_\omega f_\pi^2 - 2B_\omega f_\pi\langle\sigma\rangle_0 \tag{9.28}
$$

となる．$\langle\sigma\rangle_0$ は真空中での σ 粒子に相当する古典場の値である．

荷電 π 中間子の崩壊 $\pi^+ \to \mu^+ + \nu_\mu$ または $\pi^- \to \mu^- + \overline{\nu}_\mu$ から

$$
\langle 0|\partial_\mu\boldsymbol{\mathcal{J}}_{\mathrm{A}}^\mu(0)|\pi(k)\rangle = k_\mu k^\mu f_\pi = m_\pi^2 f_\pi \tag{9.29}
$$

が求まるが，この式を式 (9.10) と比較し，$\langle\boldsymbol{\pi}\rangle = 0$ および $\langle\omega\rangle$ が真空中で 0 となることを考慮すると

$$
-2A_\pi f_\pi^2 a + bf_\pi^3 = f_\pi m_\pi^2 \tag{9.30}
$$

という条件が求まる．σ に対しては式 (7.14) の展開式を使った．この条件から，真空中での π 中間子の質量の 2 乗 (9.25) を比較すると

$$\begin{aligned} m_\pi^2 &= -2A_\pi f_\pi a + b f_\pi^2 \\ &= 2A_\pi f_\pi^2 - \frac{b f_\pi^3}{\langle\sigma\rangle_0} \end{aligned}$$

となり

$$\langle\sigma\rangle_0 = -f_\pi = a \tag{9.31}$$

と取ればよいことがわかる．このことからカイラル回転の半径が決まり

$$\sigma^2 + \boldsymbol{\pi}^2 = f_\pi^2 \tag{9.32}$$

となり，核子密度 0 では中間子場の古典場は

$$\langle\sigma\rangle_0 = -f_\pi \tag{9.33}$$

$$\langle\boldsymbol{\pi}^2\rangle_0 = 0 \tag{9.34}$$

$$\langle\omega\rangle_0 = 0 \tag{9.35}$$

各粒子の質量は

$$m_\omega^2 = 2(A_\omega + B_\omega) f_\pi^2 \tag{9.36}$$

$$m_\pi^2 = (2A_\pi + b) f_\pi^2 \tag{9.37}$$

$$M_{\mathrm{N}} = M + g_\pi f_\pi \tag{9.38}$$

となることがわかる．

9.4 エネルギー

中間子場に対し平均場近似を仮定したハミルトニアン

$$\mathcal{H}^*_{\mathrm{E}x\mathrm{NLS}} = \overline{\psi} i \vec{\gamma} \cdot \vec{\nabla} \psi + (M - g_\pi \langle\sigma\rangle) \overline{\psi}\psi + g_\omega \langle\omega\rangle \overline{\psi} \gamma^0 \psi$$

$$
\begin{aligned}
&+ A_\pi f_\pi^2 \langle \boldsymbol{\pi}^2 \rangle - A_\omega f_\pi^2 \langle \omega \rangle^2 + b f_\pi^3 \langle \sigma \rangle \\
&+ B_\omega f_\pi \langle \sigma \rangle \langle \omega \rangle^2 - \frac{1}{4} C_\omega \langle \omega \rangle^4
\end{aligned} \tag{9.39}
$$

を見れば，核子は有効質量 $M^* = M - g_\pi \langle \sigma \rangle$ を持つ自由粒子として運動することがわかる．それ故，核子は Fermi ガス分布をしているものと考えられるから，核物質のエネルギー E は

$$
\begin{aligned}
E =& \langle F | \mathcal{H}^*_{\mathrm{E}x\mathrm{NLS}} | F \rangle \\
=& \langle F | \overline{\psi} i \vec{\gamma} \cdot \vec{\nabla} \psi + (M - g_\pi \langle \sigma \rangle) \overline{\psi} \psi + g_\omega \langle \omega \rangle \overline{\psi} \gamma^0 \psi | F \rangle \\
&+ V \{ A_\pi f_\pi^2 \langle \boldsymbol{\pi}^2 \rangle - A_\omega f_\pi^2 \langle \omega \rangle^2 + b f_\pi^3 \langle \sigma \rangle + B_\omega f_\pi \langle \sigma \rangle \langle \omega \rangle^2 \\
&- \frac{1}{4} C_\omega \langle \omega \rangle^4 \} \\
=& V \Big\{ 4 \frac{4\pi}{(2\pi)^3} \int_0^{p_{\mathrm{F}}} p^2 \sqrt{p^2 + M^{*2}} \mathrm{d}p + \frac{1}{2} g_\omega \rho_B \langle \omega \rangle \\
&+ \frac{1}{4} C_\omega \langle \omega \rangle^4 + A_\pi f_\pi^2 \langle \boldsymbol{\pi}^2 \rangle + b f_\pi^3 \langle \sigma \rangle \Big\}
\end{aligned} \tag{9.40}
$$

となる．$\rho_{\mathrm{B}} = \langle F | \overline{\psi} \gamma^0 \psi | F \rangle$ は核子密度である．真空中での核子質量 M_{N} と核子密度 0 で残る定数項 $E_0 = -V b f_\pi^4$ を除いて，核子数 A で割ると，核子あたりのエネルギー E_{B} が求まる．

$$
\begin{aligned}
E_{\mathrm{B}} =& \frac{E - E_0}{A} - M_{\mathrm{N}} \\
=& \frac{\mathcal{E}_{\mathrm{N}}}{\rho_{\mathrm{B}}} - M_{\mathrm{N}} + \frac{1}{2} g_\omega \langle \omega \rangle + \frac{1}{4} C_\omega \frac{\langle \omega \rangle^4}{\rho_{\mathrm{B}}} \\
&+ \{ A_\pi f_\pi^2 \langle \boldsymbol{\pi}^2 \rangle + b f_\pi^3 (\langle \sigma \rangle + f_\pi) \} \frac{1}{\rho_{\mathrm{B}}}
\end{aligned} \tag{9.41}
$$

ただし

$$
\begin{aligned}
\mathcal{E}_{\mathrm{N}} =& \frac{2}{\pi^2} \int_0^{p_{\mathrm{F}}} p^2 \sqrt{p^2 + M^{*2}} \mathrm{d}p \\
=& \frac{1}{4\pi^2} \Big\{ p_{\mathrm{F}} (2 p_{\mathrm{F}}^2 + M^{*2}) E_{\mathrm{F}}^* \\
&- M^{*4} \log \left(\frac{p_{\mathrm{F}} + E_{\mathrm{F}}^*}{M^*} \right) \Big\}
\end{aligned} \tag{9.42}
$$

$$
E_{\mathrm{F}}^* = \sqrt{p_{\mathrm{F}}^2 + M^{*2}} \tag{9.43}
$$

である．p_{F} は核子の Fermi 運動量であり，これを使って核子密度は

$$\rho_{\mathrm{B}} = \frac{2}{3\pi}{p_{\mathrm{F}}}^3 \tag{9.44}$$

と表される．

9.5 数値計算

ラグランジアン密度に現れた 8 つの定数 g_π，g_ω，A_π，A_ω，b，B_ω，C_ω，M の間にはそれぞれの粒子の真空中の質量を与える表式 (9.36)，(9.37)，(9.38) を使うと

$$\begin{aligned}
2A_\pi + b \ &= \ \frac{m_\pi^2}{f_\pi^2} \\
2A_\omega + 2B_\omega \ &= \ \frac{m_\omega^2}{f_\pi^2} \\
M \ &= \ M_{\mathrm{N}} - g_\pi f_\pi
\end{aligned}$$

の関係が存在する．それ故，決めるべき定数は 8 つではなく g_π，g_ω，A_π，A_ω，C_ω の 5 つとなる．

また中間子の平均場は式 (9.16)，(9.18) を書き直した

$$2A_\pi f_\pi^2 \langle\sigma\rangle - b f_\pi^3 - B_\omega f_\pi \langle\omega\rangle^2 \ = \ -g_\pi \langle\overline{\psi}\psi\rangle \tag{9.45}$$

$$g_\omega \langle\overline{\psi}\gamma^0\psi\rangle \ = \ 2A_\omega f_\pi^2 \langle\omega\rangle - 2B_\omega f_\pi \langle\sigma\rangle \langle\omega\rangle + C_\omega \langle\omega\rangle^3 \tag{9.46}$$

の 2 つの式を連立方程式として解くことにより，$\langle\sigma\rangle$ と $\langle\omega\rangle$ が決定され，$\langle\boldsymbol{\pi}^2\rangle$ が決まる．$\langle\overline{\psi}\psi\rangle = \rho_{\mathrm{S}}$，$\langle\overline{\psi}\gamma^0\psi\rangle = \rho_{\mathrm{B}}$ はそれぞれスカラー密度，核子密度と呼ばれる（付録 C 参照）．

実際に式 (9.45) から

$$\frac{\langle\sigma\rangle}{f_\pi} = \frac{b}{2A_\pi} + \frac{B_\omega}{2A_\pi}\frac{\langle\omega\rangle^2}{f_\pi^2} - \frac{g_\pi}{2A_\pi}\frac{\rho_{\mathrm{S}}}{f_\pi^3} \tag{9.47}$$

となり，これを式 (9.46) に代入して

$$g_\omega \frac{\rho_{\mathrm{B}}}{f_\pi^3} = \left(2A_\omega - \frac{B_\omega b}{A_\pi} + g_\pi \frac{B_\omega}{A_\pi}\frac{\rho_{\mathrm{S}}}{f_\pi^3}\right)\frac{\langle\omega\rangle}{f_\pi}$$

$$+\left(C_\omega - \frac{B_\omega^2}{A_\pi}\right)\frac{\langle\omega\rangle^3}{f_\pi^3} \tag{9.48}$$

が求まる．この 3 次方程式を解いて $\langle\omega\rangle$ が求まる．これを式 (9.45) に代入して $\langle\sigma\rangle$ が決まる．

ただし，真空中では $\langle\sigma\rangle_0 = -f_\pi$，$\langle\overline{\psi}\psi\rangle_0 = \rho_S = 0$，$\langle\omega\rangle_0 = 0$ だから式 (9.45) は

$$-2A_\pi f_\pi^3 - bf_\pi^3 = -m_\pi^2 f_\pi = 0 \tag{9.49}$$

となってしまい，π 中間子の質量が 0 となる．このことは，真空もしくは低核子密度領域では $\langle\boldsymbol{\pi}^2\rangle = 0$ となり，式 (9.45) は使えない，ということを意味する．低核子密度領域では π 中間子対凝縮は起こらず，$\langle\boldsymbol{\pi}^2\rangle = 0$ と式 (9.46) を使って計算する．その場合には

$$\langle\sigma\rangle = -\sqrt{f_\pi^2 - \langle\boldsymbol{\pi}^2\rangle} = -f_\pi \tag{9.50}$$

$$g_\omega\frac{\rho_{\mathrm{B}}}{f_\pi^3} = 2(A_\omega + B_\omega)\frac{\langle\omega\rangle}{f_\pi} + C_\omega\frac{\langle\omega\rangle^3}{f_\pi^3} \tag{9.51}$$

となり

$$M^* = M - g_\pi f_\pi = M_{\mathrm{N}} \tag{9.52}$$

$$m_\pi^{*2} = (2A_\pi + b)f_\pi^2 + B_\omega\langle\omega\rangle^2 = m_\pi^2 + B_\omega\langle\omega\rangle^2 \tag{9.53}$$

$$m_{\vec{\omega}}^{*2} = 2(A_\omega + B_\omega)f_\pi^2 + C_\omega\langle\omega\rangle^2 = m_\omega^2 + C_\omega\langle\omega\rangle^2 \tag{9.54}$$

$$m_{\omega_0}^{*2} = 2(A_\omega + B_\omega)f_\pi^2 + 3C_\omega\langle\omega\rangle^2 = m_\omega^2 + 3C_\omega\langle\omega\rangle^2 \tag{9.55}$$

を使うべきである．

核物質のデータとしては正規核子密度 $\rho_0 = 0.153\ \mathrm{fm}^{-3}$（核子の Fermi ガス運動量 $p_{\mathrm{F}} = 259.15\ \mathrm{MeV/c}$）で核子あたり最小のエネルギー $E_{\mathrm{B}} = -16.3\,\mathrm{MeV}$ を持ち，そこでの非圧縮率は $K \sim 300$ MeV（250〜350 MeV），核子の有効質量 $M^* \sim 750$ MeV を再現するように 5 つの定数 g_π，g_ω，A_π，A_ω，C_ω を決める．π 中間子の崩壊定数としては

$$f_\pi = 93\,\mathrm{MeV}$$

真空中での核子の質量としては陽子と中性子の平均値

$$M_{\rm N} = 938.9\,{\rm MeV}$$

を使い，π 中間子の質量

$$m_\pi = 139.6\,{\rm MeV}$$

ω 中間子の質量

$$m_\omega = 781.94\,{\rm MeV}$$

を使った．

非線形 σ モデルをベースとして π 中間子対凝縮を考慮した計算や非線形 σ モデルの拡張 1 に対し，今回は新しく ω 中間子-σ 粒子の相互作用項 $B_\omega f_\pi \sigma \omega_\mu \omega^\mu$ とベクトル中間子の 4 次の項 $\frac{1}{4}C_\omega(\omega_\mu\omega^\mu)^2$ を導入したが，これらの項が本当に必要であるのかどうかをまず検討した．

最初に新しく導入された ω 中間子-σ 粒子の相互作用項とベクトル中間子の 4 次の項が存在しない場合を検討する．この場合，$B_\omega = 0$，$C_\omega = 0$ と取るので，$A_\omega = m_\omega^2 / 2f_\pi^2$ と決まり，パラメータは g_π，g_ω，A_π の 3 つとなる．これは前章の拡張モデル 1[11]の再計算を試みることに相当する．

中間子の古典場は式 (9.16) から

$$2A_\pi f_\pi^2 \langle\sigma\rangle - b f_\pi^3 = -g_\pi \rho_{\rm S} \tag{9.56}$$

と $\langle\sigma\rangle$ が決まり，式 (9.18) から

$$g_\omega \rho_{\rm B} = 2A_\omega f_\pi^2 \langle\omega\rangle = m_\omega^2 \langle\omega\rangle \tag{9.57}$$

と $\langle\omega\rangle$ が独立に決定される．

パラメータ 3 つでエネルギーの最小値の値，その核子密度，非圧縮率を決めることができる．正規核子密度 $\rho_{\rm B} = \rho_0 = 0.153\,/{\rm fm}^3$（$p_{\rm F} = 259.15\,{\rm MeV/c}$）で最小のエネルギー $E_{\rm B} = -16.3\,{\rm MeV}$ を持つようにできるが，非圧縮率は非常に大きくなり，$K \sim 300\,{\rm MeV}$ となるようなパラメータセットは求まらなかった．

次に，σ-ω 相互作用項 $B_\omega f_\pi \sigma \omega_\mu \omega^\mu$ は存在するが，ベクトル中間子の 4 次の項 $\frac{1}{4}C_\omega(\omega_\mu\omega^\mu)^2$ が存在しない場合を検討する．この場合，決めるべき定数は g_π，g_ω，A_π，B_ω（または A_ω）の 4 つとなる．

中間子の古典場は連立方程式 (9.16)，(9.18) を書き直した

$$2A_\pi f_\pi^2 \langle\sigma\rangle - b f_\pi^3 - B_\omega f_\pi \langle\omega\rangle^2 = -g_\pi \rho_{\mathrm{S}} \tag{9.58}$$

$$g_\omega \rho_{\mathrm{B}} = 2A_\omega f_\pi^2 \langle\omega\rangle - 2B_\omega f_\pi \langle\sigma\rangle \langle\omega\rangle \tag{9.59}$$

から決定される．

まず $g_\pi = 0.5$ に固定して B_ω を大きな値からだんだん小さくしながら非圧縮率を求めると $B_\omega = 40$ で非圧縮率が最大となり，$K = 190.39\,\mathrm{MeV}$ となる．さらに B_ω を小さくすると非圧縮率は再び小さくなる．$B_\omega < 36$ に対しては解が見つからなかった．

g_π を小さくすると非圧縮率が小さくなる傾向があるので，g_π を大きくしながら，非圧縮率が大きくなる解を探した．正規核子密度 $\rho_0 = 0.153\,/\mathrm{fm}^3$（$p_{\mathrm{F}} = 259.15\,\mathrm{MeV/c}$）で最小のエネルギー $E_{\mathrm{B}} = -16.3\,\mathrm{MeV}$ を持ち，非圧縮率が最も大きくなるのは，$g_\pi = 1.0$，$g_\omega = -0.0146$，$A_\pi = 6.492$，$B_\omega = 62$ の場合で $K = 216.66\,\mathrm{MeV}$ であった．これ以上 g_π を大きくすると非圧縮率は再び小さくなる．

4 つのパラメータを使ってエネルギー最小の値，その核子密度，非圧縮率を決めようとしたが，非圧縮率は小さすぎ，$K \sim 300\,\mathrm{MeV}$ となるような解を見つけることはできなかった．

逆に，σ-ω 相互作用項 $B_\omega f_\pi \sigma \omega_\mu \omega^\mu$ は存在しないが，ベクトル中間子の 4 次の項 $\frac{1}{4} C_\omega (\omega_\mu \omega^\mu)^2$ が存在する場合を検討する．この場合，決めるべき定数は g_π，g_ω，A_π，C_ω の 4 つとなる．

中間子の古典場は式 (9.16) が

$$2A_\pi f_\pi^2 \langle\sigma\rangle - b f_\pi^3 = -g_\pi \rho_{\mathrm{S}} \tag{9.60}$$

となり，$\langle\sigma\rangle$ が決まり，式 (9.18) は

$$g_\omega \rho_{\mathrm{B}} = 2A_\omega f_\pi^2 \langle\omega\rangle + C_\omega \langle\omega\rangle^3 = m_\omega^2 \langle\omega\rangle + C_\omega \langle\omega\rangle^3 \tag{9.61}$$

となり，この 3 次方程式を解いて $\langle\omega\rangle$ が求まる．

g_π，g_ω を変化させながら非圧縮率を求めたが，一般に非常に大きな値を持つ．g_π，g_ω を大きくすると，非圧縮率は小さくなる傾向があるが，$K \sim 300$ MeV に

はならない．

結局，ω 中間子-σ 粒子相互作用項とベクトル中間子の高次の項の両方が存在しない場合も，そのどちらかが存在しない場合も，非圧縮率を $K \sim 300$ MeV とするような解を見つけることはできなかった．

以下 σ-ω 相互作用項，ベクトル中間子の 4 次の項をともに考慮した計算を行う．g_π，g_ω，A_π，A_ω，C_ω の 5 つのパラメータで核物質のデータ，正規核子密度 $\rho_0 = 0.153\ \mathrm{fm}^{-3}$ ($p_\mathrm{F} = 259.15\ \mathrm{MeV/c}$) で最小のエネルギー $E_\mathrm{B} = -16.3\,\mathrm{MeV}$，非圧縮率 $K \sim 300$ MeV（250~350 MeV），核子の有効質量 $M^* \sim 0.8\ M_\mathrm{N}$ に合わせるように計算した．

中間子の古典場は

$$2A_\pi f_\pi^2 \langle\sigma\rangle - b f_\pi^3 - B_\omega f_\pi \langle\omega\rangle^2 = -g_\pi \rho_\mathrm{S} \tag{9.62}$$

$$g_\omega \rho_\mathrm{B} = 2A_\omega f_\pi^2 \langle\omega\rangle - 2B_\omega f_\pi \langle\sigma\rangle \langle\omega\rangle + C_\omega \langle\omega\rangle^3 \tag{9.63}$$

から決定されるが，実際にはまず $\langle\sigma\rangle$ の値を仮定し，それを使って式 (9.63) から $\langle\omega\rangle$ を決め，それを式 (9.62) に代入し，$\langle\sigma\rangle$ を再計算する．この $\langle\sigma\rangle$ の値が収束するまでこのプロセスを繰り返すことにより古典場を決定した．

パラメータは 5 つあるが，決めるべき核物質のデータは核子密度，最小のエネルギー，非圧縮率，核子の有効質量の 4 つなので，これらのデータを再現するパラメータセットは複数求まる可能性がある．

オリジナルの Walecka の σ-ω モデル[3]の計算では σ 中間子の質量 m_σ を 500 MeV と仮定すると $g_\pi = 8.7$，$g_\omega = 11.6$ の値が使われたことに相当する．今回の計算でも $g_\pi \sim 8$ でデータを再現することができた．計算結果を表 9.1 に示す．$g_\pi = 8.0$ としたときの核子あたりのエネルギー計算の結果を図 9.2 に図示する．実線は π 中間子対の古典場 $\langle\boldsymbol{\pi}^2\rangle$ が存在する場合の計算であり，破線は π 中間子対の古典場が存在しない場合の計算を示す．$\langle\boldsymbol{\pi}^2\rangle$ が有限の値となる解は

表 9.1　$g_\pi \sim 8.0$

g_π	g_ω	A_π	A_ω	C_ω	K (MeV)	M^* (MeV)
7.0	6.0	−2.8	−69.965	496.04	300.02	748.01
8.0	6.0	−5.7	−80.165	484.82	299.59	752.62
9.0	6.0	−9.3	−90.33	472.21	299.71	756.22

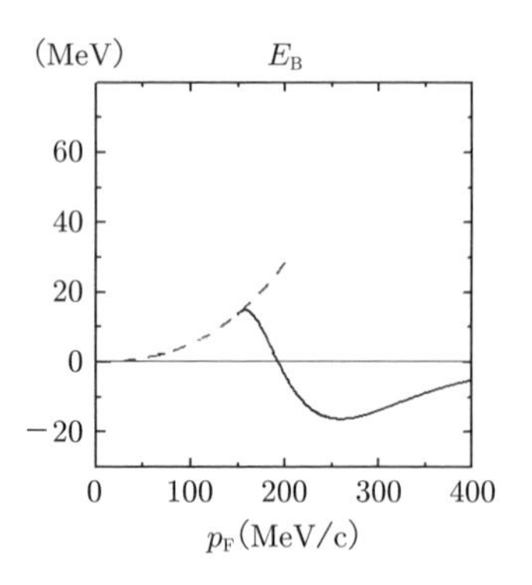

図 9.2　$g_\pi = 8.0$ の場合の核子あたりのエネルギー
実線は π 中間子対の古典場 $\langle \boldsymbol{\pi}^2 \rangle$ が存在する場合，破線は π 中間子対の古典場が存在しない場合

表 9.2　$g_\pi \sim 14.0$

g_π	g_ω	A_π	A_ω	C_ω	K (MeV)	M^* (MeV)
13.0	6.0	−30.7	−127.835	423.74	300.63	765.13
14.0	6.0	−37.75	−137.04	415.23	299.22	766.57
15.0	6.0	−45.55	−145.80	405.33	299.35	767.83

$p_F \geq 150$ MeV/c の場合に求まるが，その領域では $\langle \boldsymbol{\pi}^2 \rangle = 0$ とした場合よりもエネルギーが小さく求まることが示された．

中間子交換をもとにした核力の計算などでは $g_\pi \sim 14$ の値が多く使われているが[34]，このモデルでは $g_\pi \sim 14.0$ としても核物質のデータを再現できる．数値計算の結果を表 9.2 に示す．

$g_\pi = 14.0$ としたときの核子あたりのエネルギー計算の結果を図 9.3 に示す．図 9.2 と同様，実線は π 中間子対の古典場が存在する場合の計算で，破線は π 中間子対の古典場が存在しない場合の計算を示す．$\langle \boldsymbol{\pi}^2 \rangle$ の存在する解は $p_F \geq 110$ MeV/c で求まるが，その領域ではエネルギーが $\langle \boldsymbol{\pi}^2 \rangle = 0$ とした場合よりも明らかに $\langle \boldsymbol{\pi}^2 \rangle > 0$ の場合の方が小さくなることがわかる．

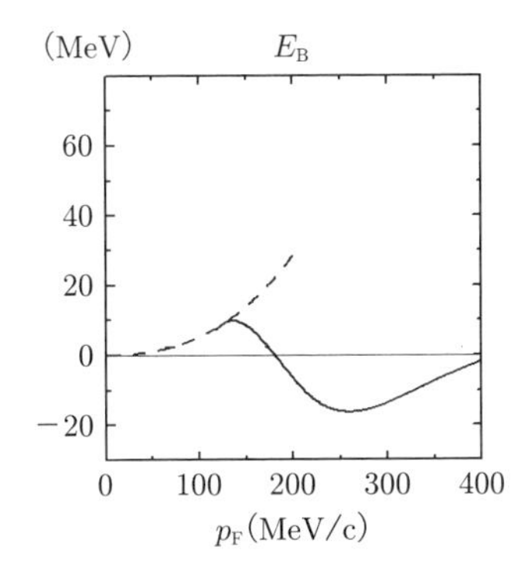

図 9.3　$g_{\pi} = 14.0$ の場合の核子あたりのエネルギー
実線は π 中間子対の古典場 $\langle \boldsymbol{\pi}^2 \rangle$ が存在する場合，破線は π 中間子対の古典場が存在しない場合

9.6 まとめ

非線形 σ モデルの拡張 1 からのさらなる拡張としてベクトル中間子の 4 次の項と ω 中間子-σ 粒子の相互作用項を加えたモデルを検討した．これらの項を考慮しない場合の計算も実行した．両方の項とも存在しない場合には非線形 σ モデルの拡張 1 の再計算をすることになるが，非圧縮率が大きくなり，正規核子密度でエネルギーの値と非圧縮率の値の両方を再現する解は存在しなかった．

ω 中間子-σ 粒子の相互作用項だけを考慮した場合には，非圧縮率が小さくなり，$K > 217\,\mathrm{MeV}$ となる解を見つけることはできなかった．ベクトル中間子の 4 次の項のみを考慮した計算では逆に非圧縮率は大きくなり，$K \sim 300\,\mathrm{MeV}$ となる解を見つけることはできなかった．正規核子密度で最小のエネルギー $E_{\mathrm{B}} = -16.3\,\mathrm{MeV}$，非圧縮率 $K \sim 300\,\mathrm{MeV}$ となる解が存在するためには ω 中間子-σ 粒子の相互作用項とベクトル中間子の 4 次の項の両方が必要であることが確かめられた．

ここでは σ 粒子または π 中間子の高次の項を考慮しなかったが，これらの項をカイラル対称に導入しようとすればカイラルループの高次の項を導入することになり，条件 (9.3) から定数となってしまう．

ラグランジアン密度 (9.1) を使って，π 中間子対凝縮状態の仮定のもとに，核物質の基本的な性質である，正規核子密度 $\rho_0 = 0.153\,\mathrm{fm}^{-3}$ ($p_{\mathrm{F}} = 259.15\,\mathrm{MeV/c}$) で

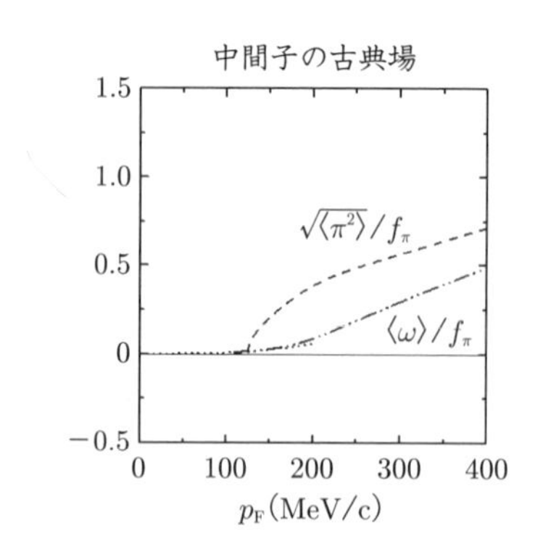

図 9.4　$g_\pi = 14.0$ のときの π 中間子対と ω 中間子場の古典場
低核子密度領域での点線は π 中間子対の古典場が存在しない場合の ω 中間子場の古典場

核子あたり最小のエネルギー $E_{\mathrm{B}} = -16.3\,\mathrm{MeV}$ を持ち，非圧縮率 $K \sim 300\,\mathrm{MeV}$ $(250 \sim 350\,\mathrm{MeV})$，核子の有効質量 $M^* \sim 750\,\mathrm{MeV}$ を再現することができた．パラメータは 5 つあるが，決めるべき核物質のデータは 4 つなので，データを再現できるパラメータセットは複数求まる．また非常に広い範囲で $g_\omega \sim 6.0$ となることがわかった．

$g_\pi = 8.0$ としたときには π 中間子対の古典場 $\langle\boldsymbol{\pi}^2\rangle$ は Fermi 運動量 150 MeV/c 以上で存在する．$g_\pi = 14.0$ とした場合には Fermi 運動量 110 MeV/c 以上で存在することが確かめられた．π 中間子対の古典場 $\langle\boldsymbol{\pi}^2\rangle$ が存在する領域では $\langle\boldsymbol{\pi}^2\rangle$ の存在を仮定して計算したエネルギーの方が，古典場が存在しないとして計算したエネルギーより明らかに小さくなることがわかる．

π 中間子対の古典場の平方根と崩壊定数 f_π との比 $\sqrt{\langle\boldsymbol{\pi}^2\rangle}/f_\pi$ および ω 中間子場の古典場と崩壊定数との比 $\langle\omega\rangle/f_\pi$ を Fermi 運動量の関数として $g_\pi = 14.0$ の場合に計算した結果を図 9.4 に図示する．

$\langle\boldsymbol{\pi}^2\rangle$ も $\langle\omega\rangle$ も存在する領域では核子密度とともに大きくなる傾向がある．π 中間子対の古典場 $\langle\boldsymbol{\pi}^2\rangle$ は核子密度の小さい領域では存在しなくなるが，ω 中間子場の古典場 $\langle\omega\rangle$ は $\langle\boldsymbol{\pi}^2\rangle$ の存在しない領域でも 0 でない値を持つ．

$g_\pi = 14.0$ の場合の各粒子の有効質量が Fermi 運動量の関数として図 9.5 に示されている．π 中間子対の古典場 $\langle\boldsymbol{\pi}^2\rangle$ が存在する領域では，核子の有効質量は

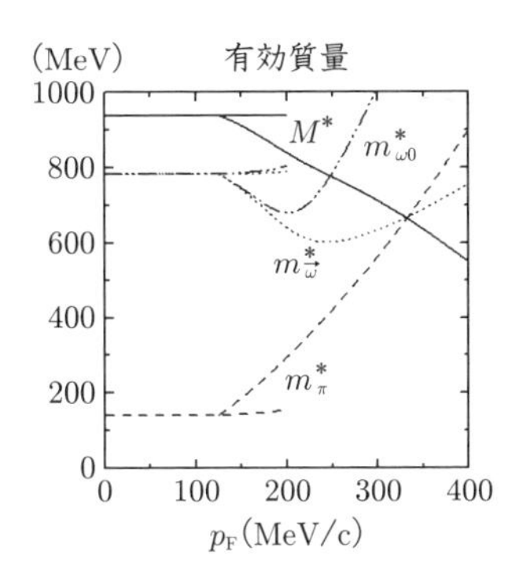

図 9.5　$g_\pi = 14.0$ に対する粒子の有効質量
低密度領域では $\langle \boldsymbol{\pi}^2 \rangle$ の存在しない場合の計算

核子密度（Fermi 運動量）とともに小さくなるが，π 中間子の有効質量は逆に核子密度とともに大きくなる．これは非線形 σ モデルの拡張 1 の場合と同じ傾向である．正規核子密度（$p_{\mathrm{F}} = 259.15\,\mathrm{MeV/c}$）付近では核子の有効質量も，$\omega$ 中間子の有効質量も，真空中のものより小さくなるが，π 中間子の有効質量はかなり大きくなる．ω 中間子の有効質量は正規核子密度周辺では真空中の値より小さくなるが，核子密度とともに $\langle \omega \rangle^2$ の項が大きくなり，高核子密度では真空中の値より大きくなる．また，ベクトル中間子の 4 次の項 ω_μ^4 を考慮したため，核内での ω 中間子は時間成分と空間成分が異なる値の有効質量を持つようになる．ω 中間子の古典場 $\langle \omega \rangle$ が存在する領域では時間成分 $m^*_{\omega 0}$ の方が空間成分 $m^*_{\vec{\omega}}$ より大きな値を持つ．核子密度の小さな領域では時間成分と空間成分の差はほとんどなく，図の上では重なって見えるが，核子密度の大きな領域では $\langle \omega \rangle$ は核子密度とともに大きくなるので，時間成分と空間成分の差は核子密度とともに大きくなる．

線形 σ モデルの場合と異なり，非線形 σ モデルでは $\langle \boldsymbol{\pi}^2 \rangle$ が存在する理由は π 中間子の有効質量の 2 乗 m_π^{*2} が負となることではないことはすでに指摘したが，この計算においても $\langle \boldsymbol{\pi}^2 \rangle$ が存在する領域で，$\langle \boldsymbol{\pi}^2 \rangle = 0$ の領域よりむしろ大きな有効質量を持つ．$\langle \boldsymbol{\pi}^2 \rangle = 0$ の領域ではカイラル回転の条件から $\langle \sigma \rangle = -f_\pi$ と一定の値を持ち，その結果，核子の有効質量は一定の値を持ち，π 中間子，ω 中間子の有効質量は核子密度とともに大きくなる．それ故，核物質のエネルギーも核子密度とともに大きくなる（図 9.3）．$\langle \boldsymbol{\pi}^2 \rangle$ が存在することにより $\langle \sigma \rangle$ の値が大きくなり（絶対値としては小さくなる），π 中間子の有効質量は大きくなるが，核子と ω 中間子の有効質量は核子密度とともに小さくなり，エネルギーを小さくする方向に働く．ω 中間子の有効質量は正規核子密度付近を越えると核子密度とともに大きくなり，飽和性を満たすように働く．

線形 σ モデルではカイラル対称性を破る項で σ に関わる項が線形項のみの場合には π 中間子対凝縮状態でスカラー密度 ρ_{S} が一定になるという不都合が起きた．σ の線形項を持つ非線形 σ モデルに斥力としての ω 中間子の自由度と核子の質量項のみを加えたモデルでは，線形 σ モデルでの議論と同様に，π 中間子対凝縮状態でスカラー密度が一定となってしまう．拡張 1 のモデルではさらにカイラル対称性を破る項として π 中間子の質量項を加えたが，非線形 σ モデルの場合にはカイラル回転の条件からこの項が σ に依存するように見えるためスカラー密度を決める式にこの質量項の寄与が残り，ρ_{S} が一定となることはない．この章のモデルではさらに ω-σ 相互作用が加えられ，その項からの寄与も存在する．

おわりに

基底状態にある核物質の飽和性，非圧縮率をいろいろなモデルを使って議論した．相対論的な核物質の飽和性を満たすモデルのオリジナルはWaleckaの σ-ω モデルであろう[3]．このモデルは σ 中間子と ω 中間子の古典場を考え，核物質の飽和性に関してはうまく再現したが，非圧縮率が大きすぎた．非圧縮率を小さくするために導入されたのが σ 中間子の3次，4次の相互作用である．代表的なモデルとしてJ.BogutaとA.R.Bodmerの提案した非線形 σ-ω モデル[4]や，J.ZimanyiとS.A.Moszkowskiの提案した微分結合型 σ-ω モデル[5]などが存在する．パラメータも増え，σ 中間子の4次の項の影響で非圧縮率を実験に合わせられるように小さくできた．

核物質の飽和性，非圧縮率を再現することはうまくいったのだがこれらのモデルには核力に大きな寄与をすると考えられる π 中間子の寄与が考慮されていない．そこで考えられたのが σ 中間子と π 中間子を考慮し，カイラル対称性を満足するようなGell-Mann & Lévyの線形 σ モデル[6]を核物質に適用することである．π 中間子は負のパリティを持つため単独では核物資の基底状態に古典場として存在できないが，このテキストでは2つの π 中間子が対となりスカラー状態になった π 中間子対の古典場を考えることによって π 中間子の寄与を評価した．このモデルでは核物質の飽和性，非圧縮率を合わせるのにパラメータは2つしかなく，飽和性を再現するようにパラメータを決めると，やはり非圧縮率は大きすぎる値を持つ．

いろいろな補正が考えられている中で，σ-ω モデルを参考にカイラルループ（$\sigma^2 + \boldsymbol{\pi}^2 - af_\pi^2$）の高次の項を考慮して非圧縮率の再現を試みたが，核物質の飽和性と非圧縮率を同時に再現することはできなかった．Gell-Mann & Lévyの線形 σ モデルにはもともとカイラル対称性を破る項として σ 粒子の線形項が存在し，その項が起因となってスカラー密度 ρ_S が一定となるという条件が付く．この条件が非圧縮率を再現できない大きな原因となっている．そこでさらに多くのカイラル対称性を破る項を導入して非圧縮率の再現を試みた．この拡張されたモデ

ルでは σ 中間子凝縮状態でも π 中間子対凝縮状態でも核物質の飽和性と非圧縮率を同時に再現するパラメータセットを決めることができた．カイラル対称性を破る項として，核子の質量項，スカラー系中間子の質量項，カイラルループと σ 中間子の相互作用項などを考慮したが，多くのパラメータが導入されることとなり，これらはもう少し整理するべきであろう．

現在では Walecka が仮想的に導入したスカラー中間子も質量 $400 \sim 550\,\mathrm{MeV}$ の $f_0(500)$ として素粒子表などにも載せられるようになったが[8]，かつては必ずしも実験的に確定したものとは考えられていなかった．そのため σ 中間子の自由度をカイラル回転の条件から消去して π 中間子の自由度だけで記述しようとする非線形 σ モデルが提案された[9]．このモデルを基にした核物質の飽和性と非圧縮率の議論も展開した．カイラル対称性を破る項としては見かけ上の σ の線形項（π 中間子の自由度で書き換えられる）と π 中間子の質量項だけでは足りず，ベクトル中間子の 4 次の項とスカラー中間子-ベクトル中間子の相互作用を考慮する必要があった．

スカラー中間子の存在も認められた現在では，核物質の議論には第 II 部で展開された線形 σ モデルを基に行うのが最も素直な方法であると考えられる．このテキストでの議論が少しでもその分野の研究に寄与できたらと願う．

付録A：記号とメトリック

物理量

Z　陽子数（原子番号）

N　中性子数

A　核子数　$A = Z + N$

V　核物質の体積

E　全エネルギー

E_{B}　核子あたりの束縛エネルギー

B　結合エネルギー

K　非圧縮率

ρ_{B}　核子密度

ρ_{S}　スカラー密度

p_{F}　Fermi 運動量

ρ_0　正規核子密度

p_0　正規核子密度に対応する Fermi 運動量

$\vec{p}$　$= i\vec{\nabla}$　3 次元運動量

p^{μ}　4 元運動量

$f_{\pi} = 93\,\mathrm{MeV}$　荷電 π 中間子の崩壊定数

γ　スピン・アイソスピン自由度（核物質では 4）

$$\partial_{\mu} = \frac{\partial}{\partial x^{\mu}} \qquad \partial^{\mu} = \frac{\partial}{\partial x_{\mu}}$$

場の波動関数

ψ　核子の場　$\overline{\psi} = \psi^{\dagger}\gamma^{0}$

σ　スカラー・アイソスカラー中間子（σ 中間子）

$\boldsymbol{\pi}$　擬スカラー・アイソベクトル中間子（π 中間子）

ω^{μ}　ベクトル・アイソスカラー中間子（ω 中間子）

$F_{\mu\nu} = \partial_{\mu}\omega_{\nu} - \partial_{\nu}\omega_{\mu}$　ベクトル中間子のテンソル場

真空中での粒子の質量

核子の質量は

陽子の質量：　$M_{\mathrm{p}} = 938.3\,\mathrm{MeV}$

中性子の質量：　$M_{\mathrm{n}} = 939.6\,\mathrm{MeV}$

の平均値：　$M_{\mathrm{N}} = (M_{\mathrm{p}} + M_{\mathrm{n}})/2 = 938.9\,\mathrm{MeV}$

を使う

中間子の質量は

σ 中間子の質量：　$m_\sigma \sim 500 \sim 800\,\mathrm{MeV}$

π 中間子の質量：　$m_\pi = 139.6\,\mathrm{MeV}$

ω 中間子の質量：　$m_\omega = 781.94\,\mathrm{MeV}$

Dirac 行列（4 行 4 列）

$$\gamma^0 = \begin{pmatrix} I & 0 \\ 0 & -I \end{pmatrix} = \gamma_0 = \beta \qquad \gamma^i = \begin{pmatrix} 0 & \sigma^i \\ -\sigma^i & 0 \end{pmatrix} = -\gamma_i = \beta\alpha^i$$

$$\gamma^5 = i\gamma^0\gamma^1\gamma^2\gamma^3 = \gamma_5 = \begin{pmatrix} 0 & I \\ I & 0 \end{pmatrix} \qquad \vec{\gamma} = \beta\vec{\alpha}$$

$$\gamma^\mu\gamma^\nu + \gamma^\nu\gamma^\mu = 2g^{\mu\nu} \qquad g^{\mu\nu} = \begin{pmatrix} 1 & 0 & 0 & 0 \\ 0 & -1 & 0 & 0 \\ 0 & 0 & -1 & 0 \\ 0 & 0 & 0 & -1 \end{pmatrix}$$

Pauli 行列（2 行 2 列）

$$\sigma^1 = \begin{pmatrix} 0 & 1 \\ 1 & 0 \end{pmatrix} \qquad \sigma^2 = \begin{pmatrix} 0 & -i \\ i & 0 \end{pmatrix} \qquad \sigma^3 = \begin{pmatrix} 1 & 0 \\ 0 & -1 \end{pmatrix}$$

$$I = \begin{pmatrix} 1 & 0 \\ 0 & 1 \end{pmatrix} \qquad 0 = \begin{pmatrix} 0 & 0 \\ 0 & 0 \end{pmatrix}$$

アイソスピン Pauli 行列 $\boldsymbol{\tau}$

$$\tau^1 = \begin{pmatrix} 0 & 1 \\ 1 & 0 \end{pmatrix} \qquad \tau^2 = \begin{pmatrix} 0 & -i \\ i & 0 \end{pmatrix} \qquad \tau^3 = \begin{pmatrix} 1 & 0 \\ 0 & -1 \end{pmatrix}$$

自然単位と SI 単位

エネルギー	$1\,\mathrm{MeV} = 1.602 \times 10^{-13}\,\mathrm{J}$
	$= 1.602 \times 10^{-13}\,\mathrm{kg \cdot m^2/s^2}$
運動量	$1\,\mathrm{MeV/c} = 5.34 \times 10^{-22}\,\mathrm{kg \cdot m\ /s}$
	$1/\,\mathrm{fm} = 197.327\,\mathrm{MeV/c}$
	$= 1.0537 \times 10^{-19}\,\mathrm{kg \cdot m\ /s}$
質量	$1\,\mathrm{MeV} = 1.783 \times 10^{-30}\,\mathrm{kg}$
長さ	$1\,\mathrm{fm} = 1.0 \times 10^{-15}\,\mathrm{m}$

付録B：ローカルゲージ変換不変とベクトル場，スカラー場

このテキストで扱われているモデルはスカラー中間子，擬スカラー中間子およびベクトル中間子と相互作用する核子（陽子と中性子）$\psi(x)$ の系である．これらの相互作用の基本的な形は系のラグランジアン密度がローカルゲージ変換に対して不変であるという要請から導かれる．

質量 M の自由核子（フェルミオン）のラグランジアン密度

$$\mathcal{L} = \overline{\psi}(x)(i\gamma^{\mu}\partial_{\mu} + M)\psi(x) \tag{B.1}$$

が，ローカルゲージ変換

$$\psi(x) \ \rightarrow \ U(x)\psi(x) \qquad U(x) = e^{i\alpha(x)} \tag{B.2}$$

に対して不変であることを要求する．x は4次元時空間座標である．

この変換に対してラグランジアン密度 (B.1) は

$$\begin{aligned}\mathcal{L} \ \rightarrow \ \mathcal{L}' =& \overline{\psi}(x)U^{\dagger}(x)(i\gamma^{\mu}\partial_{\mu} - M)U(x)\psi(x) \\ =& \overline{\psi}(x)\{U^{\dagger}(x)i\gamma^{\mu}\partial_{\mu}U(x)\}\psi(x) \\ &+ \overline{\psi}(x)(i\gamma^{\mu}\partial_{\mu} - M)\psi(x)\end{aligned} \tag{B.3}$$

と変換され，指数の肩の $\alpha(x)$ が座標に依存するため，第1項の $\partial_{\mu}U(x)$ は0とならずにローカルゲージ不変とはならない．

B1　ベクトル場の導入

ローカルゲージ変換に対してラグランジアン密度 (B.1) が不変となるようにするため，偏微分 ∂_{μ} の代わりにベクトル場を含めた共変微分

$$D_{\mu} = \partial_{\mu} + ig_{\mathrm{V}}V_{\mu}(x) \tag{B.4}$$

が導入される．ゲージ場と呼ばれるベクトル場 $V_\mu(x)$ は，ローカルゲージ変換に対して

$$V_\mu(x) \;\to\; V_\mu(x) - \frac{1}{g_{\mathrm{V}}}\partial_\mu \alpha(x) \tag{B.5}$$

と変換されると仮定すれば，共変微分を使って書かれたラグランジアン密度は不変となることがわかる[35]．

実際，ラグランジアン密度 (B.1) は共変微分の導入で

$$\begin{aligned}\mathcal{L} &= \overline{\psi}(x) i\gamma^\mu D_\mu \psi(x) - \overline{\psi}(x) M \psi(x) \\ &= \overline{\psi}(x)\{i\gamma^\mu \partial_\mu - g_{\mathrm{V}}\gamma^\mu V_\mu(x) - M\}\psi(x)\end{aligned} \tag{B.6}$$

と書き変えられる．g_{V} はベクトル場と核子の相互作用の結合定数である．

相互作用としてベクトル場 $V_\mu(x)$ が導入されたので，このラグランジアン密度にベクトル場の運動エネルギーと質量に相当する項を付け加え，ベクトル場と相互作用する核子の系のラグランジアン密度と定義する．

$$\begin{aligned}\mathcal{L} &= \overline{\psi}(x) i\gamma^\mu D_\mu \psi(x) - \overline{\psi}(x) M \psi(x) - \frac{1}{4}F_{\mu\nu}F^{\mu\nu} + \frac{1}{2}m_{\mathrm{V}}^2 V_\mu V^\mu \\ &= \overline{\psi}(x)\{i\gamma^\mu \partial_\mu - g_{\mathrm{V}}\gamma^\mu V_\mu(x) - M\}\psi(x) \\ &\quad - \frac{1}{4}F_{\mu\nu}F^{\mu\nu} + \frac{1}{2}m_{\mathrm{V}}^2 V_\mu V^\mu\end{aligned} \tag{B.7}$$

ただし

$$F_{\mu\nu} = \partial_\mu V_\nu - \partial_\nu V_\mu \tag{B.8}$$

であり，m_{V} はベクトル粒子の質量である．

ベクトル粒子の質量項はローカルゲージ変換に対して不変とはならないので，基本的なラグランジアン密度を定義する場合にはこの項は除かれるが，核物質の議論で使われるベクトル粒子は ω 中間子と想定され，実際に質量を持っているので，ローカルゲージ変換に対して不変ではないが，質量項を考慮する．

B2　スカラー場の導入

共変微分 (B.4) にはゲージベクトル場 $V_\mu(x)$ だけではなくスカラー場を導入することが可能である．実際，共変微分にスカラー場 $S(x)$ を含むように拡張され

た共変微分を

$$D_\mu = \partial_\mu + ig_{\rm V}\{V_\mu(x) + \frac{g_{\rm S}}{4g_{\rm V}}\gamma_\mu S(x)\}$$
$$= \partial_\mu + ig_{\rm V}V_\mu(x) + i\frac{g_{\rm S}}{4}\gamma_\mu S(x) \tag{B.9}$$

と定義すると，スカラー粒子との相互作用を含むラグランジアン密度を導入できる[20]．$g_{\rm S}$ はスカラー粒子と核子の相互作用の強さを表す結合定数である．これにスカラー粒子の運動エネルギーと質量を加えたラグランジアン密度

$$\begin{aligned}
\mathcal{L} &= \overline{\psi}(x)i\gamma^\mu D_\mu\psi(x) - \overline{\psi}(x)M\psi(x) \\
&\quad - \frac{1}{4}F_{\mu\nu}F^{\mu\nu} + \frac{1}{2}m_{\rm V}^2 V_\mu(x)V^\mu(x) \\
&\quad + \frac{1}{2}\{\partial_\mu S(x)\partial^\mu S(x) - m_{\rm S}^2 S(x)^2\} \\
&= \overline{\psi}(x)\{i\gamma^\mu\partial_\mu - g_{\rm V}\gamma^\mu V_\mu(x) - \frac{g_{\rm S}}{4}\gamma^\mu\gamma_\mu S(x) - M\}\psi(x) \\
&\quad - \frac{1}{4}F_{\mu\nu}F^{\mu\nu} + \frac{1}{2}m_{\rm V}^2 V_\mu(x)V^\mu(x) \\
&\quad + \frac{1}{2}\{\partial_\mu S(x)\partial^\mu S(x) - m_{\rm S}^2 S(x)^2\} \\
&= \overline{\psi}(x)\{i\gamma^\mu\partial_\mu - g_{\rm V}\gamma^\mu V_\mu(x) - g_{\rm S}S(x) - M\}\psi(x) \\
&\quad - \frac{1}{4}F_{\mu\nu}F^{\mu\nu} + \frac{1}{2}m_{\rm V}^2 V_\mu(x)V^\mu(x) \\
&\quad + \frac{1}{2}\{\partial_\mu S(x)\partial^\mu S(x) - m_{\rm S}^2 S(x)^2\}
\end{aligned} \tag{B.10}$$

がベクトル中間子およびスカラー中間子と相互作用する核子のラグランジアン密度となる．

ゲージベクトル場 $V_\mu(x)$ はローカルゲージ変換に対して

$$V_\mu(x) \;\rightarrow\; V_\mu(x) - \frac{1}{g_{\rm V}}\partial_\mu\alpha(x) \tag{B.11}$$

と変換し，スカラー場 $S(x)$ は

$$S(x) \;\rightarrow\; S(x) \tag{B.12}$$

と不変であると仮定すれば，ラグランジアン密度 (B.10) はベクトル中間子の質量

項だけがローカルゲージ変換に対し不変でない．スカラー中間子の質量項はローカルゲージ変換に対して不変となる．

Walecka の使ったラグランジアン密度はこれである．ただし核子とスカラー中間子の相互作用の結合定数 g_{S} の符号が異なる．

B3　擬スカラー場の導入

さらにカイラル対称性を考慮して，中性スカラー中間子だけではなく荷電擬スカラー中間子の寄与も含めるなら，共変微分を

$$\begin{aligned} D_\mu &= \partial_\mu + ig_{\mathrm{V}}[V_\mu(x) + \frac{g_{\mathrm{S}}}{4g_{\mathrm{V}}}\gamma_\mu\{S(x) + i\gamma_5\boldsymbol{\tau}\cdot\boldsymbol{\pi}(x)\}] \\ &= \partial_\mu + ig_{\mathrm{V}}V_\mu(x) + i\frac{g_{\mathrm{S}}}{4}\gamma_\mu S(x) - \frac{g_{\mathrm{S}}}{4}\gamma_\mu\gamma_5\boldsymbol{\tau}\cdot\boldsymbol{\pi}(x) \end{aligned} \tag{B.13}$$

と拡張すればよい．擬スカラー中間子もローカルゲージ変換に対して不変であると仮定する．

$$\boldsymbol{\pi}(x) \ \to \ \boldsymbol{\pi}(x) \tag{B.14}$$

ラグランジアン密度は

$$\begin{aligned} \mathcal{L} = \overline{\psi}(x)\{i\gamma^\mu\partial_\mu - g_{\mathrm{V}}\gamma^\mu V_\mu(x) - g_{\mathrm{S}}S(x) - ig_{\mathrm{S}}\gamma_5\boldsymbol{\tau}\cdot\boldsymbol{\pi}(x)\}\psi(x) \\ - \frac{1}{4}F_{\mu\nu}F^{\mu\nu} + \frac{1}{2}\partial_\mu S(x)\partial^\mu S(x) + \frac{1}{2}\partial_\mu\boldsymbol{\pi}(x)\cdot\partial^\mu\boldsymbol{\pi}(x) \\ - \frac{m^2}{2}\{S(x)^2 + \boldsymbol{\pi}(x)^2\} \end{aligned} \tag{B.15}$$

となり，核子の質量項はカイラル変換に対し不変とはならないため，またベクトル中間子の質量項はローカルゲージ変換に対して不変ではないので共に除いてある．スカラー系中間子の質量項はローカルゲージ変換に対して個別に不変となるが，カイラル変換に対しては個別には不変とならず

$$\frac{m^2}{2}\{S(x)^2 + \boldsymbol{\pi}(x)^2\}$$

のように共通の質量を持つとすればカイラル変換に対しても不変となる（付録 D 参照）．

ベクトル場の寄与を除き，カイラル不変となるカイラルループ相互作用の項

$$\{S(x)^2 + \boldsymbol{\pi}(x)^2\}^2$$

とカイラル対称性を破る中性スカラー中間子の線形項を加えたものが Gell-Mann & Lévy の線形 σ モデルのラグランジアン密度である．

付録C：核子密度とスカラー密度

C1　核子密度（バリオン密度）

Fermiガス分布を構成する自由核子の波動関数は平面波で記述されるが，核子の平面波解は粒子，反粒子の生成・消滅演算子 $\alpha_{\vec{p},s,I}$，$\beta_{\vec{p},s,I}$ を使って

$$\varphi(\vec{r}) = \sum_{\vec{p},s,I} \sqrt{\frac{M^*}{E^*(\vec{p})V}} \Big\{ \alpha_{\vec{p},s,I} u(\vec{p},s,I) e^{i\vec{p}\cdot\vec{r}} + \beta^\dagger_{\vec{p},s,I} v(\vec{p},s,I) e^{-i\vec{p}\cdot\vec{r}} \Big\} \tag{C.1}$$

$$\overline{\varphi}(\vec{r}) = \sum_{\vec{p},s,I} \sqrt{\frac{M^*}{E^*(\vec{p})V}} \Big\{ \alpha^\dagger_{\vec{p},s,I} \bar{u}(\vec{p},s,I) e^{i\vec{p}\cdot\vec{r}} + \beta_{\vec{p},s,I} \bar{u}(\vec{p},s,I) e^{i\vec{p}\cdot\vec{r}} \Big\} \tag{C.2}$$

と書ける．核子のエネルギーは核子の有効質量 M^* を考慮して $E^*(\vec{p}) = \sqrt{\vec{p}^2 + M^{*2}}$ と表記されている．V は考えている空間の体積で，$u(\vec{p},s,I)$, $v(\vec{p},s,I)$ は運動量 $\vec{p}$，スピン s，アイソスピン I の正エネルギーおよび負エネルギーのスピノールである．

$$\varphi^\dagger(\vec{p},s,I)\varphi(\vec{p},s,I) = \overline{\varphi}(\vec{p},s,I)\frac{E^*(\vec{p})}{M^*}\varphi(\vec{p},s,I) \tag{C.3}$$

であり，核子のFermiガス分布状態 $|F\rangle$ で期待値を取ると

$$\langle F|\varphi^\dagger(\vec{r})\varphi(\vec{r})|F\rangle = \sum_{\vec{p},s,I} \frac{M^*}{E^*(\vec{p})V} \langle F|\alpha^\dagger_{\vec{p},s,I}\alpha_{\vec{p},s,I} u^\dagger(\vec{p},s,I)u(\vec{p},s,I) + \beta_{\vec{p},s,I}\beta^\dagger_{\vec{p},s,I} v^\dagger(\vec{p},s,I)v(\vec{p},s,I)|F\rangle \tag{C.4}$$

となる．反粒子状態に関しては生成，消滅がないものと仮定して

$$\langle F|\beta_{\vec{p},s,I}\beta^\dagger_{\vec{p},s,I}|F\rangle = 0$$

とする．核子密度（バリオン密度）は

$$\overline{u}(\vec{p},s,I)u(\vec{p},s,I)=1$$

であるから

$$\begin{aligned}\rho_{\rm B}&=\langle F|\varphi^\dagger(\vec{r})\varphi(\vec{r})|F\rangle\\&=\sum_{\vec{p},s,I}\frac{M^*}{E^*(\vec{p})V}\langle F|\alpha^\dagger_{\vec{p},s,I}\alpha_{\vec{p},s,I}\bar{u}(\vec{p},s,I)\frac{E^*(\vec{p})}{M^*}u(\vec{p},s,I)|F\rangle\\&=\sum_{s,I}\int_0^{\vec{p}_{\rm F}}\frac{{\rm d}^3p}{(2\pi)^3}=\sum_{s,I}\frac{p_{\rm F}^3}{6\pi^2}=\frac{\gamma p_{\rm F}^3}{6\pi^2}\end{aligned}\tag{C.5}$$

となる．γ は核子の自由度でそれぞれスピン 1/2 の陽子と中性子が同数存在する核物質では $\gamma=4$ と取る．$\vec{p}$ は核子の持つ 3 次元の運動量であり，$p_{\rm F}$ はその上限（Fermi 運動量）を表す．

C2　スカラー密度

Fermi ガス状態の核子分布での期待値として，核子のスカラー密度は

$$\begin{aligned}\rho_{\rm S}&=\langle F|\overline{\varphi}(\vec{r})\varphi(\vec{r})|F\rangle\\&=\langle F|\sum_{\vec{p},s,I}\frac{M^*}{E^*(\vec{p})V}\{\alpha^\dagger_{\vec{p},s,I}\alpha_{\vec{p},s,I}\bar{u}(\vec{p},s,I)u(\vec{p},s,I)\\&\quad+\beta_{\vec{p},s,I}\beta^\dagger_{\vec{p},s,I}\bar{v}(\vec{p},s,I)v(\vec{p},s,I)\}|F\rangle\end{aligned}\tag{C.6}$$

となる．$|F\rangle$ は核子の Fermi ガス分布を表す．反粒子状態に関しては無視すると

$$\begin{aligned}\rho_{\rm S}&=\langle F|\overline{\varphi}(\vec{r})\varphi(\vec{r})|F\rangle=\sum_{s,I}\int_0^{\vec{p}_{\rm F}}\frac{M^*}{E^*(\vec{p})}\frac{{\rm d}^3p}{(2\pi)^3}\\&=\sum_{s,I}\frac{M^*}{4\pi^2}\left\{p_{\rm F}\sqrt{p_{\rm F}^2+M^{*2}}-M^{*2}\log\frac{p_{\rm F}\sqrt{p_{\rm F}^2+M^{*2}}}{M^*}\right\}\\&=\frac{\gamma M^*}{4\pi^2}\left\{p_{\rm F}\sqrt{p_{\rm F}^2+M^{*2}}-M^{*2}\log\frac{p_{\rm F}+\sqrt{p_{\rm F}^2+M^{*2}}}{M^*}\right\}\\&=\frac{\gamma M^{*3}}{4\pi^2}\Big[\frac{p_{\rm F}}{M^*}\sqrt{1+\left(\frac{p_{\rm F}}{M^*}\right)^2}\end{aligned}$$

$$- \log \left\{ \frac{p_{\mathrm{F}}}{M^*} + \sqrt{1 + \left(\frac{p_{\mathrm{F}}}{M^*} \right)^2} \right\} \Bigg] \tag{C.7}$$

となる．

核子密度 ρ_{B} を使ってスカラー密度は

$$\rho_{\mathrm{S}} = \frac{3}{2} \rho_{\mathrm{B}} \left(\frac{M^*}{p_{\mathrm{F}}} \right)^3 \Bigg[\frac{p_{\mathrm{F}}}{M^*} \sqrt{1 + \left(\frac{p_{\mathrm{F}}}{M^*} \right)^2}$$

$$- \log \left\{ \frac{p_{\mathrm{F}}}{M^*} + \sqrt{1 + \left(\frac{p_{\mathrm{F}}}{M^*} \right)^2} \right\} \Bigg] \tag{C.8}$$

とも書ける．

付録D：アイソスピン回転とカイラル対称性

このテキストで扱われているのは核子（陽子と中性子）ψ，スカラー中間子 σ，擬スカラー中間子 π，中性ベクトル中間子 ω のみであるから，これらの粒子に関わる変換のみを議論する．詳しい議論は参考文献[36]に与えられているのでそれを参照されたい．

D1　アイソスピン回転（ベクトル型変換）

$\boldsymbol{\tau}$ をアイソスピン空間に働く Pauli 行列として，無限小アイソスピン回転 $\boldsymbol{\theta}_{\mathrm{V}}$

$$\psi \longrightarrow \psi' = \exp(i\frac{\boldsymbol{\theta}_{\mathrm{V}}\cdot\boldsymbol{\tau}}{2})\,\psi \tag{D.1}$$

$$\overline{\psi} \longrightarrow \overline{\psi'} = \overline{\psi}\,\exp(-i\frac{\boldsymbol{\theta}_{\mathrm{V}}\cdot\boldsymbol{\tau}}{2}) \tag{D.2}$$

$$\sigma \longrightarrow \sigma' = \sigma \tag{D.3}$$

$$\boldsymbol{\pi} \longrightarrow \boldsymbol{\pi}' = \boldsymbol{\pi} - \boldsymbol{\theta}_{\mathrm{V}} \times \boldsymbol{\pi} \tag{D.4}$$

$$\omega_\mu \longrightarrow \omega'_\mu = \omega_\mu \tag{D.5}$$

を定義する．アイソスピン 0 の σ と ω_μ は変化しない．この変換に対して質量項を持たないラグランジアン密度

$$\begin{aligned}\mathcal{L} = &\overline{\psi}i\gamma^\mu\partial_\mu\psi + g\overline{\psi}(\sigma + i\gamma_5\boldsymbol{\tau}\cdot\boldsymbol{\pi})\psi - g_\omega\overline{\psi}\gamma^\mu\omega_\mu\psi \\ &+\frac{1}{2}(\partial_\mu\sigma)^2 + \frac{1}{2}(\partial_\mu\boldsymbol{\pi})^2 - \frac{1}{4}F_{\mu\nu}F^{\mu\nu} \\ &\qquad \text{ただし} \qquad F_{\mu\nu} = \partial_\mu\omega_\nu - \partial_\nu\omega_\mu\end{aligned} \tag{D.6}$$

は不変となる．この性質をアイソスピン対称という．核子と中間子の相互作用の結合定数 g は σ と π に対し別の値に取ることもできる．この変換は同じアイソスピンの組に属する成分のアイソスピン空間での回転を考えるもので，異なるアイソスピンの組が混合することはない．

この対称性に付随するカレントはベクトルカレントで

$$\boldsymbol{\mathcal{J}}^{\mu} = \overline{\psi}\gamma_{\mu}\frac{\boldsymbol{\tau}}{2}\psi + \boldsymbol{\pi} \times \partial^{\mu}\boldsymbol{\pi} \tag{D.7}$$

となり

$$\partial_{\mu}\boldsymbol{\mathcal{J}}^{\mu} = 0 \tag{D.8}$$

である．

質量項も同じアイソスピンの組の各成分が同一の質量を持つ場合にはこの変換に対して不変となる．実際，中間子の質量項は荷電 π 中間子と中性 π 中間子の質量を共通に取り

$$\mathcal{L}_{\mathrm{mass}} = \frac{1}{2}m_{\sigma}^{2}\sigma^{2} + \frac{1}{2}m_{\pi}^{2}\boldsymbol{\pi}^{2} + \frac{1}{2}m_{\omega}^{2}\omega_{\mu}^{2} \tag{D.9}$$

と書けば

$$\begin{aligned} \sigma^{2} &\longrightarrow \sigma^{2} \\ \boldsymbol{\pi}^{2} &\longrightarrow (\boldsymbol{\pi} - \boldsymbol{\theta}_{\mathrm{V}} \times \boldsymbol{\pi})^{2} = \boldsymbol{\pi}^{2} \\ \omega_{\mu}^{2} &\longrightarrow \omega_{\mu}^{2} \end{aligned}$$

となり，それぞれ独立に不変である．核子の質量項

$$\mathcal{L}_{\mathrm{Mass}} = -\overline{\psi}M\psi \qquad M = \begin{pmatrix} M_{p} & 0 \\ 0 & M_{n} \end{pmatrix} \tag{D.10}$$

は

$$\begin{aligned} -\overline{\psi}M\psi &\longrightarrow -\overline{\psi}\left(1 - i\frac{\boldsymbol{\theta}_{\mathrm{V}} \cdot \boldsymbol{\tau}}{2}\right)M\left(1 + i\frac{\boldsymbol{\theta}_{\mathrm{V}} \cdot \boldsymbol{\tau}}{2}\right)\psi \\ &\sim -\overline{\psi}M\psi - \overline{\psi}\left[M, i\frac{\boldsymbol{\theta}_{\mathrm{V}} \cdot \boldsymbol{\tau}}{2}\right]\psi \end{aligned}$$

となり，M と $\boldsymbol{\tau}$ が交換せず，不変とならない．陽子と中性子の質量が等しい $M_{p} = M_{n}$ の場合には $\boldsymbol{\tau}$ と交換し，アイソスピン対称となる．

D2　カイラル変換（軸性ベクトル型変換）

Dirac 行列 γ_5 を含む，無限小カイラル回転 $\boldsymbol{\theta}_\mathrm{A}$

$$\psi \longrightarrow \psi' = \exp\Big(i\gamma_5 \frac{\boldsymbol{\theta}_\mathrm{A}\cdot\boldsymbol{\tau}}{2}\Big)\psi \tag{D.11}$$

$$\overline{\psi} \longrightarrow \overline{\psi'} = \overline{\psi}\,\exp\Big(i\gamma_5 \frac{\boldsymbol{\theta}_\mathrm{A}\cdot\boldsymbol{\tau}}{2}\Big) \tag{D.12}$$

$$\sigma \longrightarrow \sigma' = \sigma\cos\theta_\mathrm{A} + \boldsymbol{\pi}\cdot\hat{\boldsymbol{\epsilon}}\sin\theta_\mathrm{A} \approx \sigma + \boldsymbol{\pi}\cdot\boldsymbol{\theta}_\mathrm{A} \tag{D.13}$$

$$\boldsymbol{\pi} \longrightarrow \boldsymbol{\pi}' = \boldsymbol{\pi}\cos\theta_\mathrm{A} - \sigma\,\hat{\boldsymbol{\epsilon}}\sin\theta_\mathrm{A} \approx \boldsymbol{\pi} - \sigma\boldsymbol{\theta}_\mathrm{A} \tag{D.14}$$

$$\omega_\mu \longrightarrow \omega'_\mu = \omega_\mu \tag{D.15}$$

ただし　$\hat{\boldsymbol{\epsilon}} = \dfrac{\boldsymbol{\theta}_\mathrm{A}}{\theta_\mathrm{A}}$

に対して

$$\mathcal{L} = \overline{\psi} i\gamma^\mu\partial_\mu\psi + g\overline{\psi}(\sigma + i\gamma_5\boldsymbol{\tau}\cdot\boldsymbol{\pi})\psi - g_\omega\overline{\psi}\gamma^\mu\omega_\mu\psi + \frac{1}{2}(\partial_\mu\sigma)^2 + \frac{1}{2}(\partial_\mu\boldsymbol{\pi})^2 - \frac{1}{4}F_{\mu\nu}F^{\mu\nu} \tag{D.16}$$

は変化しない．この性質をカイラル対称という．核子と中間子の相互作用の結合定数 g は σ と π に対し共通にとらなければならない．γ_5 を使って上成分と下成分を混合し，空間反転に関して異なるパリティの成分を混ぜる上記の回転はカイラル変換と呼ばれる．

対応する軸性ベクトルカレントは

$$\boldsymbol{\mathcal{J}}^\mu_\mathrm{A} = \overline{\psi}\gamma^\mu\gamma_5\frac{\boldsymbol{\tau}}{2}\psi - \boldsymbol{\pi}\,\partial^\mu\sigma + \sigma\,\partial^\mu\boldsymbol{\pi} \tag{D.17}$$

となり

$$\partial_\mu\boldsymbol{\mathcal{J}}^\mu_\mathrm{A} = 0 \tag{D.18}$$

である．

質量項に関しては，ω 中間子の質量のみはカイラル対称性に対し不変となるが，他の中間子，核子の質量項はカイラル対称性を満たさない．式 (D.13)，(D.14) を見れば明らかなように，これは異なるパリティを持つ σ 中間子と π 中間子を成分

とするベクトルを θ_{A} 回転する変換である．それ故，σ 中間子と π 中間子の組み合わせ

$$
\begin{aligned}
\sigma^2 + \boldsymbol{\pi}^2 \longrightarrow & (\sigma \cos\theta_{\mathrm{A}} + \boldsymbol{\pi} \cdot \hat{\boldsymbol{\epsilon}} \sin\theta_{\mathrm{A}})^2 + (\boldsymbol{\pi} \cos\theta_{\mathrm{A}} - \sigma \hat{\boldsymbol{\epsilon}} \sin\theta_{\mathrm{A}})^2 \\
& = \sigma^2 + \boldsymbol{\pi}^2
\end{aligned}
$$

はカイラル変換に対して不変となる．故に，σ と π の質量を共通にして

$$
\mathcal{L}_{\mathrm{mass}} = \frac{1}{2} m^2 (\sigma^2 + \boldsymbol{\pi}^2) \tag{D.19}
$$

の形で導入すればスカラー系の中間子の質量項はカイラル対称になる．

核子の質量項

$$
\mathcal{L}_{\mathrm{Mass}} = -\overline{\psi} M \psi \qquad M = \begin{pmatrix} M_p & 0 \\ 0 & M_n \end{pmatrix} \tag{D.20}
$$

は

$$
\begin{aligned}
-\overline{\psi} M \psi \longrightarrow & -\overline{\psi} \Big(1 + i\gamma_5 \frac{\boldsymbol{\theta}_{\mathrm{A}} \cdot \boldsymbol{\tau}}{2}\Big) M \Big(1 + i\gamma_5 \frac{\boldsymbol{\theta}_{\mathrm{A}} \cdot \boldsymbol{\tau}}{2}\Big) \psi \\
& \sim -\overline{\psi} M \psi - \overline{\psi} i\gamma_5 \Big(\frac{\boldsymbol{\theta}_{\mathrm{A}} \cdot \boldsymbol{\tau}}{2} M + M \frac{\boldsymbol{\theta}_{\mathrm{A}} \cdot \boldsymbol{\tau}}{2}\Big) \psi
\end{aligned}
$$

となり，たとえ陽子と中性子の質量が等しい $M_p = M_n$ の場合でも第 2 項が残り，不変とならない．核子の質量項はカイラル不変にはならない．

参考文献

[1] K.Nishijima, *Prog.Theor.Phys.* 6 (1951) 815.
N.Fukuda, K.Sawada and M.Taketani, *Prog.Theor.Phys.* 12 (1954) 156.
Y.Yamaguchi, *Phys.Rev.* 95 (1954) 1628.
M.Konuma, H.Miyazawa and S.Otsuki, *Prog.Theor.Phys.* 19 (1958) 17.
N.Hoshizaki and S.Machida, *Prog.Theor.Phys.* 24 (1951) 1325.
T.Hamada and I.D.Johnston, *Nucl.Phys.* 34 (1962) 382.
R.A.Bryan and B.L.Scott, *Phys.Rev.* 135 (1964) B434.
T.T.S.Kuo and G.E.Brown, *Nucl.Phys.* 85 (1966) 40.
R.V.Reid, Jr., *Ann.Phys.* 50 (1968) 411.

[2] 野上茂吉郎，原子核（裳華房 1973）
影山誠三郎，原子核物理（朝倉書店 1973）
J.M.Eisenberg and W.Greiner, *Nuclear Theory* vol.1 : Nuclear Model (North-Holland 1975)
B.Povh, K.Rith, C.Scholz and F.Zetsche, *Teilchen und Kerne* (Springer-Verlag 1995)
W.Greiner and J.A,Maruhn, *Nuclear Models* (Springer 1995)
鷲見義雄，原子核物理入門（裳華房 1997）
高木修二，丸森寿夫，原子核論（岩波書店 1973）
R.F.Casten, *Nuclear Structure from a Simple Perspective*, Second Edition (Oxford Science Pub. 2000)
滝川昇，原子核物理学（朝倉書店 2013）

[3] J.D.Walecka, *Ann.Phys.* 83 (1974) 491.

[4] J.Boguta and A.R.Bodmer, *Nucl.Phys.*A 292 (1977) 413.
J.Boguta and S.A.Moszkowski, *Nucl.Phys.*A 403 (1983) 445.
A.Bouyssy, S.Marcos and P.V.Thieu, *Nucl.Phys.*A 422 (1984) 541.
J.Ellis, J.I.Kapusta and K.A.Olive, *Phys.Lett.*B 273 (1991) 123.

[5] J.Zimanyi and S.A.Moszkowski, *Phys.Rev.*C 42 (1990) 1416.
M.M.Sharma, S.A.Moszkowski and P.Ring, *Phys.Rev.*C 44 (1991) 2493.
Z.X.Qian, H.Q.Song and R.K.Su, *Phys.Rev.*C 48 (1993) 154.
K.Miyazaki, *Prog.Theor.Phys.* 91 (1994) 1271.

[6] M.Gell-Mann and M.Lévy, *Nuovo Cimento* 16 (1960) 705.

[7] S.Ishida, M.Ishida, H.Takahashi, T.Ishida, K.Takamatsu and T.Tsuru, *Prog.Theor.Phys.* 95 (1996) 745.
S.Ishida, T.Ishida, M.Ishida, K.Takamatsu and T.Tsuru, *Prog.Theor.Phys.* 98 (1997) 1005.
R.Kamiński,L.Leśniak and B.Loiseau, *Eur.Phys.J.*C 9 (1999) 141.
E.M.Aitala et al. (Fermilab E791 Collaboration), *Phys.Rev.Lett.* 86 (2001) 770.
T.Komada, M.Ishida and S.Ishida, *Phys.Lett.*B 508 (2001) 31.
H.Ablikim et al. (BES Collaboration), *Phys.Lett.*B 598 (2004) 149.
H.Ablikim et al. (BES Collaboration), *Phys.Lett.*B 645 (2007) 19.

[8] C.Patrignani et al. (Particle Data Group), *Chinese Phys.*C 40 (2016) 100001.

[9] M.Gell-Mann and M.Lévy, *Nuovo Cimento* 16 (1960) 705.
S.Weinberg, *Phys.Rev.Lett.* 18 (1967) 188.
S.Weinberg, *Phys.Rev.* 166 (1968) 1568.
R.Dashen, *Phys.Rev.* 183 (1969) 1245.

[10] B.I.Birbrair and A.B.Gridnev, *Z.Phys.*A 352 (1995) 441.

[11] H.Tezuka, *Phys.Rev.*C 80 (2009) 014301.
手塚洋一，東洋大学紀要 自然科学篇 第 53 号 (2009) 33.

[12] 手塚洋一，東洋大学紀要 自然科学篇 第 57 号 (2013) 139.

[13] J.P.Blaizot, *Phys.Rep.* 64 (1980) 171.
J.M.Pearson, *Phys.Lett.*B 271 (1991) 12.
S.Shlomo and D.H.Youngblood, *Phys.Rev.*C 47 (1993) 529.
A.S.Umar and V.E.Oberacker, *Phys.Rev.*C 76 (2007) 024316.

[14] P.Moller, W.D.Myers, W.J.Swiatecki and J.Treiner, *At.Data Nucl.Data Table* 39 (1988) 225.

[15] M.M.Sharma, et al., *Phys.Rev.*C 38 (1988) 2562.
S.K.Ghosh, S.C.Phatak and P.K.Sahu, *Z.Phys.*A 352 (1995) 457.
A.Z.Mekjian, S.J.Lee and L.Zamic, *Phys.Rev.*C 72 (2005) 044305.

[16] B.J.Serot and J.D.Walecka, *Adv.Nucl.Phys.* 16 (1986) 1.

[17] J.D.Walecka, *Theoretical Nuclear and Subnuclear Physics.* 2nd Edit. (Imperial College Press 1986).

[18] 土岐博，保坂淳，相対論的多体問題としての原子核．(大阪大学出版会 2011).

[19] J.D.Bjorken and S.D.Drell, *Relativistic Quantum Mechanics* (McGraw-Hill 1964).

[20] 手塚洋一，東洋大学紀要 自然科学篇 第 61 号 (2017) 135.

[21] 手塚洋一，Dirac 方程式のポテンシャル問題 (東洋大学出版会 2018).

[22] S.A.Chin, *Ann.Phys.* 108 (1977) 301.

[23] M.Barranco, R.J.Lombard, S.Marcos and S.A.Moszkowski, *Phys.Rev.*C 44 (1991) 178.

[24] M.M.Sharma, S.A.Moszkowski and P.Ring, *Phys.Rev.*C 44 (1991) 2493.

[25] H.Tezuka, *Phys.Rev.*C 24 (1981) 288.

[26] T.Takatsuka and R.Tamagaki, *Prog.Theor.Phys.* 55 (1976) 624.
T.Takatsuka, K.Tamiya, T.Tatsumi and R.Tamagaki, *Prog.Theor.Phys.* 59 (1978) 1933.

[27] P.J.Ellis, E.K.Heide and S.Rudaz, *Phys.Lett.*B 282 (1992) 271.
E.K.Heide, S.Rudaz and P.J.Ellis, *Phys.Lett.*B 293 (1992) 259.
I.Mishustin, J.Bondorf and M.Rho, *Nucl.Phys.*A 555 (1993) 215.
P.Papazoglou et al., *Phys.Rev.*C 55 (1997) 1499.
K.Saito, H.Kouno, K.Tsushima and A.W.Thomas, *Eur.Phys.J.*A 26 (2005) 159.

[28] P.K.Sahu, R.Basu and B.Datta, *Astrophys.J.* 416 (1993) 267.
E.K.Heide, S.Rudaz and P.J.Ellis, *Nucl.Phys.*A 571 (1994) 713.

[29] P.K.Sahu and A.Ohnishi, *Prog.Theor.Phys.* 104 (2000) 1163.
P.K.Sahu, et al., *Nucl.Phys.*A 733 (2004) 169.

[30] 手塚洋一, 東洋大学紀要 自然科学篇 第 50 号 (2006) 17.

[31] 手塚洋一, 東洋大学紀要 自然科学篇 第 62 号 (2018) 95.

[32] H.Tezuka, *Prog.Theor.Phys.* 118 (2007) 67.
手塚洋一, 東洋大学紀要 自然科学篇 第 51 号 (2007) 13.
H.Tezuka, *Prog.Theor.Phys.* 120 (2008) 751.
手塚洋一, 東洋大学紀要 自然科学篇 第 52 号 (2008) 27.

[33] 素粒子論研究 102 (2001).

[34] K.Erkelenz, K.Holinde and K.Bleuler, *Nucl.Phys.*A 139 (1969) 308.
K.Erkelenz, *Phys.Rep.* 13 (1974) 191.
M.M.Nagels, T.A.Rijken and J.J.de Swart, *Phys.Rev.*D 12 (1975) 744.
M.M.Nagels, T.A.Rijken and J.J.de Swart, *Phys.Rev.*D 15 (1977) 2547.
M.Lacombe et al., *Phys.Rev.*C 21 (1980) 861.
K.Holinde, *Phys.Rep.*68 (1981) 121.

[35] 坂井典佑, 素粒子物理学 (培風館 1993).
相原博昭, 素粒子の物理 (東京大学出版会 2006).
井上研三, 素粒子物理学 (共立出版 2011).
坂本眞人, 場の量子論 (裳華房 2014).

[36] A.Hosaka and H.Toki, *Quarks, Baryons and Chiral Symmetry.* (World Scientific 2001).
手塚洋一, 東洋大学紀要 自然科学篇 第 48 号 (2004) 19.

索　引

■ あ 行

■ か 行

■ さ 行

■ た 行

■ は　行

■ ま　行

■ や　行

■ ら　行

著者紹介

手塚　洋一（てづか・ひろかず）
東洋大学経済学部 教授（自然科学研究室）．理学博士．
専門は理論物理学，相対論的量子力学．東京工業大学物理学科卒業，筑波大学大学院で理学博士を取得．東京大学原子力研究所 研究員を経て，1990 年東洋大学教養課程 助教授．「自然の数理」「生活と物理」などの講義を担当．

平均場近似による核物質

2019 年 10 月 10 日　初版第一刷発行

著作者　手塚　洋一　©Hirokazu Tezuka, 2019

発行所　東洋大学出版会
〒112-8606　東京都文京区白山 5-28-20
電話（03）3945-7563
http://www.toyo.ac.jp/site/toyo-up/

発売所　丸善出版株式会社
〒101-0051　東京都千代田区神田神保町 2-17
電話（03）3512-3256
https://www.maruzen-publishing.co.jp/

組版・印刷・製本　三美印刷株式会社
ISBN 978-4-908590-06-1 C 3042